权威·前沿·原创

皮书系列为

“十二五”“十三五”“十四五”时期国家重点出版物出版专项规划项目

智库成果出版与传播平台

2024年湖南生态文明建设报告

REPORT ON HUNAN ECOLOGICAL CIVILIZATION CONSTRUCTION (2024)

美丽湖南建设报告

湖 南 省 社 会 科 学 院
（湖南省人民政府发展研究中心）

钟 君 侯喜保 罗黎平 等 / 著

图书在版编目(CIP)数据

2024年湖南生态文明建设报告：美丽湖南建设报告 / 钟君等著 . --北京：社会科学文献出版社，2024. 12.

（湖南蓝皮书）. -- ISBN 978-7-5228-4484-8

Ⅰ. X321. 264

中国国家版本馆 CIP 数据核字第 20240JB762 号

湖南蓝皮书

2024年湖南生态文明建设报告

——美丽湖南建设报告

著　　者 / 钟　君　侯喜保　罗黎平 等

出 版 人 / 冀祥德
责任编辑 / 桂　芳
责任印制 / 王京美

出　　版 / 社会科学文献出版社 · 皮书分社（010）59367127
　　　　　地址：北京市北三环中路甲29号院华龙大厦　邮编：100029
　　　　　网址：www. ssap. com. cn
发　　行 / 社会科学文献出版社（010）59367028
印　　装 / 天津千鹤文化传播有限公司

规　　格 / 开　本：787mm × 1092mm　1/16
　　　　　印　张：20. 75　字　数：310千字
版　　次 / 2024年12月第1版　2024年12月第1次印刷
书　　号 / ISBN 978-7-5228-4484-8
定　　价 / 158. 00元

读者服务电话：4008918866

湖南蓝皮书
编委会

《2024年湖南生态文明建设报告》

撰稿人　钟　君　侯喜保　罗黎平　刘　敏　湛中维
李　晖　唐文玉　杨顺顺　马美英　傅晓华
刘黎辉　刘　晓　徐华亮　周新发　周亚兰
高立龙　曾召友　许安明　陈漫涛　黄　静
刘军武　罗会逸　彭　丽　彭丽娟

主要作者简介

钟　君　湖南省社会科学院（湖南省人民政府发展研究中心）党组书记、院长（主任），十三届省政协常委，研究员、博士生导师，文化名家暨“四个一批”人才，享受国务院政府特殊津贴专家。2016年5月，作为科学社会主义研究的专家代表，参加习近平总书记主持召开的哲学社会科学工作座谈会并发言。曾担任中国社会科学院办公厅副主任、中国社会科学杂志社副总编辑、中国历史研究院副院长，永州市委常委、宣传部部长，曾挂职担任内蒙古自治区党委宣传部副部长。主要研究领域为马克思主义大众化、中国特色社会主义、社会主义意识形态理论等，代表作《马克思靠谱》《治大国若烹小鲜：引领新时代的36个妙喻》《共铸中华民族现代文明》《实事求是思想发展史论纲》《公共服务蓝皮书》《社会之霾——当代中国社会风险的逻辑与现实》《融变鼎新：文化和科技融合的理论透视》等，在《马克思主义研究》《求是》《人民日报》《光明日报》等报刊发表论文近百篇，多次获省部级优秀科研成果奖励。参与编写《习近平新时代中国特色社会主义思想学习纲要》、中组部干部学习教材等权威理论读物，先后担任《思想耀江山》《思想的旅程》《当马克思遇见孔夫子》等电视理论节目主讲嘉宾。

侯喜保　湖南省社会科学院（湖南省人民政府发展研究中心）党组成员、副院长（副主任），研究员。历任岳阳市委政研室副主任、市政府研究室副主任、市委政研室主任，湖南省委政研室机关党委专职副书记、党群处处长、宁夏党建研究会专职秘书长（副厅级，挂职），岳阳市第七届市委委员，湖南省第十一次党代会代表。主要研究方向为宏观政策、区域发展、产业经济，先后主持“建设世界级产业集群”“促进市场主体高质量发展”“‘发挥一带一部’区位优势　落实‘三高四新’战略”“把长沙打造成全球研发中心城市”“推动湖南在中部地区崛起中奋勇争先”等重大课题研究，多篇文稿在《求是》《人民日报》《光明日报》《中国党政干部论坛》《红旗文稿》《中国组织人事报》《新湘评论》《湖南日报》等央省级刊物发表。

罗黎平　湖南茶陵人，现任湖南省社会科学院（湖南省人民政府发展研究中心）区域经济与绿色发展研究所所长、研究员、博士，兼任湖南省长株潭城市群研究会秘书长、湖南省系统工程与管理学会常务理事等职。长期从事区域经济、区域发展战略、金融市场等领域的研究，先后出版著作6部，发表论文60余篇，其中多篇被《新华文摘》、《红旗文稿》、人大复印报刊资料等转载。主持国家哲学社会科学基金项目、省部级研究项目10余项。

摘　要

本书总报告全面分析了美丽湖南建设的时代背景与现实意义、举措和成效、面临的主要困难，并通过数据比较明确湖南在美丽中部建设中的坐标定位，提出美丽湖南建设的对策建议。产业篇研究了产业碳排放结构性归因、节能环保产业发展、交通运输行业绿色低碳转型、生态文旅产业发展、林业资源高效综合利用、郴州市产业绿色低碳转型等问题。区域篇重点研究创设湘江流域生态保护补偿试验区、长株潭打造“双碳型”示范都市圈、洞庭湖生态经济区水生态环境治理等问题。专题篇重点研究生态产品价值实现机制、“双碳”试点、农业面源污染治理、县域推进绿色低碳发展的实践路径等。

本书认为，当前美丽湖南建设仍面临污染防治攻坚战成效巩固难、产业绿色低碳转型任重道远、基层环保政策法规执行不到位等问题。未来应聚焦重点领域重点区域，开展生态技术创新和推广应用，持续深入打好污染防治攻坚战；围绕环保资金统筹、绿色金融创新和税收激励约束，进一步强化美丽湖南建设的财税金融支持；探索多元化生态产品价值实现模式，加快推进产业生态化和生态产业化；加快建立生态环境保护责任体系，完善相关政策法规制度；开展示范试点建设，打造美丽中国建设湖南样板。

关键词： 中国式现代化　美丽湖南　绿色低碳转型

Abstract

The general report of this book comprehensively analyzes the historical background and practical significance, measures and effects, and main difficulties faced by the construction of beautiful Hunan, and clarifies the coordinate positioning of Hunan in the construction of beautiful central China through data comparison, and puts forward countermeasures and suggestions for the construction of beautiful Hunan. In the industry reports, the structural attribution of industrial carbon emission is studied on the development of energy-saving and environmental protection industry, green and low - carbon transformation of transportation industry, development of ecological tourism industry, efficient and comprehensive utilization of forestry resources, green and low-carbon transformation of Chenzhou City industry, etc. The region reports focuses on the establishment of Xiangjiang River basin ecological protection compensation pilot zone, Chang-Zhu-Tan to build a "double - carbon" demonstration metropolitan area, Dongting Lake ecological economic zone water ecological environment management and other issues. The special reports focuses on the realization mechanism of the value of ecological products, the "double carbon" pilot, the control of agricultural non-point source pollution, and the practice path of promoting green and low-carbon development at the county level.

The author's opinion is that the current beautiful Hunan construction still faces problems such as the difficulty of consolidating the results of the pollution prevention and control battle, the arduous task of industrial green and low-carbon transformation, and the inadequate implementation of grass-roots environmental protection policies and regulations. In the future, we should focus on key areas and regions, carry out ecological technology innovation and promotion and application, and continue to deepen the battle against pollution prevention and control; Focusing on the overall planning of environmental protection funds, green financial innovation and tax incentives and constraints, further strengthen the fiscal, tax and financial support for the construction of beautiful Hunan: Explore the value realization mode of diversified ecological products, and accelerate the promotion of ecological industry and ecological industrialization; Accelerate the establishment of a responsibility system for ecological and environmental protection, and improve relevant policies, regulations and systems; We will carry out demonstration and pilot projects to create a model for building a beautiful China in Hunan.

Keywords: Chinese Modernization; Beautiful Hunan; Green and Low - carbon Transformation

目录

I 总报告

II 产业篇

Ⅲ 区域篇

Ⅳ 专题篇

Ⅴ 案例篇

皮书数据库阅读**使用指南**

CONTENTS

Ⅰ General Report

Ⅱ Industry Reports

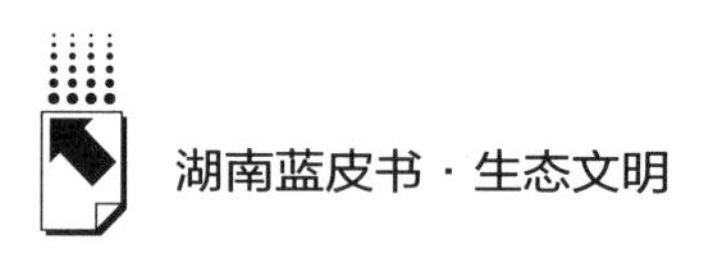

V Case Reports

总报告

B.1 中国式现代化背景下美丽湖南建设研究

罗黎平　刘　敏*

摘　要：　建设美丽湖南是建设人与自然和谐共生的中国式现代化的必然选择，是落实美丽中国建设、长江经济带高质量发展、中部崛起等国家战略的内在要求。党的十八大以来，湖南生态环境保护发生了历史性、转折性、全局性变化，但美丽湖南建设仍面临三个方面的困难，即污染防治攻坚战成效巩固难、产业绿色低碳转型任重道远、基层环保政策法规执行不到位。建议聚焦重点领域重点区域，开展生态技术创新和推广应用，持续深入打好污染防治攻坚战；围绕环保资金统筹、绿色金融创新和税收激励约束，进一步强化美丽湖南建设的财税金融支持；探索多元化生态产品价值实现模式，加快推进产业生态化和生态产业化；加快建立生态环境保护责任体系，完善相关政策法规制度；开展示范试点建设，打造美丽中国建设湖南样板。

* 罗黎平，经济学博士，湖南省社会科学院（省政府发展研究中心）区域经济与绿色发展研究所研究员、所长，主要研究领域为区域经济学、金融学；刘敏，经济学博士，湖南省社会科学院（省政府发展研究中心）区域经济与绿色发展研究所研究员、副所长，主要研究领域为区域经济学、消费经济学。

关键词： 中国式现代化　美丽中国　美丽湖南

中国式现代化是人与自然和谐共生的现代化，“建设美丽中国是全面建设社会主义现代化国家的重要目标，是实现中华民族伟大复兴中国梦的重要内容”①。以美丽中国建设全面推进人与自然和谐共生的现代化，湖南必须始终扛牢“守护好一江碧水”“守护好三湘大地的青山绿水、蓝天净土”政治责任，坚持全领域转型、全方位提升、全地域建设、全社会行动，全面推进美丽湖南建设。当前，在中国式现代化背景下，美丽湖南建设既取得了显著成绩，也面临诸多困难和挑战；在美丽中部建设的新形势新要求下，美丽湖南建设既有突出优势，在某些方面也存在一定差距。未来要全面建成人与自然和谐共生的美丽湖南，仍须从发展方式绿色转型、污染防治攻坚、提升生态系统功能、守牢生态安全底线等方面持续发力。

一　时代背景与现实意义

习近平总书记指出，生态兴则文明兴，生态衰则文明衰。② 人与自然是生命共同体，人与自然和谐共生是中国式现代化的基本特征和本质要求。坚持以习近平新时代中国特色社会主义思想特别是习近平生态文明思想为指导，全面推进美丽湖南建设，是中国式现代化背景下美丽中国建设的重要组成部分，是推动长江经济带高质量发展的题中应有之义，也是促进中部地区加快崛起的必然选择。

（一）美丽中国建设的重要组成部分

2012 年 11 月 8 日，“美丽中国”在党的十八大报告中首次作为执政理

---

① 《中共中央　国务院关于全面推进美丽中国建设的意见》，中国政府网，2023 年 12 月 27 日，https：//www.gov.cn/gongbao/2024/issue_11126/202401/content_6928805.html，最后检索时间：2024 年 8 月 20 日。

② 人民日报评论员：《生态兴则文明兴，生态衰则文明衰》，《人民日报》2018 年 5 月 19 日。

念出现，强调把生态文明建设放在突出地位，融入经济建设、政治建设、文化建设、社会建设各方面和全过程。在2015年10月召开的十八届五中全会上，“美丽中国”被纳入国民经济和社会发展“十三五”规划。2017年10月18日，党的十九大报告指出，加快生态文明体制改革，建设美丽中国。2022年10月16日，党的二十大报告提出：中国共产党的中心任务就是团结带领全国各族人民全面建成社会主义现代化强国、实现第二个百年奋斗目标，以中国式现代化全面推进中华民族伟大复兴。2023年7月17日，习近平总书记在全国生态环境保护大会上，提出“以美丽中国建设全面推进人与自然和谐共生的现代化”[①]，把建设美丽中国摆在强国建设、民族复兴的突出位置。美丽中国建设已成为中国式现代化建设的重要路径。在美丽中国的版图上，美丽湖南是位于祖国中部的一颗璀璨明珠。习近平总书记几次来湖南考察，都称赞湖南生态基础好，推进生态文明建设具有得天独厚的条件，希望湖南“牢固树立绿水青山就是金山银山的理念，在生态文明建设上展现新作为”[②]。显然，美丽湖南是美丽中国的湖南篇章，建设美丽湖南就是建设美丽中国的重要组成部分。

（二）推动长江经济带高质量发展的题中应有之义

2016年1月5日，在重庆召开的推动长江经济带发展座谈会上，习近平总书记明确提出“共抓大保护，不搞大开发”，强调“推动长江经济带发展必须从中华民族长远利益考虑，走生态优先、绿色发展之路，使绿水青山产生巨大生态效益、经济效益、社会效益，使母亲河永葆生机活力”[③]。8年来，习近平总书记前往长江上、中、下游调研，先后在重庆、武汉、南京、南昌4次主持召开座谈会，为推动长江经济带发展把脉定向。2023年

① 习近平：《以美丽中国建设全面推进人与自然和谐共生的现代化》，《求是》2024年第1期。

② 《「央视快评」在生态文明建设上展现新作为》，“央视网”百家号，2020年9月21日，https：//baijiahao. baidu. com/s？ id = 16784127928 37980609&wfr = spider&for = pc，最后检索时间：2024年10月15日。

③ 习近平：《推动长江经济带发展　坚持共抓大保护不搞大开发》，《人民日报》2018年4月26日。

10月12日，习近平总书记主持召开进一步推动长江经济带高质量发展座谈会时强调："要完整、准确、全面贯彻新发展理念，坚持共抓大保护、不搞大开发，坚持生态优先、绿色发展，以科技创新为引领，统筹推进生态环境保护和经济社会发展，加强政策协同和工作协同，谋长远之势、行长久之策、建久安之基，进一步推动长江经济带高质量发展，更好支撑和服务中国式现代化。"[①] 湖南地处长江中游，坐拥"一江一湖四水"，在国家生态文明建设中具有重要地位。2018年4月，习近平总书记在湖南省岳阳市考察长江经济带发展情况时，勉励湖南再接再厉，继续做好长江生态保护和修复工作，守护好一江碧水，因地制宜推动经济高质量发展[②]。可见，加快推进美丽湖南建设，是落实长江经济带"共抓大保护，不搞大开发"的必然要求，是推进长江经济带高质量发展的题中应有之义。

（三）促进中部地区加快崛起的必然选择

2021年7月22日中共中央、国务院发布《关于新时代推动中部地区高质量发展的指导意见》，明确提出："着力构建以先进制造业为支撑的现代产业体系，着力增强城乡区域发展协调性，着力建设绿色发展的美丽中部，着力推动内陆高水平开放，着力提升基本公共服务保障水平，着力改革完善体制机制"，其中就有"着力建设绿色发展的美丽中部"，强调"坚持绿色发展，打造人与自然和谐共生的美丽中部"[③]。2024年3月20日，习近平总书记在湖南省长沙市主持召开新时代推动中部地区崛起座谈会时指出，"要协同推进生态环境保护和绿色低碳发展，加快建设美丽中部"[④]。近年来，中部地区经济社会发展取得重大成就，以一域之力服务全局发展，成为国家经济社会发展的重要支撑。中部地区在国家生态安全体系中具有重要地位，

---

① 《进一步推动长江经济带高质量发展　更好支撑和服务中国式现代化》，《人民日报》2023年10月13日。

② 《加强改革创新战略统筹规划引导 以长江经济带发展推动高质量发展》，《光明日报》2018年4月27日。

③ 《奋力开创中部地区高质量发展新局面》，《人民日报》2021年7月23日。

④ 《奋力谱写中部地区崛起新篇章》，《人民日报》2024年5月30日。

实施中部地区崛起战略，促进中部地区高质量发展，必须加快建设人与自然和谐共生的美丽中部。作为中部省份之一，湖南要牢牢把握自身定位、把准奋勇争先的重点和关键，成为美丽中部建设的排头兵，守护好三湘大地的青山绿水、蓝天净土，在推动中部地区崛起中挺膺担当。

二　美丽湖南建设的举措与成效

党的十八大以来，湖南生态环境保护发生了历史性、转折性、全局性变化。全省以“一江一湖四水”为重点，统筹推进山水林田湖草系统治理，深入实施湘江保护和治理三个“三年行动计划”、洞庭湖水环境综合治理五大专项行动，全力开展长江“十年禁渔”，狠抓中央生态环保督察及“回头看”反馈问题、长江经济带突出生态环境问题整改，“共抓大保护，不搞大开发”成为全省上下的共识①。

（一）重大举措

1. 凝聚生态共识，齐谋绿色发展

湖南省第十一次党代会首次将建设生态强省纳入“五个强省”战略目标，以顶层设计锚定发展方向；省第十二次党代会作出“建设全域美丽大花园”工作部署，全方位、全地域、全过程开展生态环境保护。“党委领导、政府主导、部门负责、社会参与”的生态文明建设工作机制逐步建立健全，推动各地将生态文明建设融入五位一体总体布局。建立了全省统一、相互衔接、分级管理的空间规划体系，统筹划定“三区三线”，筑牢“一江一湖三山四水”的生态空间。大力加强生态文明宣传教育与示范创建，积极倡导和推广绿色消费、低碳生活，把建设美丽湖南内化为人民群众的自觉行动。湖南“六五环境日”宣传教育工作经验获生态环境部推介，“垃圾分

① 《获得感大增　湖南生态环境保护发生了历史性、转折性、全局性变化》，“华声在线”百家号，2022 年 9 月 1 日，https：//baijiahao. baidu. com/s? id = 1742738683524414662&wfr = spider&for = pc，最后检索时间：2024 年 7 月 22 日。

类环保公益课堂”两个案例入选国家2021年绿色低碳典型案例，株洲市生态环境宣传工作获联合国环境署表彰，“绿色卫士下三湘”活动成为全国极具影响力的环保志愿服务品牌。湖南共有26个国家生态文明建设示范区、9个“绿水青山就是金山银山”实践创新基地，[①] 郴州市获批国家可持续发展议程创新示范区，常德市创建为国家级海绵城市、国际湿地城市，娄底市等5个城市获评“全国绿化模范城市”，益阳市等9个城市获评“国家森林城市”。长沙市、湘潭市获批国家碳达峰试点城市。

2. 持续深入打好污染防治攻坚战

近些年，湘江保护和治理3个“三年行动计划”全面完成，洞庭湖水环境综合治理五大专项行动持续深入，一江一湖四水“十年禁渔”全面铺开，污染防治攻坚战“夏季攻势”连续6年“打胜仗”。全省强力推进长江岸线项目、长江经济带小水电、港口码头污染、非法采砂、废弃矿山、尾矿库等一批突出生态环境问题整改。强化三十六湾、锡矿山等历史遗留问题治理，退出涉重金属企业1200余家。截至2023年12月15日，湖南省全面完成177个污染防治攻坚战历史遗留矿山和有责任主体废弃矿山生态修复任务，修复历史遗留矿山面积4140.04公顷、有责任主体废弃矿山面积2463.85公顷。[②] 2024年，“湖南湘江重要源流区历史遗留废弃矿山生态修复示范工程项目”成功立项。全面修复长江干流及湘江两岸545座、1911.52公顷废弃露天矿山生态。2022年，湖南省成功申报了洞庭湖区域山水林田湖草沙一体化保护和修复工程、湘桂岩溶地资江沅江上游历史遗留矿山生态修复示范工程。冷水江锑煤矿区生态修复项目入选《中国生态修复典型案例集》，西洞庭湖、大通湖生态修复案例入选《中国山水工程典型案例》。2023年，污染防治攻坚战成效考核被党中央、国务院评为优秀等次，排名跃升至中部地区第一位，绿色发展指数进入全国前十。

---

① 叶竹：《湖南省新增17个省级生态文明建设示范区，实现市州全覆盖》，《湖南日报》2023年11月19日。

② 《我省全面完成2023年污染防治攻坚战历史遗留矿山和有责任主体废弃矿山生态修复任务》，湖南省自然资源厅网站，2023年12月25日，https://zrzyt.hunan.gov.cn/zrzyt/xxgk/gzdt/zhxw_1/202312/t20231225_32610510.html，最后检索时间：2024年8月25日。

3. 坚定不移推进绿色低碳发展

近些年，湖南已累计培育国家级绿色工厂 213 家、绿色园区 18 家、绿色设计产品 122 个、绿色供应链管理示范企业 27 家，绿色创建综合水平排名全国第 6 位。累计创建省级绿色工厂 535 家、绿色园区 60 家、绿色供应链管理示范企业 37 家。[①] 积极发展节能环保产业，2022 年，全省节能环保规模以上企业 1000 余家，实现主营业务收入约 2650 亿元，同比增长 11.5%。环保产业总产值在 2023 年突破 3000 亿元大关。[②] 有色金属资源综合循环利用技术处于全国前列，2022 年全省共回收有色金属 86.7 万吨，实现主营业务收入 553.58 亿元，税收 71.97 亿元；有色金属产业资源化利用采矿、选矿、冶废渣约 2187.74 万吨，利用率达到 90%。湖南着力部署“碳达峰十大行动”，持续推进工业节能降耗。2021 年、2022 年，全省单位规模工业增加值能耗分别下降 4.6%、7.8%，2023 年全年规模以上工业综合能源消费量比上年下降 0.7%。其中，六大高耗能行业综合能源消费量增长 1.4%。近 5 年全省共有 3061 家企业依法依规退出落后产能，累计完成整治“散乱污”企业 3675 家。[③] 截至 2023 年 6 月，湖南累计建成绿色建筑总面积 3.6 亿平方米，[④] 获批住建部唯一的绿色建造试点省份。新能源公交推广居全国前列，截至 2023 年 9 月，全省共有公共汽电车 32903 辆，其中新能源公交占比达 97.48%，全国领先；长沙市、株洲市新能源公交车占比 100%，在全国同类型城市中居领先地位[⑤]。

4. 完善生态环境保护制度体系

湖南成立高规格的生态环境保护委员会，出台了生态环境保护责任规定、重大生态环境问题（事件）责任追究办法、生态环境保护督察工作实

---

① 《湖南绿色创建综合水平全国第六　新获评 77 个国家绿色工厂，数量居全国第 4 位》，《湖南日报》2023 年 12 月 19 日。

② 《湖南工业逐“绿”前行》，湖南省人民政府门户网站，2023 年 4 月 28 日。

③ 《“绿色”成绩单亮眼　湖南工业经济高质量发展实现提质升级》，湖南省工业和信息化厅网站，2023 年 12 月 6 日。

④ 《湖南：绿色建造试点两年成效几何》，湖南省人民政府门户网站，2023 年 9 月 9 日。

⑤ 《湖南绿色、智慧出行成常态　新能源公交占比全国领先》，红网，2023 年 9 月 19 日。

施办法等，发布 11 项地方生态环境标准，健全约谈、挂牌督办、区域限批、损害赔偿等制度，构建起党政同责、一岗双责、“三管三必须”等生态环保责任体系。在全国率先建立生态环境问题整改销号的“湖南模式”，在全国率先建立五级河湖长责任体系，首创“总河长令”，在全国率先推进生态环境损害赔偿制度改革，郴州锡矿“11·16”尾矿库水毁事件、益阳沅江市 3 家公司污染大气生态环境损害赔偿案入选全国生态环境损害赔偿磋商十大典型案例。湖南实施“四严四基”三年行动计划，共落实 148 项具体任务，立起了生态环境保护工作的“四梁八柱”。“四严四基”主要做法被生态环境部积极推荐。出台压实园区企业污染防治主体责任“1+N”系列文件，制定执法事项清单和执法正面清单，出台《湖南省生态环境损害调查办法》等管理制度。在全国率先挂牌成立“湖南省人民检察院驻湖南省环境保护厅检察联络室”，率先在中部地区实现公检法驻生态环境局联络室 14 市州全覆盖。

（二）主要成效①

1. 天更蓝

2023 年，全省 14 个城市环境空气质量平均优良天数比例达 90.5%，相较 2019 年提高 6.8 个百分点。六项污染物浓度均值连续 3 年稳定达标，8 个城市环境空气质量达到国家二级标准，其中湘西自治州达到国家一级标准。

2. 水更清

2023 年，全年达到或优于Ⅲ类标准的水质断面比例为 97.2%，相较 2019 年提高 1.8 个百分点。地表水国家考核断面水质优良率达 98.6%，消除劣Ⅴ类水体，排名全国前列、中部城市第一；洞庭湖总磷平均浓度下降至 0.054 毫克/升。永州、张家界、邵阳、怀化 4 个城市水环境质量进入全国地级城市前 30 位，数量和排名均创历年新高。

① 本节数据来自 2019 年、2023 年湖南省生态环境状况公报。

3. 地更绿

2023年，全年完成造林面积44.1万公顷，森林覆盖率、湿地保护率分别达60%、70.5%，均居全国前列，国家湿地公园70个，居全国第一位，森林蓄积量达6.55亿立方米，草原综合植被盖度达86.87%，全省林业产业总产值达5371亿元，森林火灾受害率为0.002‰，林业有害生物成灾率为4.5‰。2023年，省级以上自然保护区53个，面积90.6万公顷。其中国家级23个，省级30个。世界地质公园2个，国家地质公园14个。受污染耕地安全利用率超过91%。

4. 万物更和谐

洞庭湖长江江豚分布范围不断扩大，数量达到120多头；洞庭湖长江江豚数量由2017年的110头增加到2022年的162头；洞庭湖麋鹿达210余只，成为我国目前最大的自然野化种群；中国生物物种红色名录认定为野外灭绝（EW）植物的喜雨草被重新发现。截至2024年1月，湖南已确定发现11个新种、65个省内新记录种，以及多个疑似新种。国家重点保护野生动物179种，包括41种国家一级重点保护野生动物；有维管束植物6186种，约占全国总量的18%，包括资源冷杉、银杉等国家一级重点保护野生植物。

（三）面临的主要困难

当前，我国经济社会发展已进入加快绿色化、低碳化的高质量发展阶段，生态文明建设仍处于压力叠加、负重前行的关键期。党的十八大以来，湖南深入打好污染防治攻坚战，统筹城乡生态环境治理，全省生态环境保护发生历史性、转折性、全局性变化。但长期以来，湖南省一些地区生态系统受损退化问题突出、历史欠账较多，生态保护修复任务量大面广，美丽湖南建设任重而道远。

1. 污染防治攻坚战成效巩固难

一是大气污染防治形势仍然严峻。每年的10月16日至次年3月15日是湖南省大气污染防治特护期，不利于污染物扩散的气象条件往往容易导致污染天气易发多发，大气污染防治压力仍较大。如2022年湖南$PM_{2.5}$浓度虽为历史最低，但比全国平均值还是高 5 微克/米^3。在国家大气质量考核中，全省 8 个地级城市达到国家二级标准，但还有 6 个城市没有达标①。2023 年湖南细颗粒物（$PM_{2.5}$）浓度 36.4 微克/米^3，高出全国平均水平 6.4 微克/米^3，其中益阳、娄底、衡阳 3 市 $PM_{2.5}$浓度和重污染天数均有反弹，空气质量明显下降②。岳阳市已近 5 年、张家界市已 4 年没有出现过重污染天气，但 2023 年也出现了重污染天气。这些离湖南省大气污染防治目标还有一定差距，如 2024 年 $PM_{2.5}$浓度要下降至 33 微克/立方米以内，全省空气优良天数比例达到 91.8%以上；2025 年，全省 $PM_{2.5}$浓度降至中部六省前列，14 个市州基本消除重污染天气。

二是土壤重金属污染治理任务仍很艰巨。湖南重金属污染防治重点区域有株洲清水塘、湘潭竹埠港、衡阳水口山、郴州三十六湾、娄底锡矿山等。近些年在中央和省里的大力支持下，五大重点区域的重金属污染治理取得了显著成绩，但出于历史积累量大、修复面积大、治理技术支持有限等原因，某些区域治理任务仍很艰巨。如郴州东河秧溪桥断面镉浓度连续 4 年超标，铊浓度异常，锰、锑等指标浓度出现不降反升的现象，是湖南省 13 个重金属超标断面中唯一一个不降反升的断面③。花垣县“锰三角”污染治理虽然取得积极进展，但治理成效还不稳定。近 3 年累计投入 9.39 亿元，2023 年，该县矿山生态修复完成率 93%④。任务重，生态修复资金压力必然加大。在实际调研中，几乎每一个县市都反映在历史遗留矿山生态修复上缺钱。如娄底市锑矿山重金属污染治理面临砷碱渣处理的技术难题，处置成本非常高。历史遗留责任主体已经灭失的无主砷碱渣目前还有一定数量，暂存在符合“三防”标准的仓库内。虽然娄底市上了一套 2 万吨/年的砷碱渣无

① 《湖南出台〈湖南省大气污染防治攻坚行动工作方案〉3 年基本解决全省突出大气环境问题》，“华声在线”百家号，2023 年 2 月 16 日，https://baijiahao.baidu.com/s?id=1757958879987599620&wfr=spider&for=pc，最后检索时间：2024 年 7 月 10 日。

② 《典型案例丨湖南省部分行业和领域大气污染防治工作存在短板》，湖南省人民政府门户网站，2024 年 6 月 13 日。

③ 《省第三生态环境保护督察组向郴州市反馈督察情况》，《湖南日报》2023 年 9 月 9 日。

④ 《攻坚“锰三角”——“锰三角”污染整治工作交流会见闻》，《湖南日报》2024 年 4 月 12 日。

害化处理装置，生产处理技术属于“国内领先、世界一流”，但运行费用高达2341元/吨，相当于一年需要4600余万元的处置费用，给娄底市带来很大的资金压力。

三是水环境污染治理面临“老大难”问题。城乡黑臭水体治理难、洞庭湖总磷污染治理难，农业面源污染和尾矿库、矿涌水等一直是湖南省水环境污染治理的“老大难”。如洞庭湖区农业比重大，农村人口多，畜禽养殖大县多，养殖强度高。根据统计，2023年湖区年生猪出栏1400余万头，其中规模以下养殖量占比35%左右，畜禽粪污处理及资源化利用问题较多。这也导致洞庭湖区总磷浓度难以持续下降，2024年第一季度，湘江、沅江、澧水入洞庭湖断面总磷浓度分别同比上升20.4%、72%、43.2%，洞庭湖出口断面总磷浓度同比上升38.3%。澧水干流流经张家界市城区，每天5万余吨污水直排，2023年，澧水干流张家界段下游潭口断面化学需氧量、氨氮、总磷年均浓度比上游花岩断面分别上升147%、183%、132%①。导致以上问题的一个重要原因就是城市管网建设改造进展比较滞后，导致污水直排和雨季溢流等问题突出。据统计，2023年累计有3000多万吨雨污水直排洞庭湖。2024年初中央环保督查组发现，2023年湖南省城市生活污水处理厂进水生化需氧量浓度高于100毫克/升的规模占比应达到70%，但据统计湖南省实际仅为25.1%。其中，长沙市更是由2021年的35.6%下降至2023年的26.1%。岳阳市2019年开始对4.1平方公里的小港河汇水区域进行管网改造，但5年时间仅完成1.5平方公里，目前该片区的罗家坡污水处理厂仍采取河道截污的方式。②

四是生态修复和水污染治理标准不统一。调研发现，湖南省有些重点区域生态修复和水污染治理标准不统一，缺乏针对性和精准性。如娄底冷水江市锡矿山锑污染负荷占资江湖南段锑污染负荷的70%左右；我国锑行业废

① 张艺：《城市黑臭水体为何屡治不绝》，《中国青年报》2024年5月29日。

② 《典型案例丨湖南省部分城市水环境基础设施问题突出　污水直排现象大量存在》，涟源市人民政府网站，2024年5月27日，https://www.lianyuan.gov.cn/lianyuan/dcdt2/202405/0a2b2c52a68746838d94194ab5428f69.shtml，最后检索时间：2024年6月27日。

水排放标准为 300μg/L，但地表水无锑的标准，生态环境保护部门考核水质时用的是 5μg/L 饮用水的标准。我国卫生饮用水锑标准高于欧美等发达国家颁布的标准（最严的只有 10μg/L），而我国将卫生饮用水锑的控制标准定为 5μg/L，并将其作为地表水中锑的控制标准有点脱离实际。有的城区湖泊其主要功能在于蓄洪、景观以及养殖，如湖南省华容县东湖目前属于水利部门划分的“保留区”，水质需达Ⅲ类以上，但按目前标准，东湖水体总磷指标超标问题较为严重，其实质功能则是城市景观水体并收纳周边溢流，并不承担饮用水水源地功能。如果按照当前污染治理标准，即使举华容县全县之力，东湖水体总磷指标也难以在几年之内达标。

2. 产业绿色低碳转型任重道远

一是能源消费结构仍然偏煤化。全省重点用能企业中，原煤、焦炭和电力仍是消耗的主要能源，其中电力行业消耗的原煤量占重点用能企业消耗原煤总量的 1/3 以上，能源消费结构仍然偏煤化。如 2019 年湖南六大高耗能行业增加值增长 5.4%，占规模以上工业的比重为 29.1%；2022 年六大高耗能行业增加值增长 6.6%，占规模以上工业的比重为 30.2%；2023 年六大高耗能行业增加值增长 7.2%，占规模以上工业的比重为 31.3%①。五年间，湖南高能耗行业占比没有多大变化，说明工业产业节能降耗进展较慢。2023 年湖南省有些市县六大高耗能行业增加值占规模以上工业的比重高于全省平均水平，如郴州市为 51.9%，株洲市为 43.0%，岳阳市为 43.2%②。此外，节能标准体系有待进一步完善，如粗钢和烧碱标准分别制定于 2013 年和 2014 年，标准的限定、准入过于宽松，难以满足淘汰落后产能和产业良性发展需求。

二是产业转型升级难度较大。湖南传统产业特别是高能耗、高排放的资源密集型产业占比较高，数字经济、电子信息等新兴动能虽然加速壮大，但尚未成为经济增长的主引擎。由于处于产业价值链中低端，高附加值产品少，工业经济效益较低。湖南省规模工业营收利润率长期低于全国平均水平，如

① 数据来自 2020 年、2023 年湖南省国民经济和社会发展统计公报。

② 数据来自 2023 年湖南省国民经济和社会发展统计公报。

2021 年湖南 4.82%，全国平均水平 6.81%；2022 年湖南 4.9%，全国平均水平 6.09%；2023 年湖南 5.2%，全国平均水平 5.76%①。一些市县传统或者基础性产业如铸造、烟花等受技术制约，难以有质的提升；叠加提质改造资金量大，用地、用工、能源价格攀升等多方因素，推动产业转型升级难度较大。

3. 基层环保政策法规执行不到位②

一是“两高”项目盲目上马管控不到位。国务院《关于化解产能严重过剩矛盾的指导意见》规定，严禁建设平板玻璃等行业新增产能项目；确有必要建设的，须制定产能置换方案，实施产能等量或减量置换。2024 年 5 月，中央第二生态环境保护督察组督察发现，湖南省 2017 年以来新增 5 条平板玻璃生产线，总产能为 3950 吨/天，其中衡阳市雁翔湘实业有限公司、郴州市旗滨光能科技有限公司等 2 家企业的 2 条生产线在未落实产能置换指标的前提下，违规备案、上马，涉及产能共 2000 吨/天。

二是部分行业存在多种违法违规问题。部分钢铁企业超标排放。如娄底市冷水江钢铁有限责任公司烧结、炼铁等工序的 13 个主要烟气排放口中，仍有 10 个未按《排污许可管理条例》要求安装自动监测设备并联网，长期脱离监管。2024 年 2 月 29 日至 5 月 18 日，高炉煤气发电锅炉烟气脱硫系统故障，无法投加脱硫剂，二氧化硫浓度长期超标，最高时超标 5.6 倍。湘潭钢铁集团有限公司“新二烧”烧结机虽于 2022 年 5 月完成烟气超低排放改造，并于 2022 年 10 月变更了排污许可证（执行超低排放限值），但烧结机机头外排烟气不能稳定达标，自动监测数据显示，2023 年 1 月 1 日至 2024 年 5 月 23 日，颗粒物和氮氧化物浓度分别超标 943 小时和 3356 小时，超标比例分别达 7.8% 和 27.6%。益阳市沧水铺塑料加工集聚区内有 14 家塑料加工企业，其中 5 家无废气治理设施，另有 7 家废气治理设施运行不正常，工业废气大量直排。

三是环保整治不力甚至弄虚作假。2018 年以来，上级有关部门曾先后 5 次对怀化市太平溪水质问题进行督办，但怀化市整治工作推进不力，4 次印

① 数据来源 2021 年、2022 年、2023 年全国和湖南省国民经济和社会发展统计公报。

② 《典型案例丨湖南省部分行业和领域大气污染防治工作存在短板》，湖南省人民政府门户网站，2024 年 6 月 13 日。

发整治方案，完成时限一推再推，整治目标连年落空。为完成污水收集率和进水生化需氧量浓度的考核目标，怀化市有关部门从2021年开始，指使污水处理能力占城区总处理能力77%的全城污水处理厂编造进水生化需氧量数据，将上报数据提高至80~100毫克/升，弄虚作假性质恶劣。第三方检测机构数据造假，如湖南中胜检测技术有限公司2023年以来，为没有设置烟气采样平台、不满足采样作业条件的湖南金泉厨具有限公司出具3份烟气检测报告，但报告中的采样日期与采样仪器原始记录不一致。经调查确认，承担上述任务的采样员并未按技术规范采集颗粒物样品，而是利用公司电脑软件编造数据后，出具虚假检测报告。

三　湖南在美丽中部建设中的坐标定位

2024年3月20日，习近平总书记在湖南长沙主持召开新时代推动中部地区崛起座谈会时，希望湖南在推动中部地区崛起上奋勇争先。[①] 要争先首先就要明确湖南在中部省份中的位置，建设美丽湖南，更要明确湖南在美丽中部建设中的坐标定位。

（一）建设指标比较

国家发展和改革委员会印发《美丽中国建设评估指标体系及实施方案》（以下简称《方案》），方案面向2035年“美丽中国目标基本实现”的愿景，按照体现通用性、阶段性、不同区域特性的要求，聚焦生态环境、人居环境等方面，构建评估指标体系，结合实际分阶段提出全国及各地区预期目标，结合建设进程评估，引导各地区加快推进美丽中国建设。美丽中国建设评估指标体系包括空气清新、水体洁净、土壤安全、生态良好、人居整洁5个维度22项具体指标。由于该评估指标体系所涉及指标数据大多不可得，在此不作全面评估，仅就中部六省相关可得指标数据做简单横向比较。

① 《奋力谱写中部地区崛起新篇章》，《人民日报》2024年5月30日。

1. 空气清新维度

2023 年，地级及以上城市细颗粒物浓度，湖南为 36.4 微克/米³，高于安徽、河南、江西和山西；地级及以上城市可吸入颗粒物浓度，湖南为 53.0 微克/米³，优于安徽、河南和湖北（江西和山西数据缺失）；地级及以上城市空气质量优良天数比例，湖南为 90.5%，仅低于江西（见图 1）。

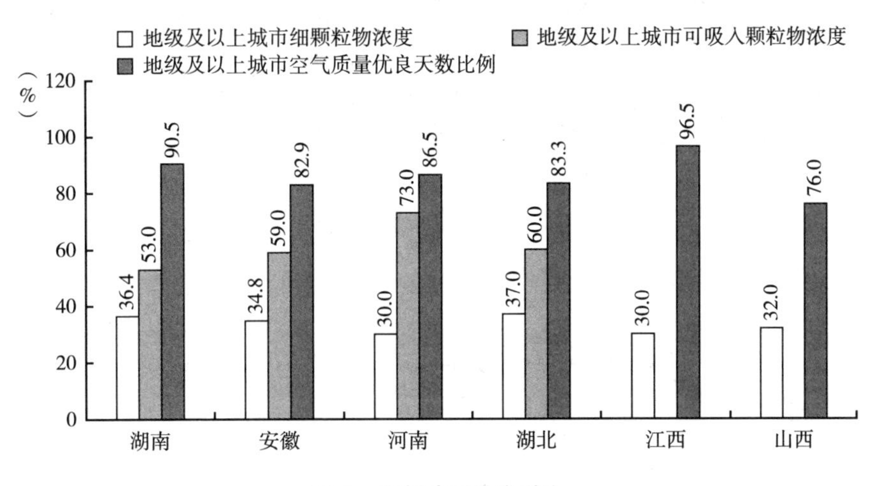

图 1　空气清新维度对比

资料来源：中经网及相关省份的统计年鉴。

2. 水体洁净维度

2023 年，湖南地表水水质优良比例达 98.6%，居中部省份首位；地级及以上城市集中式饮水水源地水质达标率除了安徽以外，其他中部省份均为 100%（见图 2）。

3. 土壤安全维度

2023 年，湖南受污染耕地安全利用率达 93.88%，低于河南的 100%和山西的 98.80%，高于安徽的 91.00%，在已获取数据的四个中部省份中排名第三（见图 3）。

4. 生态良好维度

2023 年，湖南森林覆盖率达 53.15%，位列第一（江西数据缺失）；湿

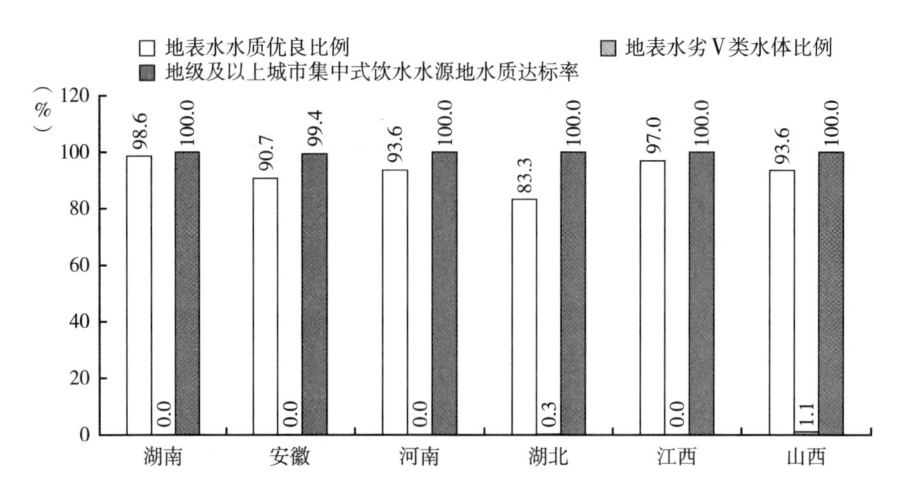

图2　水体洁净维度对比

资料来源：中经网及相关省份的统计年鉴。

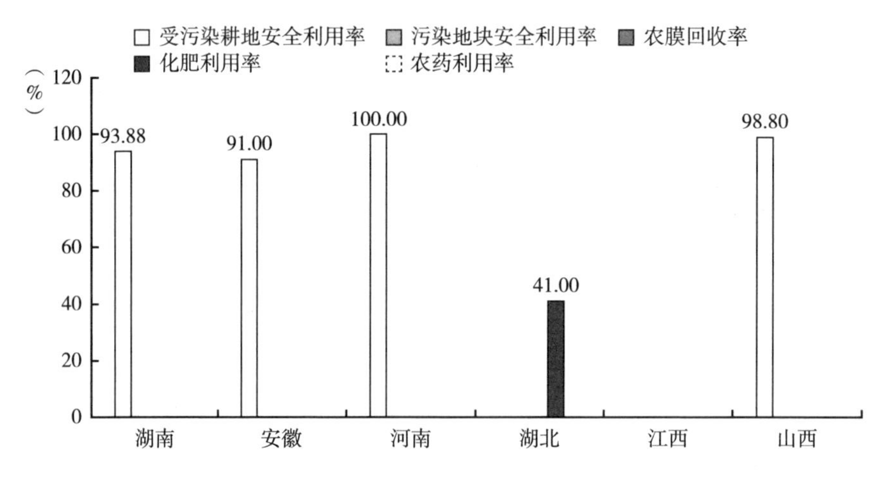

图3　土壤安全维度对比

资料来源：中经网及相关省份的统计年鉴。

地保护率75.77%，超过安徽和江西（其他省份无统计数据）；其他指标湖南2023年数据缺失（见图4）。

5. 人居整洁维度

2023年，湖南城镇生活垃圾无害化处理率达100%，除河南外（数据缺

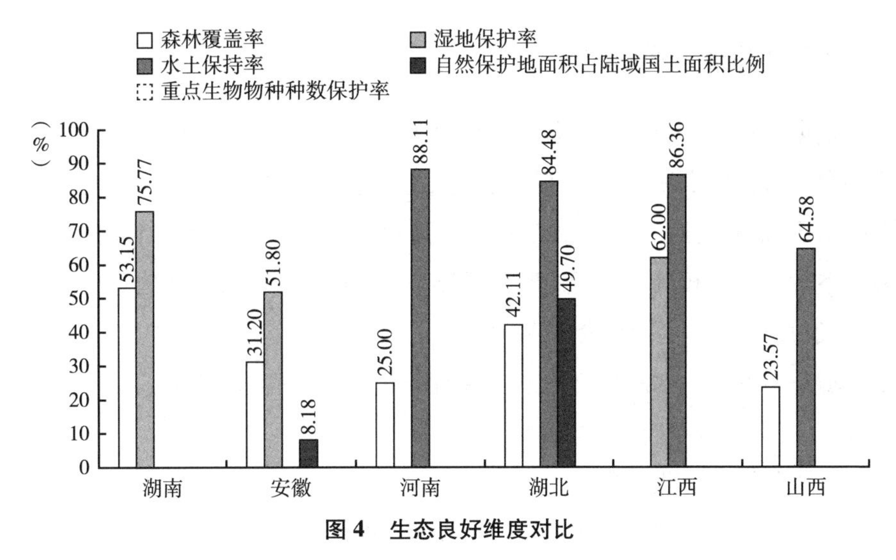

图 4　生态良好维度对比

资料来源：中经网及相关省份的统计年鉴。

失），其他省份均为 100%；湖南农村生活垃圾无害化处理率 2023 年达 99.99%，高于安徽的 81.00%（其他省份该指标数据缺失），湖南省其他指标数据缺失（见图 5）。

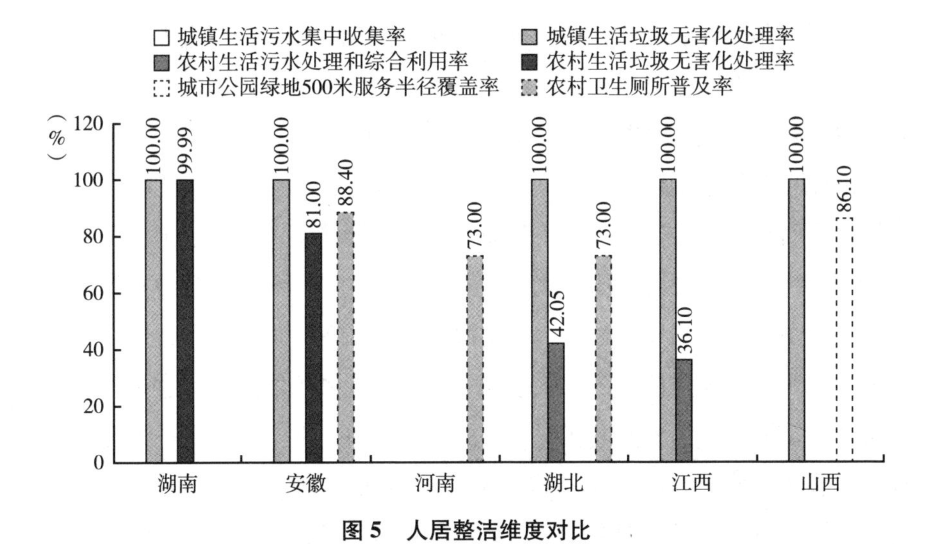

图 5　人居整洁维度对比

资料来源：中经网及相关省份的统计年鉴。

（二）具体举措梳理

根据《中共中央　国务院关于全面推进美丽中国建设的意见》，中部六省结合各自区域发展特性，围绕发展方式绿色转型、推进污染防治攻坚、提升生态系统多样性、守牢安全底线、打造示范样板、开展全民行动和健全保障体系等方面，相继出台了关于全面推进本省份美丽建设的实施意见。下面从大气污染治理、水环境保护和治理、土壤污染防治、生态保护与修复、人居环境整治五个方面对中部六省有关建设方案和政策措施进行系统梳理和比较。

1. 大气污染治理方面

在应对大气污染与提升空气质量方面，中部六省均制定了详细且具有针对性的行动计划。具体而言，各省目标明确，均设定了到 2027 年和 2035 年的具体空气质量改善目标；认识到单一污染物控制不足以应对复杂的大气污染问题，重视细颗粒物、挥发性有机物和氮氧化物等多种污染物的协同减排；重视区域内及跨区域的大气污染联防联控机制建设；关注民生问题，增强对烟花爆竹、餐饮油烟和噪声等污染的科学防治。

同时，基于各省产业结构与资源禀赋等区域特点，治理重点与具体举措也存在差异。在治理重点行业方面，湖南省和江西省重点关注钢铁、水泥和焦化等高耗能行业及燃煤锅炉的超低排放改造，湖北省特别提及陶瓷、玻璃、磷化工等行业的环境综合整治，山西省和安徽省则更加关注煤化工类工业园区及石化、包装印刷等传统产业集群的污染治理。在特色措施方面，清洁能源替代是主要的防治措施之一，湖南省、安徽省和江西省重点提及需推进锅炉、炉窑的清洁能源替代，实施源头替代工程，而山西省在燃煤锅炉关停整治和工业炉窑清洁能源替代方面表现出更为紧迫的态势，这也与该省煤炭资源丰富但大气污染问题相对突出的现状有关。在时间节点与治理标准方面，六省虽然普遍设定了到 2027 年和 2035 年的空气质量改善目标，但具体标准与要求略有不同，湖南省、湖北省与江西省的设定标准与国家设定目标保持一致，对细颗粒物的平均浓度降幅作出具体规划，而山西省进一步扩大污染物管控范围，提出到2035年六项大气污染物指标力争全面达到国家环境空气质量二级标准，显示出更高的治理要求。

2. 水环境保护和治理方面

在推进水环境保护和治理方面，中部六省均提出了较为具体的行动措施，体现了在水资源、水环境和水生态综合治理上的决心与力度。具体而言，各省均有明确的发展目标，对于地表水水质优良比例，湖南省有较高的发展要求，设定到2027年水质优良比例不低于97.3%，随后分别是江西省（95%）、湖北省（94.7%）、安徽省（93.8%）、山西省（90%）；对于美丽河湖建成率，各省普遍与国家设定目标保持一致，预计到2027年建成率达到40%左右，而江西省提出了更高目标，预计到2027年建成率达到45%左右。

在具体治理举措方面，各省基于地理位置与水资源分布的差异，在水治理策略制定中各有侧重。具体而言，湖南省强调“三水共治”的统筹推进和全方位的水环境治理，通过生态修复工程提升水质，并对重点行业企业以及城市生活的污水治理作出规划；湖北省更强调湖泊保护及河湖水系的连通，通过湖泊岸线治理、排污口排查整治、水系连通工程和数字湖泊建设等措施综合治理，并通过智能应用提升湖泊管理和治理效率；山西省面临水质污染较为严重的问题，更注重水资源的优化配置与水质的改善；江西省在水质监测与评估方面的投入力度较大，建立了覆盖全面的水文站网，通过互联网+治水的智能化监管模式提升监测预警管控能力，并重点关注集中式饮用水水源地保护，持续巩固提升饮用水安全保障水平；安徽省侧重于针对性治理，聚焦农村黑臭水体与城市污水管网整治问题制定了具体行动方案，以推动补齐城市生活污水收集和处理设施短板；河南省强调源头治理和流域综合治理，从入河排污口监管和工业污染防治两个方面对水污染进行源头治理，且采取水生态修复工程建设等方式推动多流域水污染系统治理与综合施策。

3. 土壤污染防治方面

各省份都高度重视土壤污染防治工作，通过制定明确的目标、加强源头防控、推进受污染耕地和建设用地治理、强化地下水污染防治等措施，努力提升土壤环境质量。同时，各省份也结合自身实际情况，提出了具有针对性的特色举措，以更好地适应本地区土壤污染防治的需求。在总体目标设定方面，所有省份均从提高受污染耕地安全利用率、改善地下水水质等方面设定了明确的土壤污染防治目标，其中山西省设定2027年受污染耕地安全利用率达到98%，而其他省份普遍设定为94%以上，显示出山西省在建设用地安全利用方面更高的治理标准；在地下水国控点位Ⅰ-Ⅳ类水比例指标中，湖南省设定2035年将达到90.3%以上，其余省份普遍设定为80%以上，与国家下达目标保持一致，反映了湖南省对于地下水污染防治的重视。

从具体举措来看，各省均强调土壤污染源头防控的重要性，提出了推进受污染耕地安全利用和风险管控的措施，加强了对建设用地的生态环境监管以及对地下水的污染防治。具体而言，湖南省重视开展全面的土壤污染调查与评估工作，为精准识别土壤污染的风险区域和污染源头提供重要依据，且重点关注重金属污染问题，通过对重金属污染源的排查整治、对重点监管单位的监管以及多部门的协调合作，共同确保土壤环境安全；安徽省在源头防控方面的投入力度较大，重点关注了源头管控重大工程建设，增强了“一住两公”建设用地准入管理，对污染地块的风险管控重视程度较高；江西省在分阶段推进农用地土壤重金属污染溯源和整治与地下水污染防治方面，提出了更为具体的实施步骤和目标；山西省在推进土壤污染治理工作中注重因地制宜，指导市县制定针对受污染耕地安全利用方案，可以更好适应不同地区的突然污染状况和治理需求，且山西省实施土壤污染重点监管单位周边土壤和地下水环境监测，配合开展第二次全国土壤污染状况普查，显示出其在土壤和地下水环境调查评估方面的全面性和系统性；湖北省和河南省重视建设用地土壤污染风险管控，持续强化监管，并推进企业和园区土壤及地下水污染管控修复，有助于确保建设用地安全利用。

4.生态保护与修复方面

各省制定并实施了相关生态环境保护政策和规划，并明确了生态保护的总体目标和具体任务。在总体目标制定方面，关于全省森林覆盖率指标，江西省提出到2035年覆盖率将稳定在63.1%以上，然后是湖南省（53.15%）、湖北省（43%）和山西省（27.22%），安徽省和河南省没有提出具体目标；在水土保持方面，湖南省提出了较高的目标，预计到2035年水土保持率将稳定在88%以上，其次是江西省（87.87%）、湖北省（87.2%）和山西省（72.43%）；在自然保护地方面，江西省和湖南省均设定到2035年自然保护地面积占省内国土面积比例不低于12%，其次是湖北省和山西省（11%）；此外，江西省还对活立木蓄积量、湿地保护率提出具体量化目标，到2035年蓄积量将达到10亿立方米，湿地保护率将达到62%。

在具体举措方面，湖南省采取生态修复与保护并举的思路，高度重视重要生态廊道及国家重点生态功能区的保护建设以及自然保护地体系建设，并聚焦武陵山、南岭、洞庭湖等生物多样性保护优先区域，实施了一系列生物多样性保护重大工程，强化了对珍稀濒危物种的保护和管理；湖北省与湖南省有较多相似举措，更侧重于对长江、汉江、清江等流域的绿色生态带建设，以及大别山、秦巴山、武陵山、幕阜山等自然保护地集群的构建；安徽省注重生态保护红线的监督与管理，通过遥感监测和“绿盾”行动加强自然保护地的保护，且安徽省也注重推进生物多样性本底调查，为生物多样性保护提供丰富数据支持；山西省特别注重荒漠化综合防治和水土流失治理工作，以及有证矿山和历史遗留矿山的生态修复治理；江西省重视国土空间开发保护，对生态保护红线、耕地保有量等指标提出具体要求，体现了江西省在国土空间布局上的精细管理，并且在生态系统保护修复中重视森林可持续经营建设，在生物多样性保护中提出了就地保护与迁地保护相结合的综合保护体系，有助于实现生态系统的良性循环；河南省注重重点区域和项目的推进，并在生态环境保护修复中积极引入科技支撑和创新技术，有效提升了生态修复的科学性和有效性。

5. 人居环境整治方面

各省采取了多样化措施以全面提升城乡环境质量、改善居民生活条件，朝着宜居、美丽、和谐的人居环境迈进。在城市建设方面，湖南省聚焦于通过提升治理效能、更新基础设施与优化生态环境等方式推进长株潭美丽都市圈建设；湖北省以城镇和产业“双集中”发展为切入点，重视推动以县城为载体的就地城镇化建设，探索绿色低碳县城建设模式；安徽省关注长三角区域共保联治，推动苏皖鲁豫区域联动监管，实现美丽长三角的协同建设；山西省聚焦于引导居民生活与消费模式的绿色转型，通过基础设施绿色改造、生态社区试点建设等方式提升绿色城镇建设水平；江西省强调完善南昌都市圈生态环境协调保护机制，通过多区域融合发展、产业绿色转型和新兴绿色动能培育等方式促进江西省美丽城镇建设；河南省聚焦黄河流域生态保护和高质量发展、南水北调中线工程水质保障等重大战略，因地制宜打造美丽城市。

在乡村建设方面，湖南省在重视加强农业生产、居民生活垃圾和污水治理的同时，也强调农村“厕所革命”，从而推动乡村绿化美化行动，实现到2027年美丽乡村整县建成比例达40%；其余5省的乡村治理重点相似，普遍聚焦于生活污水、垃圾和黑臭水体的有效治理，但湖北省对化肥、农药及农业废弃物的综合治理更为关注，而江西省基于科技支撑，重点关注“万村码上通”平台的运维管理与场景应用，从而提升村庄治理效率，安徽省重视建立可复制可推广的农村黑臭水体治理模式，推进生活污水治理。

四　推进美丽湖南建设的对策建议

2024年7月，《中共中央关于进一步全面深化改革　推进中国式现代化的决定》强调：“必须完善生态文明制度体系，协同推进降碳、减污、扩绿、增长，积极应对气候变化，加快完善落实绿水青山就是金山银山理念的体制机制。”[①] 全面推进美丽湖南建设，需以习近平生态文明思想为指导，贯彻落实党的二十届三中全会精神，坚持全领域转型、全方位提升、全地域建设、全社会行动，聚焦重大问题、重点领域、重点区域，持续推进生态技术创新、绿色金融创新、体制机制改革，深入落实各项生态环保政策与法律法规。

① 习近平：《关于〈中共中央关于进一步全面深化改革　推进中国式现代化的决定〉的说明》，《求是》2024年第16期。

（一）开展绿色技术创新和推广应用，持续深入打好污染防治攻坚战

一是积极对接科技部，加强绿色低碳技术创新成果应用与推广。2023年科技部公布了《国家绿色低碳先进技术成果目录》，目录包括六个领域共85项技术成果，具体有：水污染治理领域（18项）、大气污染治理领域（15项）、固体废物处理处置及资源化领域（23项）、土壤和生态修复领域（10项）、环境监测与监控领域（6项）、节能减排与低碳领域（13项）。建议湖南省各相关部门加强重点绿色低碳技术需求摸底并建立需求清单，积极与科技部进行对接。结合湖南生态环境保护实际情况，主动引入与推广合适的绿色低碳技术成果，引导企业与高层级科研机构合作，推动环保技术研发、科技成果转移转化和推广应用。

二是加强生态环境科研能力建设，解决“卡脖子”生态环境技术问题。以重大环保问题为导向，采取揭榜挂帅制度，整合省内科技力量，着力开展重金属污染治理、$PM_{2.5}$与臭氧协同控制、“一湖四水”总磷控制、砷碱渣铍渣等危废治理、土壤污染风险管控与修复、农村生活污染集约化治理和农业面源污染控制等关键与共性技术研究。深入推进“一湖四水”水安全科技创新、大气污染防治科技创新、土壤修复技术创新等重点工程。加快推进部省共建重金属污染防治中心建设，加强生态环保科技创新平台建设，加强重点实验室、工程技术中心、科学观测研究站等科技创新平台建设，加强技术研发推广，提高管理科学化水平。

三是完善生态环境技术标准体系，科学规范推进重点领域环保监测评估。加强国土空间生态修复技术标准、规程规范等专题研究，加大国土空间生态修复技术标准支撑力度。尽快构建以重金属污染为主包括非金属矿在内的历史遗留矿山污染防治与风险管控技术规范体系，形成“调查—评估—分级—整治—验收—跟踪—评估”全过程的技术标准体系。如尽快修订饮用水中锑含量的标准和合理制定地表水中锑含量的标准，建议将前者上调至10μg/L，将地表水的锑含量标准定为200μg/L。针对水污染难题，建议按饮

用水源、农业灌溉、景观、亲水娱乐用水、蓄洪等功能大类，制定各类湖泊分阶段生态环境指标，形成科学、规范的治理标准体系。加快制定和完善节能技术的评价标准和应用规范，科学制定节能技术应用的指标体系包括创新性、应用条件、节能效果等。

四是充分运用现代信息技术，打造数字化智能化生态环境治理新模式。以自然资源“一张图”为基础，运用影像统筹等空天地立体调查监测技术成果，构建省市县三级互联互通的生态保护修复综合监管系统。着力提质升级湖南省固体废物（医疗废物）环境管理信息化平台、水生态环境大数据监管平台、土壤和固废环境管理信息化平台、环境监管与决策支持系统等。大力推进传统环境基础设施的智能化升级改造以及环境新基础设施的建设，实现全省环境设施“一网统管”与全产业链和全生命周期可追溯。组织推进全省生态环境大数据体系建设，实现生态环境数据资源清单化管理。充分发挥生态环境数据要素的潜能和价值，提升统揽全局能力、监测感知能力、预警预报能力、形势分析研判能力、风险防范和应急处置能力、监管执法能力。

（二）聚焦财政、金融和税收支持，强化美丽湖南建设的资金保障

一是加强省级资金统筹，适当扩大市县专项资金的自主权。紧盯中央政策动向，提前谋划，做好“十五五”山水工程等重大项目储备，积极争取中央继续加大对湖南省生态保护修复工程的支持力度。以“一江一湖四水”生态保护修复如洞庭湖山水工程、污染防治攻坚、沅江上游锰三角治理、资江锑污染治理等系统工程实施为契机，将治山、治水、治田、治湖方面的专项资金进行科学统筹，推动跨部门、跨专项整合。支持各市县整合下达各类专项资金，打破行政部门壁垒，优化资源配置，集中力量提高生态保护修复项目实施和资金使用效益，更有效地推动地方经济持续健康发展。

二是聚焦绿色金融发力，创新绿色金融发展模式。进一步扩大绿色金融工具供给，增强财政资金杠杆效应。拓宽土壤基金投资范畴，设立绿色产业子基金，支持中小绿色企业发行绿色债券，推动可持续发展挂钩债券等创

新。加强环境权益交易市场建设，提高市场参与度和流动性，推广生态环境导向的开发模式（EOD），明确环境效益目标，规范实施模式。完善绿色金融评价指标体系，建立健全绿色转型项目库和绿色金融综合服务平台。出台政策激励金融机构和企业参与绿色金融。逐步扩大环境权益抵质押融资试点，加大财政部门风险补偿、贷款贴息等支持政策与人民银行碳减排等结构性货币政策工具的联动引导力度，加快融入全国碳排放交易市场进程，充分发挥湖南森林资源优势，建设运营省级碳票交易平台，拓宽省内林业碳汇消纳渠道。

三是健全环保税征管机制，推进水资源费改税。推动扬尘环保税征收主体从施工单位转变为建设单位，利用施工许可证建立施工扬尘环境保护税台账管理机制，倒逼建设单位加强环境保护，提升施工扬尘环保税征管质效。研究加强火电行业固体废物环保税管理举措，规范固体废物环保税申报流程，加强免税优惠前置审查。研究制定湖南省水资源费改税实施方案，在中央全面推开水资源税改革试点后做好水资源费改税有关工作，适时调整税额标准，更好地发挥水资源税对促进节能节水、资源节约集约利用的积极作用。

（三）探索多元化生态产品价值实现模式，加快推进产业生态化和生态产业化

一是探索跨流域跨区域横向生态补偿多元方式。以长沙、岳阳、郴州、怀化等生态产品价值实现试点基础较好的地区为重点，在湘江流域、洞庭湖区范围内，积极探索构建市场化补偿机制、生态产业发展补偿、公民收益补偿等制度，允许生态获益区通过资金补偿、飞地经济、人才和产业扶持等多元方式对生态扩散区进行补偿。探索构建“湖南+湖北”洞庭湖流域、长江经济带上下游省份间横向生态补偿机制，以政府购买生态产品或发行生态环保专项债等方式，推进洞庭湖流域生态产品价值实现；探索构建“洞庭湖生态绿色指数”统筹省际生态环保财政转移支付分配制度，用于水资源环境修复等。高位推动湿地生态效益补偿机制实施，尽快启动湖南省湿地生态

效益补偿制度的制定，出台湿地生态效益补偿实施细则，落实生态效益补偿资金渠道。

二是实施“生态+”发展战略，促进生态产品增值。建议依托湖南省丰富的自然生态资源，大力发展生态康养、生态民宿、医疗保健、健康膳食等生态旅游产业。充分发掘废弃矿山、工业遗址、古旧村落等历史资源，积极引进社会资本，推进教育文化旅游开发。抢抓湖南省发展十大优势特色千亿农业产业集群的政策机遇，深入实施生态农产品精深加工行动，大力推进农产品区域公用品牌建设、保护和提升；鼓励依托不同地区独特的自然禀赋条件，推广人放天养、自繁自养等原生态种养方式。鼓励有生态环境优势的地区，适度发展数字经济、洁净医药、电子元器件、精密仪器等环境敏感型产业，如加快郴州资兴市东江湖大数据产业园的规划建设。

三是加大对生态资源权益交易市场的扶持力度。依托省联合产权交易所，加快建立全国碳市场能力建设（长沙）中心，破除地方碳市场与全国碳市场衔接障碍，构建公开透明、开放竞争的湖南省环境权益交易平台。推动更多发电行业重点排放单位进入碳排放权交易市场，提升湖南省制造业企业的碳资产管理水平及碳市场参与度。在有条件的地区，试点探索构建排污权、用能权、用水权、森林碳汇等交易机制，如依据《新时代洞庭湖生态经济区规划》的要求，推进资源环境权益交易市场建设，开展水权、碳汇权益交易试点，逐渐形成可推广的交易模式。

四是积极稳妥推进碳达峰碳中和工作。做好我国《绿色低碳转型产业指导目录（2024 年版）》与相关支持政策的衔接，大力发展符合湖南省情的绿色低碳产业。鼓励大型企业制定碳达峰行动方案、实施减污降碳示范工程。推进低碳产品认证，推广低碳技术应用。大力发展节能环保产业，深化其与省内钢铁、建材、有色金属、石化化工等产业协作，引导节能环保企业深度参与节能降碳、清洁生产、资源循环利用、再制造等领域。进一步放开石油、化工、电力、天然气等领域节能环保竞争性业务。在确保能源安全的基础上，加快推动能源结构调整，加快“宁电入湘”等重大能源项目建设，发展抽水蓄能项目，因地制宜加强光伏、风力发电开发，构建新型电力系统。加强能源储备体系建设，提升煤炭、油气等储备能力，推进“气化湖南工程”。大力发展新能源汽车（船），发挥好岳阳长江“黄金水道”、中欧班列作用，推动货运“公转水”“公转铁”。

（四）加快建立生态环境保护责任体系，完善相关政策法规制度

一是严格落实生态环境保护“党政同责、一岗双责”。《关于全面推进美丽中国建设的意见》强调，必须坚持和加强党的全面领导，建立覆盖全面、权责一致、奖惩分明、环环相扣的责任体系。要严格落实《湖南省生态环境保护工作责任规定》《湖南省生态环境保护督察工作实施办法》《湖南省重大生态环境问题（事件）责任追究办法》等责任制度，实施党政同责。全面落实河湖长制，完善对基层河湖长的工作激励机制，支持其及早发现环保隐患或问题。加强与审计部门协同督察，自然资源厅和生态环境厅要主动利用生态功能分区管控加强联动，实现分区管控与国土规划有机结合，真正将“三线一单”落地到市县。涉及重点生态保护区，要加强对经济行为的行政审批管理。深入推进中央生态环境保护督察反馈问题、长江经济带生态环境警示片披露问题等突出生态环境问题整改，坚决杜绝虚假整改、屡改屡犯等现象，打一场生态环境问题整改攻坚仗。

二是完善生态环境执法的跨区域协同机制。探索建立全省生态环境保护跨区域协调与监督机构，并从行政主体地位、人员、经费等方面保障其长效性与稳定性。建立健全跨区域联席会商机制、信息共享机制、生态补偿机制等，确保区域间环境行政决策过程公开透明，在区域利益博弈中实现互惠共赢。推动出台《湖南省水污染防治若干规定》，研究出台《湖南省跨部门综合监管办法》，发布生态环境等领域跨部门综合监管重点事项清单，完善政策协同、信息共享、联合监测、线索移送、联合信用监管、联合检查执法等跨部门综合监管制度。

三是优化生态保护转移支付资金分配机制。强化财政资金绩效评价结果应用，实施奖优罚劣，促进有限财政资金在地区间实现有效分配。重点考虑洞庭湖流域、湘江源头等生态功能重点地区，优先支持生态保护效果显著、

生态环境改善明显的地区和项目。联合业务主管部门，开展动态监管与评估，将历年来中央和省级环保督察、长江经济带警示片揭露问题整改情况作为重要因素考虑，对整改成绩突出的地方给予转移支付的正面激励，增加对其在生态环境保护修复及绿色发展项目上的资金支持；对整改不力地区，则适当扣减相关转移支付资金。支持湖南省将更多的EOD项目纳入国家项目库，将洞庭湖区作为重点纳入三峡后续工作长效扶持机制。

四是合理修订相关法律法规，强化重要制度保障。以修订矿产资源法为契机，在矿法中明确矿业权出让资金、技术以及产业配套能力等要求，防止出现企业“圈而不探”“圈而不采”行为。呼吁国家层面加快修订《长江保护法》，制定长江保护法行政处罚自由裁量权基准，细化行政处罚裁量权，统一执法标准和尺度。推动建立健全农业农村污染防治、秸秆综合利用与露天焚烧、规模以下畜禽养殖、环境监测机构监管、生态环境损害赔偿等方面的立法。完善水生态考核指标体系，将考核指标由水质水量拓展为水环境、水资源、水生态“三水”综合指标。

（五）开展示范试点建设，打造美丽中国建设湖南样板

一是加强对已获批的生态文明示范区域和城市的项目支持。积极争取国家政策和项目支持，建好26个国家生态文明建设示范区和郴州国家可持续发展议程创新示范区。加快实施一批示范项目，高标准高质量高水平推进示范区建设。探索建立高度城市化、高人口密度区域绿色转型发展的新模式，打造长株潭生态绿心绿色转型发展示范区。强化低碳城市、低碳工业园区、气候适应型城市试点工作，探索开展近零碳排放与碳中和试点示范、空气质量达标与碳排放达峰“双达”试点示范，积极参与全国碳市场建设。以示范创建为抓手，重点探索五位一体统筹推进生态文明建设的经验模式，以“两山”实践创新基地创建为平台，创新探索“两山”转化的有效路径，树牢典型形象，增强示范引领效应。

二是加强对国家级生态修复示范项目的经验学习和推广。国家级生态修复示范项目建设是国家下达给湖南省的目标任务，湖南不仅要按时保质完成

任务，还要按有关技术规范总结提炼试点成果。湖南省生态环境厅要高度重视，组织各参与单位对项目各环节进行认真分析总结，梳理项目组织实施过程中的问题，提出改进意见；提炼出可复制、易推广、成本低、效果好的先进经验，加强示范项目先进经验的学习推广和应用。建立省内外经验推广清单，组织相关地区相关部门学习我国 90 个国家级生态文明试验区改革举措以及省内国家级生态修复示范项目的经验举措，并鼓励推广应用。

产 业 篇

B.2 湖南产业碳排放结构性归因与对策研究*

杨顺顺**

摘 要： 产业活动碳排放占碳排放总量的绝大比例，控制产业碳排放是推进低碳转型的关键。统计数据分析的结果表明，全国层面和湖南都已进入"碳达峰"前的排放波动平缓期。湖南与全国层面碳排放增长的共性原因在于主要都受投资扩张效应影响，其次是消费拉动效应和出口（或流出）变动效应，且近年来居民消费拉动效应的贡献率有较大提升。全国层面主要受生产结构效应影响，而湖南主要受出口替代效应影响。从碳排放变动的关键

* 本文系湖南省自然科学基金面上项目"'碳拐点'"前期中国碳排放结构嬗变及减排机制优化研究"（2021JJ30408）和湖南省社会科学成果评审委员会课题"湖南工业部门碳排放结构分解及减排情景分析"（XSP20YBZ087）的阶段性成果，是对笔者载于《环境保护与循环经济》的《基于结构分解分析的产业部门碳排放驱动因素研究——以湖南为例》一文的修订扩展。

** 杨顺顺，理学博士，湖南省社会科学院（湖南省人民政府发展研究中心）研究员，经济研究所副所长，主要研究方向为绿色发展与低碳经济、农村环境管理等。

部门分析，全国层面和湖南碳排放增长分布的行业门类有所不同，湖南的关键部门碳排放变动主要受最终需求因素影响，涉及技术进步的因素影响相对不明显。

关键词： 湖南产业　碳排放　结构性归因

低碳转型是经济增长、产业结构、需求结构、能源结构多个维度共同驱动的结果，当前湖南处于工业化中期向后期加速推进阶段，产业部门能耗仍处于高位运行水平，加之工业过程排放，产业部门碳排放超过全省碳排放总量的90%，其中工业部门碳排放占比超过70%，而能耗碳排放超过全省碳排放总量的75%①。党的二十届三中全会审议通过的《中共中央关于进一步全面深化改革　推进中国式现代化的决定》中强调要“健全绿色低碳发展机制”“发展绿色低碳产业”②，产业部门碳排放决定了湖南碳排放总体规模和发展趋势，解析影响湖南产业部门碳排放的驱动因素和驱动机制，并与全国情况进行对比分析，据此研究现实优化对策，是湖南低碳发展急需完成的任务。

要实现产业低碳发展，必须寻找导致产业碳排放增长的内部驱动因素及其影响强度。学界常用的碳排放影响因素分解方法主要有指数分解法和基于投入产出模型的结构分解分析（SDA）法。指数分解法又包括拉式指数（Laspeyres）和迪氏指数（Divisia）法，其中 Ang B. W. 等③提出的对数均值 Divisia 指数法（LMDI）应用最为广泛。相对于指数分解法，结构分解分析借助投入产出模型从需求侧讨论部门碳排放的驱动因素，并可深入讨论体现部门间技术经济

① 杨顺顺：《湖南省碳排放总量核算与碳源结构分析》，《合作经济与科技》2022 年第 10 期。

② 《中共中央关于进一步全面深化改革　推进中国式现代化的决定》，《人民日报》2024 年 7 月 22 日。

③ Ang B. W., Liu F. L., “A New Energy Decomposition Method: Perfect in Decomposition and Consistent in Aggregation,” *Energy*, 26 (2001): pp. 537-548.

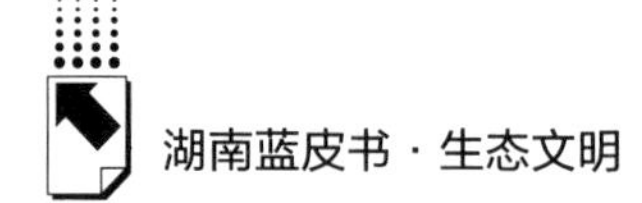

联系的生产结构以及投资、消费、进出口“三驾马车”的需求结构变动对碳排放的影响，更多应用于基于消费视角①、跨区域隐含碳转移②以及产业部门间碳排放路径分析③层面。

受数据采集所限，目前各类碳排放结构分解分析的报道中以省域④、市域为研究对象的不多，且多将最终需求作为整体因素进行讨论。湖南是全国两型社会建设的先行先试省份之一（2007 年启动），此后又陆续推进“绿色湖南”“生态强省”“美丽湖南”建设，是内陆地区主动推动产业低碳转型的典型省份。本文以湖南为研究案例区域，在自行编制省域可比价投入产出表的基础上，对湖南产业部门碳排放增量实施结构分解分析，并将最终需求分解为居民消费、政府消费、资本形成和流出流入分别讨论，同时与全国层面采用 SDA 框架进行产业部门碳排放增长分解的结论进行对比分析，有助于深入把握湖南产业部门碳排放增长的省域特征与驱动因素，为进一步的减排政策设计提供决策参考依据，具有一定的学术价值和较强的现实意义。

一　研究方法

（一）结构分解分析模型

根据投入产出分析原理，从需求侧出发，可将区域产业部门碳排放通过下式的矩阵乘法核算：

---

① 李堃、王奇：《整合消费与增加值视角的中国行业碳排放变动分解研究》，《中国人口·资源与环境》2020 年第 3 期。

② 潘晨、李善同、何建武等：《考虑省际贸易结构的中国碳排放变化的驱动因素分析》，《管理评论》2023 年第 1 期。

③ 张炎治、冯颖、张磊：《中国碳排放增长的多层递进动因——基于 SDA 和 SPD 的实证研究》，《资源科学》2021 年第 6 期。

④ 张聪、汪鹏、赵黛青等：《基于结构分解的碳排放驱动因素及行业影响分析——以广东为例》，《科技管理研究》2022 年第 16 期。

$$C = \boldsymbol{F} \times \boldsymbol{R} \times \boldsymbol{E} \times \boldsymbol{B} \times \boldsymbol{Y} = \boldsymbol{F} \times \boldsymbol{R} \times \boldsymbol{E} \times \boldsymbol{B} \times (\boldsymbol{Q}_r + \boldsymbol{Q}_g + \boldsymbol{K} + \boldsymbol{S} - \boldsymbol{P})$$

$$= [f_1, \cdots, f_m] \begin{bmatrix} r_{11} & \cdots & r_{1n} \\ \vdots & r_{ij} & \vdots \\ r_{m1} & \cdots & r_{mn} \end{bmatrix} \begin{bmatrix} \frac{e_1}{x_1} & \cdots & 0 \\ \vdots & \frac{e_i}{x_i} & \vdots \\ 0 & \cdots & \frac{e_n}{x_n} \end{bmatrix} \begin{bmatrix} b_{11} & \cdots & b_{1n} \\ \vdots & b_{ij} & \vdots \\ b_{n1} & \cdots & b_{nn} \end{bmatrix} \quad \text{式(1)}$$

$$\left(\begin{bmatrix} q_{r1} \\ \vdots \\ q_{rn} \end{bmatrix} + \begin{bmatrix} q_{g1} \\ \vdots \\ q_{gn} \end{bmatrix} + \begin{bmatrix} k_1 \\ \vdots \\ k_n \end{bmatrix} + \begin{bmatrix} s_1 \\ \vdots \\ s_n \end{bmatrix} - \begin{bmatrix} p_1 \\ \vdots \\ p_n \end{bmatrix} \right)$$

式（1）中，C 为区域产业部门碳排放总量，tCO_2 当量（下文均简用 t）；假定区域中有 n 个产业部门，m 种能源类型，则 $\boldsymbol{F}$ 为排放因子矩阵，为一个 m 维行向量，其第 j 列元素 f_j 为第 j 种能源的碳排放因子，t/tce，本文认为排放因子相对固定，$\boldsymbol{F}$ 矩阵在本研究的各时期不发生变化；$\boldsymbol{R}$ 为 m 行 n 列的能源消费结构矩阵，其第 i 行 j 列元素 r_{ij} 代表部门 j 消费的第 i 类能源占其总能源消费量的比例；$\boldsymbol{E}$ 为总产品能源强度矩阵，是一个 n 阶对角阵，其第 i 行（即第 i 列）主对角线元素是部门 i 的能源消费量 e_i 与该部门总产品 x_i 的比值，tce/万元；B 为 n 阶的 Leontief 逆矩阵，即完全需求矩阵，其第 i 行 j 列元素 b_{ij} 代表部门 j 每增加一单位的最终需求需要部门 i 提供的产品量；$\boldsymbol{Y}$ 为最终需求矩阵，为 n 维列向量，其第 i 行元素 y_i 为部门 i 的最终需求，万元；$\boldsymbol{Y}$ 又可以进一步写为 6 个 n 维列向量之和（公式中为 5 类），即居民消费矩阵 $\boldsymbol{Q}_r$，政府消费矩阵 $\boldsymbol{Q}_g$，资本形成矩阵 $\boldsymbol{K}$，出口（或流出品）矩阵 $\boldsymbol{S}$，进口（或流入品）矩阵 $\boldsymbol{P}$（省级投入产出表中用流出品、流入品取代了全国投入产出表中的出口和进口项，用以表示出省和入省产品的量），以及平衡项其他产品矩阵 $\boldsymbol{O}$（本文中只在全国投入产出表中涉及，在公式中未表示），其第 i 行元素分别用 q_{ri}、q_{gi}、k_i、s_i 和 p_i 表示，分别表示部门 i 的各类最终需求量。本文仅核算产业部门的能耗碳排放部分（占据产业部门碳排放的绝大比例），易知 $\boldsymbol{F} \times \boldsymbol{R} \times \boldsymbol{E}$ 即代表了部门生产侧视角的直接碳排放

（大部分研究按此核算），而式（1）则将部门直接碳排放进一步转换为需求侧视角下定义的碳排放。

需要说明的是，本文对 $\boldsymbol{F}$ 矩阵的处理，与一些研究中采用的分摊计算法不同，终端能耗的电力热力碳排放因子按零计算，所有火电、热力等二次能源生产过程中的碳排放均计入电力热力的生产和供应业的直接碳排放；在对 $\boldsymbol{E}$ 矩阵的处理中，对于涉能源加工转换部门，其能耗除终端能耗外，还需要增加其能源加工转换过程中的能源净损失量①；对于 $\boldsymbol{R}$ 的处理，由于 $\boldsymbol{F}$ 矩阵计算中火电和热力生产过程的碳排放被计入电力热力的生产和供应业，r_{ij}包含了能源加工转换时的所有投入量，电力热力行业的 r_{ij}之和可能大于 1。

则产业部门 j 的碳排放可以表示为：

$$C_j = \sum_{i=1}^{n} (\boldsymbol{F} \times \boldsymbol{R}_i \times E_i \times b_{ij}) \times y_j \qquad \text{式(2)}$$

式（2）中，C_j为部门 j 的碳排放量，t；$\boldsymbol{R}_i$为 $\boldsymbol{R}$ 矩阵的第 i 列元素构成的列向量；E_i为 E 矩阵的第 i 行 i 列的主对角线元素；其他变量前文已述。

按照两极分解法的思路②，将产业部门 j 第 0 期到第 t 期碳排放的增量表示为以下 8 种效应之和（按湖南省投入产出表数据情况描述，没有包括其他项）：

$$\begin{aligned}\Delta C_j^{t-0} = & \frac{1}{2}\left[\sum_{i=1}^{n}(\boldsymbol{F}\times\boldsymbol{R}_i^t - \boldsymbol{F}\times\boldsymbol{R}_i^0)\times E_i^0\times b_{ij}^0\times y_j^0 + \sum_{i=1}^{n}(\boldsymbol{F}\times\boldsymbol{R}_i^t - \boldsymbol{F}\times\boldsymbol{R}_i^0)\times E_i^t\times b_{ij}^t\times y_j^t\right] \\ & + \frac{1}{2}\left[\sum_{i=1}^{n}\boldsymbol{F}\times\boldsymbol{R}_i^t\times(E_i^t - E_i^0)\times b_{ij}^0\times y_j^0 + \sum_{i=1}^{n}\boldsymbol{F}\times\boldsymbol{R}_i^0\times(E_i^t - E_i^0)\times b_{ij}^t\times y_j^t\right] \\ & + \frac{1}{2}\left[\sum_{i=1}^{n}\boldsymbol{F}\times\boldsymbol{R}_i^t\times E_i^t\times(b_{ij}^t - b_{ij}^0)\times y_j^0 + \sum_{i=1}^{n}\boldsymbol{F}\times\boldsymbol{R}_i^0\times E_i^0\times(b_{ij}^t - b_{ij}^0)\times y_j^t\right]\end{aligned}$$

---

① 杨顺顺：《纳入部门转移责任的用能权交易配额优化研究》，《北京大学学报》（自然科学版）2021 年第 5 期。

② 张纳军、程郁泰：《碳排放 SDA 模型的算法比较及应用研究》，《统计与信息论坛》2018 年第 4 期。

$$+\frac{1}{2}\left[\sum_{i=1}^{n}\boldsymbol{F}\times\boldsymbol{R}_i^t\times E_i^t\times b_{ij}^t\times(q_{rj}^t-q_{rj}^0)+\sum_{i=1}^{n}\boldsymbol{F}\times\boldsymbol{R}_i^0\times E_i^0\times b_{ij}^0\times(q_{rj}^t-q_{rj}^0)\right]$$

$$+\frac{1}{2}\left[\sum_{i=1}^{n}\boldsymbol{F}\times\boldsymbol{R}_i^t\times E_i^t\times b_{ij}^t\times(q_{gj}^t-q_{gj}^0)+\sum_{i=1}^{n}\boldsymbol{F}\times\boldsymbol{R}_i^0\times E_i^0\times b_{ij}^0\times(q_{gj}^t-q_{gj}^0)\right]$$

$$+\frac{1}{2}\left[\sum_{i=1}^{n}\boldsymbol{F}\times\boldsymbol{R}_i^t\times E_i^t\times b_{ij}^t\times(k_j^t-k_j^0)+\sum_{i=1}^{n}\boldsymbol{F}\times\boldsymbol{R}_i^0\times E_i^0\times b_{ij}^0\times(k_j^t-k_j^0)\right]$$

$$+\frac{1}{2}\left[\sum_{i=1}^{n}\boldsymbol{F}\times\boldsymbol{R}_i^t\times E_i^t\times b_{ij}^t\times(s_j^t-s_j^0)+\sum_{i=1}^{n}\boldsymbol{F}\times\boldsymbol{R}_i^0\times E_i^0\times b_{ij}^0\times(s_j^t-s_j^0)\right]$$

$$-\frac{1}{2}\left[\sum_{i=1}^{n}\boldsymbol{F}\times\boldsymbol{R}_i^t\times E_i^t\times b_{ij}^t\times(p_j^t-p_j^0)+\sum_{i=1}^{n}\boldsymbol{F}\times\boldsymbol{R}_i^0\times E_i^0\times b_{ij}^0\times(p_j^t-p_j^0)\right]$$

式(3)

式（3）中，跨时期部门 j 的碳排放增量依次被分解为（每个±1/2 及其括住的公式）能源消费结构变化的影响，即能源结构效应；能源强度变化的影响，即能源强度效应；生产技术变化的影响，即生产结构效应；居民消费变化的影响，即居民消费拉动效应；政府消费变化的影响，即政府消费拉动效应；资本形成变化的影响，即投资扩张效应；出口（或流出品）变化的影响，即出口（或流出）变动效应；进口（或流入品）变化的影响，即进口（或流入）替代效应。

（二）数据来源与处理

中国投入产出表除公布尾数逢 2 逢 7 年份数据外，其后 3 年会编制延长表，因此选择 2005 年、2010 年、2015 年和 2020 年全国投入产出表数据及相应年份的能源统计数据，划分为 28 个产业部门，涉及 27 类能源类型（煤、煤矸石、焦炭、焦炉煤气、高炉煤气、转炉煤气、其他煤气、其他焦化产品、原油、汽油、煤油、柴油、燃料油、石脑油、润滑油、石蜡、溶剂油、石油沥青、石油焦、液化石油气、炼厂干气、其他石油制品、天然气、液化天然气、热力、电力、其他能源）。而湖南每 5 年编制一次投入产出表，且不编制延长表，目前最新投入产出表为 2017 年数据（2020 年底发布，2022 年投入产出表需要 2025 年底发布），本文采用了 2007 年、2012 年和2017年湖南投入产出表及相应年份的能源统计数据（来自《中国能源统计年鉴》和《湖南统计年鉴》），并对产业部门数据进行归并处理，使投入产出表与能源统计数据的部门分类一致，同样划分为28个产业部门，涉及10类能源（煤、焦炭、原油、汽油、煤油、柴油、燃料油、液化石油气、天然气和电力）。

为剔除价格影响，需要将投入产出表转换为可比价数据。采用全国和湖南农产品生产者价格指数、工业生产者出厂价格指数、建筑安装工程价格指数、第三产业GDP平减指数对投入产出表的28个产业部门数据按行方向进行了统一调整，其中对全国数据进出口项分别采用进口、出口商品价格指数进行了调整，再根据投入产出表的行列平衡关系，调整各部门列方向的增加值数据。由于全国和湖南选用的时间节点不同，针对湖南数据，考虑到2012年为中间年份，调整后误差相对较小，故将不同年份数据均转化为2012年不变价。全国数据按2005年不变价调整，与湖南比对时仅进行比例数据比对，不会因价格基准率不同影响对比结论。①

二　湖南产业碳排放特征与国省对比分析

（一）湖南产业部门碳排放总体情况

碳排放总量方面，2007年、2012年和2017年，湖南产业部门碳排放（仅计算能耗排放部分，且不含生活能耗碳排放，下同）分别为1.95亿吨、2.65亿吨和2.86亿吨（由于仅三次产业大类有全部能耗数据，细分部门能耗只公布10类主要能源数据，故本文仅能核算约90%的产业部门能耗，碳排放数据会相对偏低），2007~2012年、2012~2017年两个时间段的年均增长率分别为6.33%、1.52%。可见，随着近年来湖南生态建设力度的加强，产业部

① 本文对比的全国结构分解分析数据来源于笔者发表于《资源科学》（2024年第5期）的《中国产业部门碳排放增长的结构性动因——基于SDA与LMDI耦合分解法》。

门碳排放增速已逐步趋于平缓，在2030年前较有把握如期实现碳达峰目标。

碳排放强度方面，2007年、2012年和2017年，湖南按增加值计量的产业部门碳排放强度分别为1.63吨/万元、1.20吨/万元和0.92吨/万元（凡涉及价格因素数据，均调整为2012年不变价，下文同），2007~2012年、2012~2017年五年累计下降率分别达到了26.65%、23.05%，均高于20%。事实上为国家完成哥本哈根会议上“2020年单位GDP碳排放量比2005年下降40%~45%”的承诺作出了正贡献。

（二）湖南产业碳排放驱动因素整体层面的国省对比分析

由于对全国和湖南省实施产业部门碳排放因素分解的时间段不同，全国层面对2005~2010年、2010~2015年和2015~2020年三个时间段，湖南层面对2007~2012年、2012~2017年两个时间段的碳排放增量进行了分解，用全国2005~2015年间两个时间段来对比湖南2007~2012年的变化，用全国2010~2020年间两个时间段来对比湖南2012~2017年的变化，具体分解结果如表1所示（同时为便于比对，将居民、政府两类消费拉动效应在表中合并表示）。

表1 不同时期全国及湖南产业部门碳排放增长驱动因素分解结果

单位：%

驱动因素	全国层面各驱动因素对碳排放增长的贡献率			湖南层面各驱动因素对碳排放增长的贡献率	
	2005~2010年	2010~2015年	2015~2020年	2007~2012年	2012~2017年
能源结构效应	-2.45	21.51	-44.06	17.80	2.08
能源强度效应	-47.80	-52.86	95.69	-163.10	-192.86
生产结构效应	-1.96	-10.44	-231.61	-11.96	156.70
消费拉动效应	45.30	63.22	116.05	62.00	291.63
投资扩张效应	109.56	83.09	146.31	242.12	308.67
出口（或流出）变动效应	30.73	18.68	29.97	187.16	149.40
进口（或流入）替代效应	-21.40	-18.76	-14.34	-234.02	-615.62
其他效应	-11.97	-4.45	1.99	—	—

注：全国投入产出表中部分年份存在用于平衡行列项的其他效应，因此表中多一项其他效应。

影响湖南产业部门碳排放各类驱动因素，与其在全国的表现上有重要的共性特点，即从对碳排放增长起正贡献的因素上看，消费、投资、出口（省内表现为流出）三驾马车是拉动碳排放增长的主要因素。且与全国相似，湖南投资扩张效应最为强劲，湖南在2012年前消费的拉动作用弱于流出变动效应，2012年后消费拉动效应才大幅增加，这一表现与全国2015年后消费拉动效应走强的现象相对一致。这说明，投资扩张依然是湖南乃至全国引发产业部门碳排放增长的最主要因素，受中美贸易摩擦等影响，出口的相对走弱使出口变动效应对产业部门碳排放增长的影响也有所下滑，而近年来经济增长逐步由投资驱动转向消费驱动，也使消费拉动效应对碳排放增长的影响开始明显加大。

进一步地，湖南与全国在影响产业部门碳排放各类驱动因素表现上的显著不同，在于对碳排放增长起负贡献的因素表现大相径庭。

其一，三类与产业部门技术进步相关的因素，能源结构效应、能源强度效应和生产结构效应的表现在全国和湖南风格迥异。碳排放的源头环节，能源结构效应在全国从2005~2010年的不明显的负效应，已经逐步转变为2015~2020年的明显负效应，风力、光伏等清洁能源的开发和利用显著降低了能源的含碳量。但湖南缺电烧煤、无油无气，一次能源自给率偏低，对区域外能源依赖程度高，同时湖南省仅属于年日照时数1400h~2000h的地区，省内年平均总云量为7~8，年雨日在137~180天，此外湖南省是多山内陆省，不属于我国风能资源丰富的两大地带（三北和沿海），属弱风区，风能经济可开发量有限，清洁能源的利用虽然能在一定程度上抑制全省产业部门碳排放增长，但太阳能和风能开发利用潜力有限，较难成为碳排放削减的主导因素，截至2012~2017年，能源结构效应在湖南省仍表现出较弱的碳排放增长效应。能源强度效应和生产结构效应都反映了产业部门技术低碳化升级水平，前者更反映部门内的技术进步情况，后者则更反映部门间的技术进步情况。从全国分解结果看，2015年前能源强度效应的碳减排效果更强，而2015年后生产结构效应的碳减排作用全面上升（由于在本文的分解技术中，没有专门分离增加值效应，全国投入产出表中，2015~2020年增加值率大幅上升，引起总产品增长幅度被倒逼压缩，导致总产品定义的能源强度反而上升，能源强度效应体现为正贡献），说明产业部门层面通过技术进步实现的碳减排更多转移至产业链间技术进步主导，但湖南省目前能源强度效应依然是碳减排的主要因素，生产结构效应仍体现为较大的正贡献，说明湖南省主要仍依靠部门内节能减排技术改造升级实现碳减排，产业部门上下游间依然存在高碳路径锁定的现象。

其二，进口（流入）替代效应在全国和湖南省都表现为稳定的碳排放削减效应，但其碳减排作用在全国层面贡献份额不大，在湖南层面流入替代效应则是各时期最重要的碳减排因素。产品进口（流入）相当于将部分中间产品和最终产品需求的生产转移至国外（省外），则产品生产所需要产生的碳排放会被转移至国外（省外）承担，对全国而言，虽然进口品可以降低国内碳排放，但其带来的削减份额显然无法与技术进步带来的碳减排相比。然而在湖南省层面，2007~2017 年间流入品带来的碳排放削减贡献非常大，一方面说明湖南通过国际贸易和省际贸易使很多高碳密度产品不在省内生产，享受了减排福利；另一方面也说明湖南产业部门整体低碳化进程相对滞后，才会导致由湖南省投入产出表计算出的产品碳强度偏高，导致进口品按此计算的碳削减量也连带偏高。在国内国际双循环和全国统一大市场建设中，合理利用贸易关系降低湖南省碳排放也是未来推进湖南低碳发展的重要考量之处。

其三，从数据波动情况看，全国层面数据相对稳定，而湖南省数据波动幅度较大（不少因素的贡献率超过±200%），对结论的中长期稳定性带来了一定影响。同时，湖南省不编制投入产出延长表，导致数据发布时效性较差，这也需要数据统计层面工作的进一步完善。

具体进一步深入分析湖南产业部门碳排放各驱动因素的整体表现。由表 1 可知，2007~2017 年，始终具有碳排放增长效应的因素有能源结构效应、居民消费拉动效应、政府消费拉动效应、投资扩张效应和流出变动效应，其中能源结构效应的碳增长效应较低，造成湖南产业部门碳排放增长的主要因素是最终需求的提升，即经济增长“三驾马车”的拉动。

从各个效应分别进行剖析，投资扩张效应在各时期都是最主要的碳排放增长推手，2007~2012年和2012~2017年，湖南每万元资本形成总额导致碳排放增长分别为2.30吨和1.92吨，始终处于高位运行态势，即提升投资效率和促进其低碳化转型是控制湖南碳排放增长最主要的方向。居民消费拉动效应的贡献率在2012~2017年有较大提升，成为除投资扩张效应外增排贡献最大的因素，当前刺激居民消费政策要注重同步引导形成简约适度、绿色低碳的生活方式。较之居民消费，政府消费造成的碳增长虽然也在增加，但贡献率尚相对偏低。流出变动效应主要反映湖南为生产国内其他区域和国外需要的产品而增长的碳排放，在2007~2012年和2012~2017年，流出变动效应对碳增长的贡献率变动不大，但其引发碳增长的绝对量下降较快，每万元流出量导致的碳增长由2007~2012年的2.43吨快速下降至2012~2017年的0.72吨，说明湖南流出产品的隐含碳量明显下降，技术水平显著提升。此外，能源结构效应对湖南碳增长仍有较低的正效应，说明2017年前依靠能源清洁化推动低碳转型的成效不明显，这一结论与中部其他地区研究结论较为一致、[①] 即能源结构高碳锁定状态破除较慢，未来进一步降低化石能源消费比例、提高清洁低碳能源应用水平仍任重道远。

2007~2017年，始终具有碳排放抑制效应的因素有能源强度效应和流入替代效应，湖南又以后者更为突出，而生产结构效应则由较弱的碳减排效应转变为碳增长效应。2007~2012年和2012~2017年，湖南每万元流入产品引发的省内碳削减分别为2.73吨和2.48吨，远超同期按增加值计量的碳强度水平，说明湖南利用采购省外产品置换了大量本省高碳密度产品的生产，省际贸易对湖南碳减排起到了较好的促进作用。能源强度效应和生产结构效应都反映了产业部门技术进步的影响，其中能源强度效应更多体现产业部门能源利用效率的提升，2017年前能源强度效应的碳减排作用相对稳定；生产结构效应则更多体现产业链的低碳化进程，2012~2017年生产结构效应由

① 刘玉珂、金声甜：《中部六省能源消费碳排放时空演变特征及影响因素》，《经济地理》2019年第1期。

负转正，在其他研究中也有类似情况①，暗示湖南上下游产业链间协同减排效应尚不稳固，未来在主要的高碳产业链中要通过产品全生命周期碳排放管理和构建绿色供应链激励联合减排。

（三）湖南产业碳排放驱动因素分行业部门层面的国省对比分析

在全国和湖南层面上，本文均划分28个产业部门，对比不同产业部门在全国和湖南碳排放增长及其驱动因素的异同点。全国层面上，2005~2020年以及湖南层面2007~2017年各产业部门碳排放增量情况分别见图1和图2。

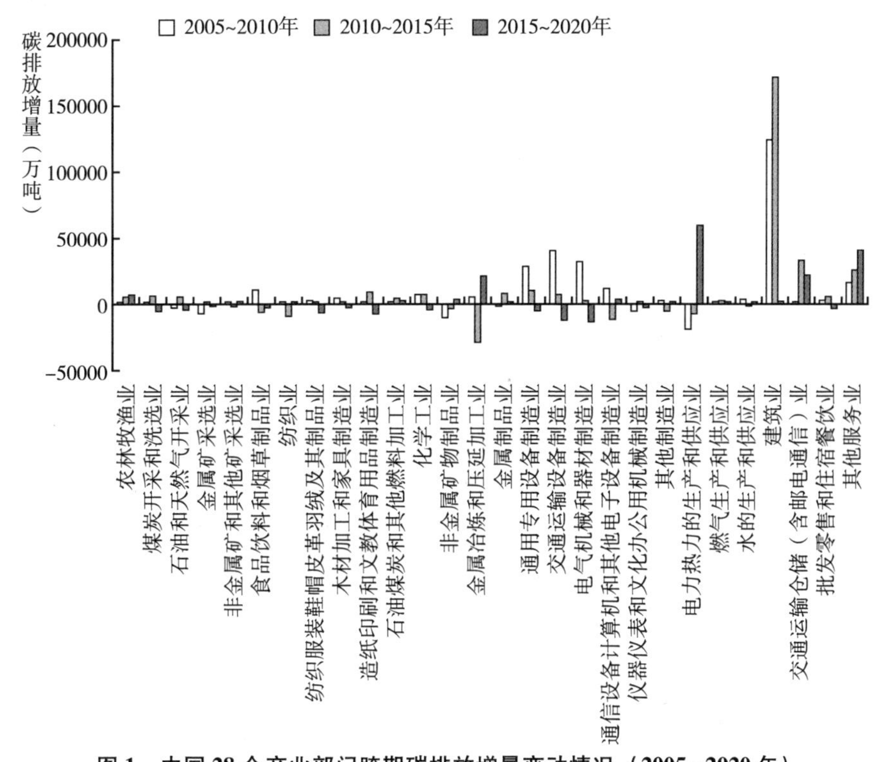

图1　中国28个产业部门跨期碳排放增量变动情况（2005~2020年）

① Zhang Y., Zheng X., Cai W., et al., "Key Drivers of the Rebound Trend of China's CO_2 Emissions," *Environmental Research Letters*, 10 (2020).

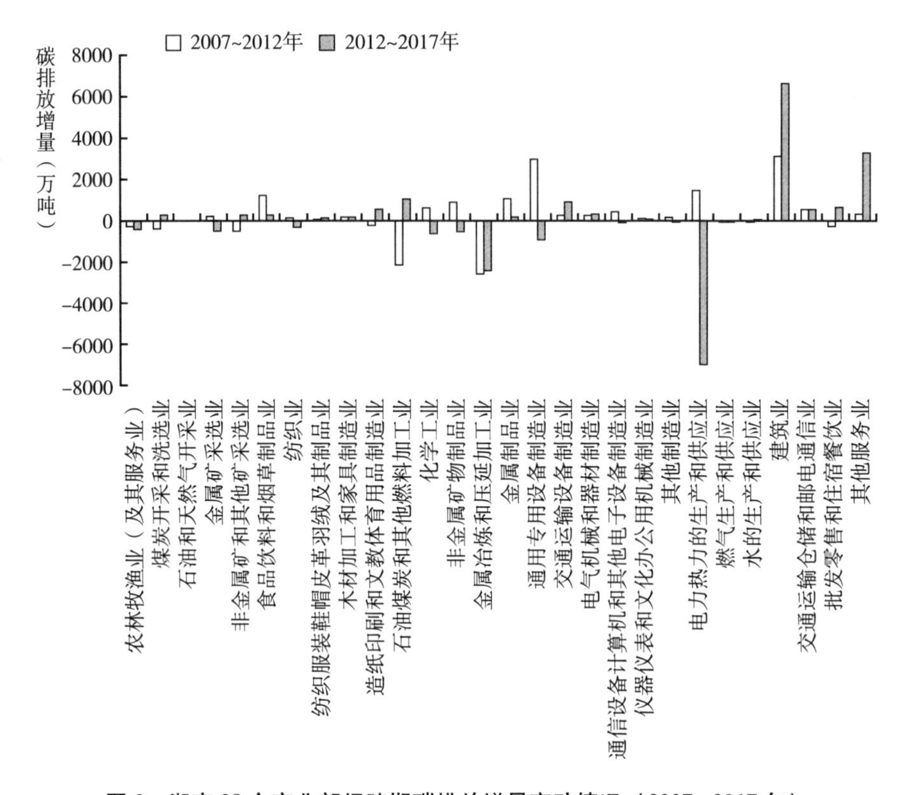

图 2　湖南 28 个产业部门跨期碳排放增量变动情况（2007~2017 年）

对比全国和湖南各产业部门碳排放增量的变化趋势，都呈现碳排放增量为负的部门扩容的现象，其中，全国 2005~2010 年、2010~2015 年和 2015~2020 年 3 个时期，碳排放增量为负的产业部门分别为 6 个、9 个和 13 个，湖南 2012~2017 年 28 个产业部门中有 11 个产业部门碳排放增量为负，同比 2007~2012 年增加了 2 个，说明全国和湖南产业部门碳达峰都在稳步推进中。

从行业分类上看，全国在 2015 年后仍处于碳排放增长的部门主要分布于农林牧渔业，资源加工工业，电力热力、燃气和水的生产和供应业，以及服务业部门，而湖南在 2012 年后仍处于碳排放增长的部门主要分布于轻纺工业、建筑业和服务业。这一差异部分可能是由湖南缺乏 2017 年后的数据导致的，但也说明湖南产业部门的节能减排水平和产能扩张的方向与全国不尽相同。

进一步对湖南28个产业部门2007~2012年、2012~2017年碳排放增量进行分解，结果表2所示。由于数据过多，各类影响因素造成的碳排放变化量仅选择2012~2017年分解数据呈现。

表2 湖南28个产业部门碳排放增长的驱动因素分解结果（2012~2017年）

单位：万吨

产业部门	2012~2017年碳排放增量	能源结构效应	能源强度效应	生产结构效应	居民消费拉动效应	政府消费拉动效应	投资扩张效应	流出变动效应	流入替代效应
农林牧渔业（及其服务业）	-365.90	107.35	-95.43	-28.34	-98.82	21.90	161.17	-247.77	-185.96
煤炭开采和洗选业	223.60	542.28	-157.77	-125.21	-2.20	0.00	-2.10	1.08	-32.48
石油和天然气开采业	0.00	0.00	0.00	0.00	0.00	0.00	0.00	0.00	0.00
金属矿采选业	-494.75	101.51	3.55	-357.30	0.00	0.00	-6.70	24.40	-260.22
非金属矿和其他矿采选业	257.61	24.17	25.16	-49.26	0.00	0.00	-29.80	-65.70	353.04
食品饮料和烟草制品业	206.56	-30.08	-314.97	-93.59	464.14	0.00	34.19	302.10	-155.22
纺织业	-287.00	-0.28	-43.98	-11.14	-106.43	0.00	0.11	-65.83	-59.46
纺织服装鞋帽皮革羽绒及其制品业	105.76	-14.21	-67.73	-69.71	181.49	0.00	-1.09	148.50	-71.49
木材加工和家具制造业	140.04	-8.36	-91.86	78.82	104.06	0.00	39.53	-13.65	31.50
造纸印刷和文教体育用品制造业	522.39	-11.77	-106.44	48.26	174.63	0.00	-67.56	352.67	132.59
石油煤炭和其他燃料加工业	986.43	-150.73	-542.41	1403.68	294.95	0.00	-231.42	-57.30	269.67
化学工业	-594.03	-13.74	-171.49	-33.29	253.45	0.00	0.81	158.34	-788.10
非金属矿物制品业	-480.21	-10.03	-35.45	18.69	-343.04	0.00	-147.57	566.90	-529.72

续表

产业部门	2012~2017年碳排放增量	能源结构效应	能源强度效应	生产结构效应	居民消费拉动效应	政府消费拉动效应	投资扩张效应	流出变动效应	流入替代效应
金属冶炼和压延加工业	-2377.72	36.62	59.81	-74.26	0.00	0.00	-72.41	-2585.35	257.86
金属制品业	155.98	-21.61	-103.21	114.41	125.85	0.00	-165.40	382.03	-176.09
通用专用设备制造业	-879.33	-170.02	-539.77	186.91	0.99	0.00	-946.89	68.38	521.08
交通运输设备制造业	841.13	-82.56	-178.41	-10.07	348.55	0.00	-442.30	1221.86	-15.94
电气机械和器材制造业	249.81	-40.69	-126.77	121.10	138.96	0.00	-68.73	372.01	-146.07
通信设备计算机和其他电子设备制造业	-84.22	-13.80	-74.09	30.88	89.40	0.00	-171.21	570.58	-515.99
仪器仪表和文化办公用机械制造业	7.76	-5.17	-13.11	9.58	17.35	0.00	-21.61	50.58	-29.86
其他制造业	-15.98	10.72	30.99	-12.14	-3.48	0.00	-0.86	9.49	-50.70
电力热力的生产和供应业	-6910.77	585.29	204.25	-1148.87	1192.81	0.00	0.00	62.07	-7806.33
燃气生产和供应业	-5.64	-1.26	0.90	4.58	51.86	0.00	-0.33	0.14	-61.52
水的生产和供应业	13.55	-4.66	-2.16	14.42	70.99	0.00	1.33	0.61	-66.98
建筑业	6572.04	-712.83	-1813.82	3074.94	318.38	0.00	7575.21	-38.59	-1831.24
交通运输仓储和邮电通信业	485.12	4.78	183.78	-116.04	77.50	41.01	651.19	677.45	-1034.56
批发零售和住宿餐饮业	570.11	-45.63	-39.53	111.07	249.83	0.00	-5.51	266.23	33.63
其他服务业	3233.06	-32.22	7.32	164.12	1392.39	996.04	324.05	939.42	-558.04

全国2015~2020年碳排放增长最高的4个部门，其增量均大于2亿吨，合计占全部15个碳增长部门增长总量的比例超过85%；相应地，碳排放削

减量最高的4个部门，其削减量均大于5000万吨，合计占全部13个碳减排部门削减总量的比例超过60%。可见，引起碳排放增长和削减部门是相对集中分布的，因此可以针对这些排放增量变动大的关键部门进行专门分析，以进一步提出产业碳减排对策。

按此思路，本文进一步选择湖南省2012~2017年碳排放增长或削减量大于500万吨的10个碳排放主要变动部门进行具体分析。

2012~2017年，湖南碳排放增长的主要部门包括建筑业、其他服务业、石油煤炭和其他燃料加工业、交通运输设备制造业、批发零售和住宿餐饮业以及造纸印刷和文教体育用品制造业6个产业部门，多为涉大宗消费、服务消费部门。分析其碳排放增长原因，建筑业为投资扩张效应主导型，主要受基础设施和住房建设带动，但近年来建筑业降温可能使这一趋势有新的变化；其他服务业为消费拉动效应主导型，居民和政府对新兴消费的需求都在全面提升；石油煤炭和其他燃料加工业为生产结构效应主导型，亟须大力推动产业链协同低碳化改造；交通运输设备制造业、造纸印刷和文教体育用品制造业均为流出变动效应主导型，即主要为保障省外需求提升而造成碳排放增长；批发零售和住宿餐饮业为居民消费拉动效应和流出变动效应双主导型，既应对省内居民消费需求，也有较多的产品和服务用于调出使用。

2012~2017年，湖南碳排放削减的主要部门包括电力热力的生产和供应业、金属冶炼和压延加工业、通用专用设备制造业以及化学工业4个产业部门，多为传统的高能耗部门。分析其碳排放削减原因，电力热力的生产和供应业、化学工业均为流入替代效应主导型，即通过调入更多的省外产品来减少省内生产产生的碳排放；金属冶炼和压延加工业为流出变动效应主导型，说明这一时期该部门出口量可能有所萎缩从而减少了碳排放；通用专用设备制造业为投资扩张效应主导型，说明该部门可能因投资回落和产业下行减少了能耗和相应碳排放。

从上述10个碳排放变动较大的部门看，绝大多数都受涉及最终需求的驱动因素影响，即湖南省2012~2017年产业部门碳排放增长或削减主要受经济增长“三驾马车”影响，涉及技术进步因素的影响表现相对还不够明显。

三　结论与建议

基于可比价投入产出表和结构分解分析方法，本报告对湖南产业部门2007~2017年能源消费引发的碳排放增长的驱动因素进行了分阶段分解，并与全国2005~2020年分时期碳排放增长分解结果进行了对比分析，研究结论可为湖南制定碳达峰相关政策提供理论参考。

湖南产业部门碳排放增长的趋势特征及驱动因素分析表明：

其一，2007~2017年，湖南产业部门碳排放由1.95亿吨增长至2.86亿吨，但年均增长速度处于下行区间，2012~2017年年均增长率已低于2%，在2030年前实现碳达峰目标压力不大。

其二，整体而言，2007~2012年，湖南产业部门碳排放增长主要受投资、消费和出口（含产品流出到国内其他地区）“三驾马车”的影响，资本扩张效应是碳排放增长的最主导因素，其次是消费拉动效应，再次是流出变动效应，但消费拉动效应尤其是居民消费拉动方面对碳排放增长的贡献率提升较快。这一时期湖南产业部门碳排放削减主要受流入替代效应和能源强度效应的影响，特别是流入替代效应减少了省内高碳产品的生产。相比而言，能源结构效应尚未显现出减排作用，而生产结构效应在不同时期对碳排放变动的影响效果存在反复。

其三，分行业而言，2007~2017年，湖南28个产业部门中碳排放增量转负的部门数量有所增多。2012~2017年，碳排放增长或削减量较高的部门相对集中，增长量较高的部门主要涉及大宗消费、服务消费，削减量较高的部门主要涉能源供应、金属、化工等传统高能耗行业，影响这些部门碳排放量变动的主要因素依然是最终需求的变化。

基于对湖南产业部门碳排放增长驱动因素的对比分析，未来引导湖南产业部门碳减排的宏观政策设计可以从最终需求和技术进步两个方面进行考量。

其一，考虑到湖南外贸依存度偏低，流入品指代的是从国内其他地区流入而非进口品，从全国碳减排全局考虑，未来应主要关注“三驾马车”中的投资和消费部分，通过政策引导产业部门低碳转型。从政策法规层面，要针对当前影响碳排放增长以及排放量基数较大的部门，制定更为明确的年度和中长期减排目标，实施严格的能效和排放标准，推行领跑者制度、发布绿色低碳标杆名单等，倒逼企业改进工艺或更新设备，并对采用低碳技术的企业给予一定的财政补贴或可交易的碳权、用能权指标。鼓励绿色金融与投资，鼓励企业发行绿色债券，为低碳项目提供资金，增强环境、社会和治理（ESG）标准在投资决策中的作用，促进有良好环保记录的企业被优先考虑。《中共中央关于进一步全面深化改革　推进中国式现代化的决定》中再次提出“建立能耗双控向碳排放双控全面转型新机制”“健全碳市场交易制度、温室气体自愿减排交易制度”，当前全国碳汇市场已经重启，势必带动碳排放权交易市场进一步活跃，要积极对接碳交易、绿色证书等涉碳市场，促进生态产品价值实现。强化绿色供应链管理，强化绿色供应链管理，鼓励企业选择低排放供应商，减少物流过程中的碳足迹，推广资源循环利用模式，如再制造、以旧换新和共享经济，减少原材料消耗和废物产生。营造市场信号和推动消费者参与，推动产品和服务的绿色标签与认证，提高消费者对低碳产品的认知和需求，倡导绿色消费理念，鼓励消费者选择环保产品和绿色生活方式，推广购买碳信用额度或参与植树造林、湿地保护等抵消个人碳足迹的碳中和项目。

其二，虽然从分析结果看湖南产业部门碳减排对技术进步的依赖程度尚不充分，但从全国碳减排驱动因素变化的趋势上看，湖南推动碳减排势必将越来越重视低碳技术的应用与推广。湖南可着重考虑新能源发电、绿色交通以及绿色建筑产业。对于新能源发电产业，由于可再生能源和新能源发电技术成本已经明显下降，平价上网时代已经到来，未来对新能源技术推广的扶持机制设计也应发生变化。一方面调整补贴方向，可将新能源地方补贴转向湖南省禀赋较强的垃圾发电、农林生物质发电方面，并将其与垃圾分类政策及城镇生活垃圾收费制度，燃料收集等环节带动就业等巩固拓展脱贫攻坚成果的帮扶政策相结合，以拓宽投入来源。另一方面调整支持领域，更多倾向支持“光储充放”等“新能源+储能”项目、BIPV（光伏建筑一体化）项目，以及乡村、基础设施、公共机构、居民家庭等领域的分布式光伏项目。对于绿色交通技术及相关产业，湖南省新能源汽车产量突破 80 万辆，可从高效生产、安全消费、动力电池回收、基础设施保障各个层面夯实新能源汽车产业品牌，在长株潭城市群形成以比亚迪、吉利为行业双龙头，以“三电”技术为核心的新能源汽车产业地方特色生态。当前“萝卜快跑”正在引发自动驾驶、智能网联产业爆发式增长，长沙已建成“国家智能网联汽车（长沙）测试区”和“湖南（长沙）国家级车联网先导区”，湖南要加快推动智能网联车的商业化进程，推动示范转向应用，加速产业布局。对于绿色建筑技术及相关产业，湖南装配式建筑产业起步早、基础好，但绿色建筑技术推广还有很大潜力空间可挖，要加快建立标准规范、设计施工、服务运营、评定监管全产业链推广模式，形成标准化和配套完整的技术及运营体系，积极发挥梅溪湖绿色生态新城等示范项目的技术推广作用，推进绿色建筑由单体建筑走向规模化建筑群。

此外，由于湖南投入产出数据相对滞后，而 2020 年后全国经济增长态势变动较大，研究结论的适用性将受到一定影响。同时，本文采用的两极分解法虽可实现完全分解，但该方法涉及的一阶泰勒展开式形态较多，且不同形态间分解结果差异较大。如何提高数据的时效性和方法的准确性，都还有待进一步的研究。

B.3

湖南节能环保产业高质量发展研究

湛中维*

摘　要： 大力发展节能环保产业，是推进节能减排、促进经济社会发展全面绿色转型、建设美丽中国的重要举措。近年来，湖南节能环保产业呈现良好态势，具备一定的产业基础和实力，但也面临着制约其发展壮大的困难和问题。进一步做大做强节能环保产业，必须坚持问题导向，从产业结构、创新引领、人才支撑、金融支持、行业规范、营商环境等方面入手，加大改革推进力度，为节能环保产业高质量发展提供强劲支撑。

关键词： 湖南　节能环保　产业发展

节能环保产业是为节约能源资源、发展循环经济、保护生态环境提供物质基础和技术保障的产业，与经济社会绿色转型发展息息相关，推进节能环保是生态文明建设的重要内容，是美丽中国建设的重要举措。党的二十届三中全会将“聚焦建设美丽中国，加快经济社会发展全面绿色转型，健全生态环境治理体系，推进生态优先、节约集约、绿色低碳发展，促进人与自然和谐共生”作为进一步全面深化改革总目标的重要内容，这是以习近平同志为核心的党中央对深化生态文明体制改革作出的重大部署，是新时代全面推进美丽中国建设的行动指引。贯彻落实党的二十届三中全会精神，湖南必须把促进经济社会发展全面绿色转型摆在更加重要位置，加大改革推进力度，大力推进节能环保产业发展，努力谱写美丽中国建设的湖南篇章，为美丽中国建设贡献更多湖南力量。

---

* 湛中维，湖南省社会科学院（省政府发展研究中心）区域经济与绿色发展研究所副所长、副研究员。

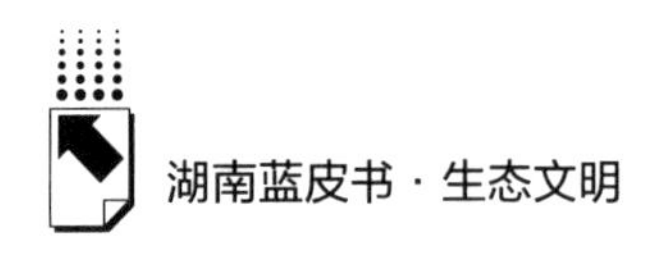

一　湖南节能环保产业发展现状

湖南省节能环保产业起步于20世纪70年代，经过五十多年的发展，已成为跨领域、跨行业、多种经济形式并存的综合性新兴产业。特别是党的十八大之后，省委省政府对培育和发展节能环保产业高度重视，将其列为战略性新兴产业之一，从顶层制度设计、资金支持、项目建设等方面给予大力支持并加以推进，湖南节能环保产业发展态势良好。呈现以下特点。

（一）政策支持体系不断完善

省委、省政府先后出台了《湖南省实施〈中华人民共和国清洁生产促进法〉办法》《湖南省人民政府关于加快环保产业发展的意见》《中共湖南省委　湖南省人民政府关于完整准确全面贯彻新发展理念　做好碳达峰碳中和工作的实施意见》《湖南省“十四五”战略性新兴产业发展规划》《湖南省新能源与节能产业“十四五”发展规划》《湖南省工业绿色“十四五”发展规划》《湖南省工业领域碳达峰实施方案》《湖南省“十四五”生态环境保护规划》《湖南省“十四五”节能减排综合工作实施方案》《关于深入推进全省工业领域清洁生产工作的实施意见》等一系列促进节能环保产业发展的政策文件，极大地促进了湖南节能环保产业的发展。

（二）产业总体发展良好

一是产业规模持续扩大。2013年产值过千亿元，2017年产值超2000亿元，2023年产值突破3000亿元大关，总产值达3259.3亿元，环保产业从业单位达到1255家①。二是环保企业不断壮大。无论是企业数量还是规模，均呈现快速发展势头，龙头企业带动作用不断增强。如湖南邦普是亚洲最大的废旧电池资源桥接式循环演示基地，回收处理规模和资源循环产能居亚洲

---

① 彭雅惠、邵斯琴：《湖南环保产业总产值突破3000亿元　全省环保产业从业单位1255家》，《湖南日报》2024年1月9日。

首位，2023 年营业收入达 187.72 亿元，中联环境在全国环卫机械市场占有率连续 20 年位居行业第一，2023 年营业收入达 99.89 亿元，湖南邦普、中联环境均进入 2023 年湖南企业 100 强榜单[①]。同时，环保“湘军”上市融资取得重大进展，目前已有 A 股上市环保企业 6 家，居中部省份前列，50 多家环保企业被纳入上市后备资源库[②]。三是产业集聚效应显现。形成了以长株潭为核心的高效节能技术装备产业集聚区，以长沙为核心的先进环保产业集聚区，以长沙、湘潭、衡阳、郴州、娄底、邵阳等有色金属固废资源回收为核心的资源综合利用产业集聚区[③]。

（三）节能环保成效显著

一是工业节能提前完成目标任务。工业领域是节能减排的重点领域。近年来，湖南坚持以推动产业绿色化转型为抓手，持续推进工业节能降耗，2021～2023 年，全省单位规模工业增加值能耗分别下降 4.6%、7.8%、9.2%，提前完成“十四五”工业节能任务[④⑤]。在国务院开展的 2021～2022 年度节能目标责任评价中，湖南省被综合评定为“A”类，获得国家书面表扬[⑥]。二是积极淘汰落后产能。聚焦重点行业、领域和设备系统，加强全链条、全维度、全过程用能管理，大力实施节能技改，积极引进节能减碳新工艺、新技术和新装备，推进大规模设备更新，淘汰高能耗落后设备，2023 年

---

① 《2023 湖南最强的 100 家企业排行来了！7 家企业营收超 1000 亿！》，搜狐网，2023 年 12 月 16 日，https：//www.sohu.com/a/744573131_121687419，最后检索时间：2024 年 8 月 6 日。

② 彭雅惠、邵斯琴：《湖南环保产业总产值突破 3000 亿元　全省环保产业从业单位 1255 家》，《湖南日报》2024 年 1 月 9 日。

③ 刘奕楠：《湖南环保产业发展强劲　龙头企业不断扩大　服务水平国内领先　区域聚集程度较高》，湖南省人民政府网站，2023 年 7 月 30 日，http：//www.hunan.gov.cn/hnszf/hnyw/sy/hnyw1/202307/t20230730_29414327.html，最后检索时间：2024 年 8 月 6 日。

④ 刘永忠：《“绿色”成绩单亮眼　湖南工业经济高质量发展实现提质升级》，湖南工信网，2023 年 12 月 5 日，https：//hngx.rednet.cn/content/646756/96/13322797.html，最后检索时间：2024 年 8 月 6 日。

⑤ 王亮：《湖南省提前完成“十四五”工业节能任务》，《湖南日报》2024 年 5 月 28 日。

⑥ 刘立平：《绿色转型　节能攻坚　2024 湖南省节能宣传周在湘潭启动》，中国环境网，2024 年 5 月 14 日，https：//www.cenews.com.cn/media－article.html？aid＝22805&mediaID＝1534，最后检索时间：2024 年 8 月 7 日。

累计淘汰3869台套高耗能落后设备[①]。三是大力推进工业污染防治。围绕“减污”，扎实推进企业自愿性清洁生产，做好污染源头控制，截至2023年底，全省已完成2000余家工业企业强制性清洁生产和1676家工业企业自愿性清洁生产审核验收[②]。在2023年污染防治攻坚战成效考核中，湖南排名跃升至中部第一，被党中央、国务院评为优秀等次[③]。四是“四绿创建”成绩喜人。近年来，湖南持续推进以绿色工厂、绿色园区、绿色产品设计和绿色供应链管理企业为核心的“四绿创建”工作，工业绿色化转型取得显著成效。2023年，湖南获批国家级绿色工厂77家，绿色工业园区5家，绿色供应链管理企业11家，其中绿色工厂获评数量居全国第4位。截至2023年底，湖南已经累计培育国家级绿色工厂213家，绿色园区18家，绿色设计产品122个，绿色供应链管理示范企业27家，绿色发展综合水平居全国第6位[④]，通过扎实开展“四绿创建”，绿色制造体系不断完善，湖南工业的绿色底色更加亮丽。

（四）创新能力不断增强

一是区域创新整体实力不断提升。从2020年9月以来，湖南围绕“打造具有核心竞争力的科技创新高地”，加大推进力度，攻坚克难，科技创新进入创新活力不断涌现、综合实力提升最快、支撑引领作用更强劲的时期，湖南区域创新综合实力全国排名由第12位跃升至第8位[⑤]，创新实力的提升为全

---

① 谢卓芳、徐雁：《湖南加快工业企业节能技改，2023年淘汰3869台套高耗能落后设备》，《湖南日报》2024年3月15日。

② 刘永忠：《“绿色”成绩单亮眼　湖南工业经济高质量发展实现提质升级》，湖南工信网，2023年12月5日，https：//hngx. rednet. cn/content/646756/96/13322797. html，最后检索时间：2024年8月7日。

③ 彭雅惠：《「重实干　强信心——2023高质量发展回眸」2023年湖南省污染防治攻坚战成效考核优秀，水质优良率中部第一——厚植高质量发展“绿”底色》，“华声在线”百家号，2024年1月16日，https：//baijiahao. baidu. com/s？ id = 1788210679147066073&wfr = spider&for=pc，最后检索时间：2024年8月7日。

④ 谢卓芳：《湖南绿色创建综合水平全国第六，新获评77个国家绿色工厂》，《湖南日报》2023年12月20日。

⑤ 赵曈铱：《打造科技创新高地！湖南明确五大科技创新高地标志性工程》，《湖南日报》2023年9月19日。

省节能环保产业高质量发展提供强劲动力支撑。二是节能环保新技术、新装备不断涌现。近年来，工信部多批次公布《国家工业和信息化领域节能技术装备推荐目录》，湖南有不少企业研发的技术装备进入推荐目录，如远大空调、湘潭电机等 8 家在湘企业 11 个技术装备产品入选 2022 年度的推荐目录。又如航天凯天等 13 家企业 19 项技术入选工信部联合科技部、生态环境部发布的《国家鼓励发展的重大环保技术装备目录（2020 年版）》。近期，国家发展改革委公布《绿色低碳先进技术示范项目清单（第一批）》，全国共有 47 个项目入选，湖南 2 个项目在列。与此同时，省工信厅也每年发布《湖南省节能新技术、新装备、新产品推广目录》，如 2023 年度推广目录中，湘潭电机的“ORC 低温余热发电系统”等 38 个企业的 44 个项目入选。近期，省工信厅又公布了《湖南省工业领域鼓励发展的绿色低碳先进适用技术、装备和产品目录（2024 年版）》，湖南邦普的“废旧动力电池定向循环利用关键技术”等 53 项工业领域先进适用绿色低碳技术、装备和产品被纳入其中。三是资源循环利用技术达国内先进水平。近年来，湖南在矿产资源综合利用、固体废物综合利用、资源再生利用等领域开发了一大批具有自主知识产权的先进技术，形成了产学研相结合的资源循环利用技术创新体系，资源综合利用和再生资源利用水平达到国内先进水平。如有色金属资源综合循环利用方面，2022 年全省有色金属产业资源化利用采矿、选矿、冶废渣约 2187. 74 万吨，利用率达到 90%，循环利用技术处于全国前列。废旧动力电池回收利用方面，湖南已形成“以第三方共享回收平台为枢纽的回收网络体系+梯次利用+再生利用+标准规范”的全产业链系统集成解决方案，涌现了湖南邦普、江冶机电、金源新材等一批龙头企业，江冶机电拥有万吨级拆解破碎成套装备制造能力；湖南邦普作为亚洲最大废旧电池定向循环利用基地，拥有核心技术专利超过 1000 件，主导或参与制定国家、行业、地方标准 200 多项①。

① 《湖南邦普：科技创新引领发展，储能赛道扩产正酣》，邦普循环网，2022 年 6 月 18 日，https：//www. brunp. com. cn/about-us/news/media-report/150. html，最后检索时间：2024 年 8 月 10 日。

二 湖南节能环保产业发展面临的问题

湖南节能环保产业实现快速发展，具备一定的产业基础和实力，但调研发现，仍然面临着制约其发展壮大的困难和问题，主要表现如下。

（一）产业结构有待优化

一是产业链不完整。节能环保产业涉及节能环保技术装备、产品和服务等，产业链长，关联度大。目前湖南节能环保产业主要集中在中低端的技术设备制造、废弃物初加工等中下游环节，高质量产品与服务供给不足，缺乏具备较强创新能力、全过程服务能力并能进行资源整合的综合服务商，中低端产能过剩，同质化竞争严重。同时产业短板较明显，如作为节能重要领域的锅炉行业，湖南锅炉产值远不及沿海的江苏、山东、浙江等，也远落后于同处中部的河南。二是新业态开拓不足。湖南节能环保企业业务以基础设施建设等公共服务领域为主，工业污染治理、节能降碳等业务相对较少，服务范围和领域相对局限，新业态开拓不足，与新时代美丽湖南建设的要求不相匹配。三是龙头带动不强。湖南节能环保企业以中小微企业为主，绝大多数企业规模在5亿元以下，百亿级龙头企业仅湖南邦普、中联环境两家，龙头企业对上下游企业的整合能力和引领带动作用还不强，不同企业间的融合共生、协同创新、合作共赢的发展模式还没有形成。

（二）创新能力有待提升

一是核心创新力不足。由于节能环保产业具有公益性和投资周期长的特性，企业自主创新动力不足，不少产品、技术装备与国内先进水平相比仍有一定的差距，核心技术和关键工艺、材料、零部件受制于人的局面没有改变。二是前瞻性技术缺失。CCUS（碳捕集、利用与封存）等服务产业自身绿色低碳转型升级、服务“双碳”战略和经济社会绿色发展的前瞻性技术储备不足。三是技术成果应用转化有差距。目前中南大学、湖南大学等高校在重金属污染治理、储能等节能环保领域积累了一批具有国际先进水平的创新成果。这些成果实现产业化前还需要反复验证、试错，而从湖南省技术成果产业化应用情况来看，前期技术验证服务和后期转化应用场景支撑不够，验证试错环节存在滞后性。从成果转化情况看，2023 年湖南省科技成果本地转化率为 50.33%①，这是近年来湖南省最好成绩，低于湖北（65.2%）②，湖南省成果转化率还有较大上升空间。

（三）产业人才支撑不足

一是高层次人才缺乏。节能环保产业属于新兴产业，需要具备专业知识和技能的人才支持。目前湖南该领域的人才短缺问题比较严重，尤其是高水平研发人才短缺，严重制约节能环保产业的创新能力和发展水平。二是技术人才引进难。受地域、经济、薪酬、人才成长空间等多方面因素影响，湖南相比于长三角地区、珠三角地区，在人才吸引力方面竞争力不足，优秀人才招引难、流失易。从省内来看，对于长沙以外的非省会城市而言，由于创新人才倾向于往条件更加优越的大城市集中，加之研发基础条件较差且缺乏有效激励措施，中小企业很难吸引和留住创新所需人才，人才流失和紧缺的现象更为严重。

（四）企业资金周转较难

一是账款拖欠严重。受多方面因素影响，当前节能环保企业账款拖欠问题较为严重，调研中获悉，三友环保、永清环保、赛恩斯环保、博世科、华时捷等企业应收账款占比普遍都很高，且短期内较难出现好转，这给中小企业带来巨大的经营压力。二是机制不完善。用能权、用水权、排污权、碳排

① 《湖南高校 2023 年科技成果转化指数公布技术合同成交额 35 亿，近 3 年年均增速 36.34%》，湖南省人民政府门户网站，2024 年 7 月 18 日，https：//www.hunan.gov.cn，最后检索时间：2024 年 10 月 30 日。

② 《聚焦 2024 湖北两会：2023 年科技创新底色更鲜明、成效更突出》，新华网湖北频道，2024 年 1 月 31 日，http：//www.hb.xinhuanet.com/20240131/b1703dd179224b72859d573908925f63/c.html，最后检索时间：2024 年 10 月 30 日。

放权等使用者付费原则未得到真正落实，合理的费用分担机制没有建立，生态环保投入创造的生态产品价值往往流向了地产、旅游、农业等相关产业，投入和所获收益不相匹配，有效投资回报机制尚未建立，导致社会资本与金融机构参与意愿不强。三是融资较为困难。节能环保领域大多是技术型企业，项目投资回收周期长，多数企业规模小且收益低，在融资过程中缺乏抵押物及风险补偿覆盖不足，企业融资能享受的优惠有限，融资困难重重。

（五）节能环保产品（服务）推广难

一是节能环保产品价格偏高且信任缺失。由于技术含量高、研发投入大，产品价格一般远高于普通产品，在激烈的市场竞争环境下，低价非节能环保产品更容易满足市场需求。同时对节能环保产品的不信任也是导致其难推广的因素之一。二是产品生态价值实现机制建设滞后。节能环保产品具有较强的生态价值属性，湖南生态产品价值实现机制不健全，产品生态价值实现较为滞后，用户购买意愿不强。下游企业普遍反映，使用节能环保产品（服务）成本较高，若无政策支持，暂不考虑更换节能环保产品（服务）。同时由于近年来整体经济低迷，一定程度上也导致节能环保产品市场不景气。三是政策支持力度不足。目前，湖南没有专门针对节能环保产业系统出台具体扶持政策，虽针对有色金属资源综合循环利用产业等细分领域出台了一批政策，但存在门槛过高、具体落实不足等问题。目前江西、湖北等地有色金属综合利用扶持力度比湖南大，上游废旧金属原材料纷纷流向外地，下游精深加工企业引进难，产业链不完整，企业盈利能力和抗风险能力不强。

（六）发展环境有待改善

一是招投标市场公平性有待加强。目前地方政府对节能环保公益性项目往往实施工程化组织和管理，在招投标中，大多以企业的资金实力、报价高低等作为主要衡量标准，重建设、轻运维，低价中标现象仍然普遍存在，低质低价恶性竞争，妨碍了公平竞争，导致劣币驱逐良币，严重影响市场的发展。二是行业规范有待改善。节能环保部分领域市场进入门槛偏低，行规行约的推广和约束机制还够不完善，恶性竞争仍较为普遍，第三方节能环保服务企业或机构弄虚作假的现象时有发生，社会监督不足，行业规范发展亟待加强。如第三方检测机构湖南中胜检测技术有限公司为相关企业出具虚假检测报告，被中央第五生态环境保护督察组作为第四批典型案例公开集中通报，要求严肃整改。三是行业信用建设还不够。节能环保企业相关信用信息的收集和录入、公示和公开的机制尚未建立完善，信用评价流程中涉及的环节需要进一步规范和明确，行业信用体系建设任重道远。四是服务体系有待健全。节能环保产业缺乏统一的信息发布和服务平台，产业发展所需的要素配置、技术交易、科技信息服务等中介服务体系发展较慢，行业自律、组织协调、综合服务等功能有待加强。

三　湖南节能环保产业高质量发展的对策建议

随着国家“双碳”目标规划和相关政策的实施，节能环保产业规模将持续扩大，湖南必须坚定不移走生态优先、绿色发展之路，坚持问题导向，从产业结构、创新引领、人才支撑、金融支持、行业规范、营商环境等入手，全面深化体制机制改革，为节能环保产业高质量发展提供强劲支撑。

（一）推进节能环保产业结构优化升级

一是加快传统节能环保产业转型升级。落实节能环保专用装备、技术改造、资源综合利用等税收优惠政策，积极引导和推进新设备、新技术、新产品的运用，不断淘汰落后设备和产能，拓展延伸节能环保企业服务范围和服务领域，深化传统节能环保产业与新兴产业业务关联、链条延伸、技术渗透，加快推进节能环保、资源循环利用、绿色低碳等一体化融合发展。二是加强节能环保产业链建设。围绕重点园区重点企业，瞄准产业链薄弱环节，加强与国内外优势企业对接，大力引进国内外有技术、有实力、有经验的大型节能环保龙头企业，切实做好强链、延链、补链文章，构建更加完整的节能环保产业链条。支持已形成规模的龙头链主企业与产业链上下游企业开展深度协作和配套，促进节能环保产业链与创新链、价值链、资金链、人才链、政策链深度融合，带动产业整体跃升，进一步扩大产业集聚效应。三是积极培育龙头骨干企业。围绕节能环保龙头企业，推进企业兼并重组和混合所有制改革，推动形成资源共享、协同创新、合作共赢的产业联合体，不断增强龙头企业带动作用。鼓励骨干企业向产业链、价值链高端延伸，提升其节能环保综合服务能力。大力推进中小企业向“专精特新”方向发展，加快培育各细分领域单项（隐形）冠军，带动本领域技术进步和产业升级。加大节能环保“种子”企业培育力度，支持一批“金种子”企业加快上市挂牌步伐，进一步扩大上市企业队伍规模。

（二）提升科技创新能力

一是加强创新平台建设。大力推进节能环保领域企业技术中心、重点实验室、产业创新中心等创新平台建设，加快形成以企业为主体、高等院所支撑、各创新主体相互协同的创新机制，推动形成官产学研用一体化发展的产业技术创新战略联盟平台。二是开展定向科技攻关。坚持以问题为导向，集中高校、科研院所、企业等各方优势资源，围绕节能环保、资源节约利用、清洁生产等领域，定向征集重点“揭榜挂帅”类科技攻关项目，组织实施一批前瞻性、战略性、颠覆性科技攻关计划，突破一批“卡脖子”核心技术，推动产业高端化转型升级。三是推进科技成果转化。针对前期缺验证、后期缺场景的现实困难，进一步完善研发成果转化的政策体系，积极搭建成果转化中试基地和应用场景，着力破解研发成果转化难题。建立健全湖南科技成果公开交易竞拍机制，充分利用潇湘科技要素大市场平台，常态化组织开展节能环保产业科技成果拍卖交易会活动，通过线上线下推介、对接，加快成果转化和产业化。探索建立节能环保科技成果“先用后转”机制及相关配套保障制度，推广校企合作“先用后转”模式，降低成果转化交易成本和试错成本，提升成果转化效率。

（三）加强人才培养引进

一是强化高素质人才培养。深化产教融合，完善校企人员“双向流动”

机制，高水平建立联合实验室、产学研合作基地等，形成校企共育共管共享的产教融合命运共同体，协同培养节能环保产业需求的紧缺型、复合型人才。推进长沙环境保护职业技术学院、湖南理工职业技术学院等加强与节能环保企业开展深度校企合作，通过现代学徒制、校企双元育人等方式培养企业所需的高素质技能人才。二是加大产业人才引进力度。通过芙蓉人才行动计划、湖南省“三尖”创新人才工程等，加快引进一批学科带头人才、技术领军人才和高级管理人才。三是创新异地平台建设。将异地研发中心等“人才飞地”建设纳入《湖南省财政支持企业科技创新若干政策措施》的范围，研究出台异地研发中心认定、扶持专项政策，着力破解区域“人才贫血”难题。四是完善留才稳才机制。进一步完善涵盖创业服务、就业指导、住房、出行、医疗、子女教育等各个方面的人才综合服务保障体系，全面落实人才扶持政策，把服务人才工作落实落细。鼓励企业深化内部分配制度改革，薪酬分配优先向科技人才和高技能人才倾斜，实现人才引得进、用得好、留得住。

（四）加强财税金融支持

一是用好现行优惠政策。全面落实国家支持环境保护、促进节能环保、鼓励资源综合利用、推动低碳产业发展四个方面 56 项税收优惠政策，加大宣传力度，指导企业用足用好国家支持绿色发展税费优惠政策。二是统筹财政支持政策。统筹利用好制造强省专项资金、中小企业发展专项资金、产业投资基金，加大产业支持力度，统筹研究出台省级节能环保产业发展专项政策，建立财政资金持续稳定投入增长机制。三是加大金融扶持力度。用足用好碳减排金融工具，为绿色低碳项目提供长期限、低成本资金支持。做好减污降碳协同增效重大项目储备，建立健全省级节能环保金融支持项目储备库和项目信息平台。按照《湖南省环境权益抵质押融资试点工作方案》《湖南省碳达峰实施方案》等要求，加快推进环境权益、生态补偿、碳资产抵质押融资试点，推动碳金融产品创新，推广碳排放权、林业碳汇、排污权、可再生能源项目补贴确权等抵质押贷款。鼓励企业发行中长期绿色债券，支持绿色企业上市融资和再融资。四是加大拖欠账款清理力度。将清理欠款工作纳入“一把手”工程，全面压实责任，强化欠款清偿及问题查处全流程管理。

（五）完善产业发展机制

一是健全价费机制。加快落实促进绿色发展的价格机制，逐步完善污水处理收费、固体废物处理收费、节能用水水价、节能环保电价等价格机制，建立能够覆盖成本和合理收益的价费标准。二是建立生态产品价值实现机制。探索生态环境导向的开发模式，推动形成生态产品价值实现的市场化转化路径和措施。完善用能权、用水权、排污权、碳排放权等交易管理办法，积极推进交易试点建设，探索建立健全生态产品交易体系。三是完善市场准入机制。深入推进市场化改革，进一步放开石油、化工、电力、天然气等领域节能环保竞争性业务，维护公平竞争秩序，防止滥用行政权力排除、限制竞争的行为，确保各类不同节能环保企业在资质获取、招投标、政府采购、权益保护等方面享有同等权力。

（六）加大技术装备（产品）服务推广力度

一是加强绿色理念宣贯。加强对节能环保产品、服务的宣传教育与知识普及，倡导绿色能源消费理念，增强社会认同，营造有利于产业发展的良好环境。二是加强技术装备宣传推广。在节能环保领域先进适用技术装备推广目录的基础上，征集发布一批具有示范价值的重点产业节能节水、减污降碳典型案例，充分利用亚太绿色低碳发展高峰论坛、中非经贸博览会、湖南绿博会等交流平台，加强对湖南省节能环保领域先进技术装备、典型案例的宣传推广。三是积极拓展海外市场。充分利用中非经贸博览会等平台，在新能源基础设施建设、气候变化治理、生态环境治理等方面加强中非合作，推动节能环保产业发展融入中非共建“一带一路”倡议，推动湖南节能环保产品（服务）“走出去”。四是推进绿色采购。认真落实绿色采购政策，鼓励机关事业单位、国有企业优先采购节能环保产品。对市政工程等领域一些关系到长期运行维护管理的服务项目，鼓励在同等条件下优先采购省内节能环保服务（产品）。

（七）优化市场发展环境

一是完善招投标制度。加强对节能环保领域低质价竞争行为的专门治理，进一步完善节能环保领域项目招投标制度，倡导质量优先的评标原则，将节能环保企业的技术服务能力和运营管理能力作为中标的优先标准，减少最低价中标，严防恶性低价竞争。二是强化行业诚信体系建设。加强节能环保行业自律约束，推动第三方治理企业依法披露项目信息，推动满足条件的企业依法披露环境信息。健全企业信用评价制度，强化节能环保企业的信用记录和应用范围，将其纳入全国信用信息共享平台，推动建立行业信用联合激励惩戒机制。三是加强回收行业规范管理。坚决取缔无证无照、存在环境污染行为的单位与个人从事再生资源回收经营活动，规避“小、散、乱”局面，推进再生资源行业健康、安全、持续发展。建立环保企业黑红名单制度，发布环境工程建设投资和运营成本参考标准，鼓励行业内企业依法相互监督。四是加大监管执法力度。适时修订能耗限额、污染物排放等节能、生态环境地方标准，强化节能监察监管，以节能环保标准要求倒逼传统企业进行技术改造，为节能环保产业发展拓展空间。

B.4

湖南交通运输行业绿色发展研究

刘晓　曾召友*

摘　要：　湖南省交通运输行业的快速发展在促进经济增长的同时，也带来了能源消费和碳排放的显著增长，这对实现“双碳”目标构成了重大挑战。本报告对湖南省交通运输行业绿色低碳发展现状和基础进行了梳理，对交通低碳发展面临的新能源设施建设不足、多式联运不畅、机动车数量不断增加导致减排压力增大等问题进行了深入分析。抓关键、扬优势、补短板、强弱项、增动能成为全省交通运输行业绿色低碳转型的关注重点。基于此，本报告提出强化科技创新对低碳发展的支撑、支持新能源交通工具的应用、优化全省交通运输结构、推动绿色交通基础设施建设、加大交通领域大气污染防治监管力度等建议，可为推进湖南省交通运输行业绿色低碳发展顶层设计及制度体系建设提供参考。

关键词：　湖南　交通运输　低碳转型

推进碳达峰碳中和是党中央经过深思熟虑作出的重大战略决策，是我们对国际社会的庄严承诺，也是推动高质量发展的内在要求①，需要依赖于国民经济各个领域的共同努力。交通运输业作为全球第二大能耗行业，其能耗量约占全球总量的21%，是节能降碳的重要领域。根据国务院出台的

* 刘晓，博士，湖南省社会科学院（湖南省人民政府发展研究中心）区域经济与绿色发展研究所副研究员，研究方向为区域经济、低碳经济；曾召友，博士，湖南省社会科学院（湖南省人民政府发展研究中心）区域经济与绿色发展研究所助理研究员，研究方向为空间计量经济学。

① 习近平：《正确认识和把握我国发展重大理论和实践问题》，《求是》2022年第10期。

《2030年前碳达峰行动方案》，各省、自治区和直辖市政府应“按照国家总体部署，结合本地区资源环境禀赋、产业布局、发展阶段等，科学制定本地区碳达峰行动方案”，其中提出了一系列减少道路交通领域温室气体排放的措施，特别是“确保交通运输领域碳排放增长保持在合理区间”，为各省（区、市）制定交通领域绿色低碳发展规划指明了方向。湖南省是中部地区绿色低碳发展的重要践行主体，加快推动交通运输行业绿色低碳转型发展，是贯彻落实国家关于碳达峰、碳中和战略部署的根本要求，对于增强湖南省交通运输系统的可持续发展能力、构建绿色低碳的现代综合交通运输体系，为推进全省高质量发展提供支撑具有重要战略意义。

一　湖南交通运输行业绿色低碳发展的现状与基础

近年来，全省积极推行一系列具有地方特色的交通运输领域绿色低碳发展相关政策，如大力扶持新能源汽车产业、健全相关政策法规、完善交通运输体系，科学核算各部门、各地区碳排放量等，有效降低了碳排放，为推动交通发展与环境保护双赢奠定了坚实基础。

（一）新能源汽车产业高速增长，发展新势能不断增强

作为交通绿色变革的重要力量，湖南汽车产业正在加速新能源化。目前，湖南18家整车生产企业中，有13家是新能源汽车企业，已汇聚比亚迪、上汽大众、吉利、北汽以及广汽埃安为代表的汽车龙头企业，拥有新能源汽车企业242家、全球新能源汽车制造商50强企业4家[①]。2023年1~11月，湖南省共生产汽车111.7万辆，同比增长29.9%。其中，新能源汽车73.7万辆，同比增长70.3%，高出全国平均水平31.1个百分点，占全国同期总产量的8.75%。据湖南省新能源汽车产业协会统计，湖南新能源汽车产能居全国第四位，产量居全国第八位，已成为国内重要的新能源汽车

① 吴公然、胡芳：《上策湖南　上新篇　风向比亚迪》，《新湘评论》2024年第3期。

生产基地[①]。

据湖南省汽车商会公布的数据，2022 年湖南乘用车新车上险总数为 731552 台，同比下降 3.5%，而新能源汽车累计新车上险量为 141843 台，占乘用车销量的 19.39%；2023 年湖南乘用车新车上险总数同比下降 4.63%，为 697657 台，其中新能源汽车 184841 台，占比约 26.49%，同比增长 30.3%。湖南全省乘用车新车上险总数在连续两年下滑的情况下，新能源汽车在整个乘用车中的市场份额却显著提升，从 2022 年的 19.39%提升至 2023 年的 26.49%，提升了 7.1 个百分点。

（二）交通污染物治理法规更加健全，防污减排能力不断提升

湖南省针对交通污染物排放治理出台了诸多方案与条例，推动全省交通领域防污减排能力不断提高。在省级层面上，省交通运输厅制定《关于加快淘汰全省道路运输营运黄标车和老旧车的通知》，为强化机动车污染防治、改善湖南大气环境质量提供了政策指引；发布了《湖南省交通运输系统水污染防治自查自纠工作方案》，标志着湖南省开始系统性地对交通运输系统的水污染问题进行自查自纠。2017 年，湖南省发布了《湖南省大气污染防治条例》，重点提到机动车排放污染治理问题，提出要大力发展城市公共交通，鼓励发展低排量、新能源汽车；2018 年，全省各地相继完成高排放公交车淘汰工作，共淘汰 2582 辆高排放公交车；同年启动为期三年的生态环境交通专项整治行动，重点关注船舶污染防治和非法砂石码头的整治。2019 年，省交通运输厅出台《湖南省推进运输结构调整三年行动计划实施方案》，以“一江一湖四水四线七枢纽”为重点，推动多式联动，优化交通运输结构，从设施、装备到管理，全方位实现交通运输绿色化。2020 年，省交通运输厅印发《湖南省交通运输重污染天气应急响应专项实施方案》，提出要统筹做好交通运输系统重污染天气应急应对工作，提高交通

① 《新能源汽车：长株潭抱团抢“潮头”——湖南提升产业链韧性观察之三》，湖南省工业和信息化厅网站，2023 年 12 月 26 日，https：//gxt.hunan.gov.cn/xxgk_71033/gzdt/jxyw/202312/t20231226_32610872.html），最后检索时间：2024 年 7 月 15 日。

运输行业应对重污染天气环境精细化管理水平；对长江湖南段34个码头泊位完成提质改造，“一湖四水”391处非法码头被彻底拆除，102公里岸线全面复绿。湖南省交通运输厅出台《湖南省交通运输“十四五”绿色交通专项规划》，该规划构建以绿色规划为引领、绿色交通方式为主导、绿色交通装备为主体、绿色基础设施为支撑、绿色交通监督管理为保证的全环节绿色化体系，是引导湖南省交通运输绿色发展的纲领性文件，有力地推动了湖南省交通运输行业实现绿色健康可持续发展。2023年，省交通运输厅、省发改委等8部门联合印发《湖南省交通运输领域大气污染防治攻坚实施方案》，明确要强力推进全省交通领域大气污染防治工作，并提出优化交通运输结构、推动交通运输装备清洁化发展、推动绿色交通基础设施建设、加强交通领域大气污染防治监管四大方面重点任务。2023年7月，湖南省发布《湖南省促进水运发展的政策措施》，明确鼓励船舶应用新能源，对新建或改建液化天然气、液化天然气柴油双动力、电动、氢能等新能源客货船舶给予奖补。现阶段，湖南正在组织开展绿色低碳交通强国建设专项试点工作，以新能源纯电动集散两用船建造为抓手，开展“电动湖南”电动货船示范项目，同时发展水陆联运换电重卡场景，为新能源船舶提供服务。

（三）综合交通运输体系不断完善，绿色低碳发展基础更加稳固

湖南省交通投资与基础设施建设不断向绿色交通推进。2023年湖南省完成了交通投资1441.5亿元，高速公路总里程达到7530公里，比2015年增加1877公里，增幅达到33.2%。公路通车里程数增加、道路等级不断升级，有助于提高交通效率、减少拥堵、为交通运输装备节能减排提供最基本的保证，从而间接支持绿色交通的发展。铁路总里程达6079公里，其中高铁里程2501公里、居全国第五位。

在水路方面，2023年末全省内河航道通航里程11968公里，其中等级航道4219公里，占总里程的35.3%，二级、三级航道里程分别达到596公里、619公里，二级航道相对2015年增长了270.19%。共有港口14个，港

口拥有千吨级及以上泊位 144 个，最大靠泊能力 5000 吨①。岳阳港、长沙港、常德港为全国内河主要港口，岳阳港城陵矶港区为国家一类开放口岸。同时老旧船舶基本淘汰，船舶大型化成果明显、标准化具备基础，船舶新能源和清洁能源化迈开步伐，船舶、港口环境污染防治初见成效，岳阳港是交通运输部创建绿色港口主题性项目中全国唯一的内河港口②。城市交通绿色发展取得了长足进步，新能源营运车辆领跑全国。湖南省新增公交车新能源及清洁能源车辆占比持续保持在 100%。截至 2023 年 12 月，全省共有公共汽电车 32903 辆，新能源公交占比达 97.5%，绿色公交占比持续领跑全国③；全省共有巡游出租车 35168 辆，其中纯电动车 9420 辆。拥有轨道交通车站 130 个；轨道交通配属运营车辆 1179 辆，增长 2.6%。长沙市、株洲市新能源公交车占比 100%，在全国同类型城市中居领先地位。长沙、株洲、湘潭、常德、永州成功获得全国绿色出行城市称号。

随着综合交通运输体系不断完善，交通支撑实体经济降本增效的能力明显提升。岳阳市多式联运示范工程获交通运输部验收通过，长沙市成功创建"绿色货运配送城市"；全省率先在长江经济带省份中完成全部 278 艘船舶受电设施改造、综合排名第一位；2023 年，全省运输结构加快调整，货运量、货运周转量同比增长 7.2%、5.5%，其中铁路周转量 1015.4 亿吨公里，公路周转量 1574.4 亿吨公里，增长 7.5%。

（四）交通结构不断优化，公路运输碳排放占比依然较大

从交通运输方式看，单位周转量碳排放因子由大到小分别为航空货运、公路货运、铁路货运、水路货运，其中航空货运周转量在货运总周转量中占

---

① 《2023 年湖南省公路水路交通运输行业发展统计公报》，湖南省交通运输厅网站，2024 年 7 月 5 日，http://jtt.hunan.gov.cn/jtt/xxgk/jttj/202407/t20240705_33348440.html，最后检索时间：2024 年 7 月 15 日。

② 湖南省交通运输厅：《湖南省交通运输"十四五"绿色交通专项规划》，2019 年。

③ 于淼等：《绿色出行，公交优先——湖南启动绿色出行宣传月、公交出行宣传周活动》，湖南日报·新湖南客户端，https://m.voc.com.cn/xhn/news/202409/20679582.html，最后检索时间：2024 年 9 月 15 日。

比较小，因此产生的碳排放量较小，公路货运单位周转量碳排放因子约为铁路货运的 9 倍、水路货运的 11 倍，铁路和水路为相对清洁的运输方式，而公路货运周转量和碳排放量均较大，是交通运输行业最主要的碳排放源之一。湖南省铁路、公路和水路货运周转量占比依次为 34.06%、50.42%和 15.52%，公路货运周转量占比超过一半，远高于全国平均水平，而水路货运周转量占比却低于全国平均水平（30%），远低于广东、江苏和浙江等水运强省。

交通领域大气污染物主要包括 CO、HC、NO_X、$PM_{2.5}$、PM_{10}、SO_2等气体，从表 1[①] 中可以看出，2020 年，全省 CO 和 NO_X的排放量远高于其他几类污染物，分别为 80418.28 吨和 66913.82 吨，从污染物当量看，NO_X和 HC 排放量最大，分别为 70435.60 吨当量和 42675.02 吨当量。从排放源来看，公路运输带来的排放量占比最大。

表 1　湖南省 2020 年交通领域大气污染物排放情况

单位：吨、吨当量

排放来源		CO	HC	NO_X	$PM_{2.5}$	PM_{10}	SO_2
铁路	铁路客运	304.41	114.20	2046.41	72.34	76.01	25.70
	铁路货运	710.29	266.46	4774.95	168.79	177.36	59.98
水运	水路客运	1143.86	299.98	2493.89	189.70	199.15	35.18
	水路货运	3544.10	929.44	7726.98	587.75	617.02	109.02
航空	航空客运	346.13	101.49	616.90	20.07	20.45	41.26
	航空货运	379.04	111.14	675.55	21.98	22.39	17.68
公路	公路客运	1922.07	212.98	5919.51	109.16	120.80	1743.39
	公路货运	19727.69	3113.57	36552.79	480.30	520.15	1260.09
	私家车	52340.70	6372.99	6106.85	527.96	546.53	415.89
合计		80418.28	11522.26	66913.82	2178.04	2299.86	3708.19
当量系数		16.7	0.95	0.27	4	4	0.95
污染物当量		4815.47	42675.02	70435.60	544.51	574.96	3903.36

从各部门的排放结构看，排放量占比排序依次为城市交通运输部门、货运部门和客运部门。2012~2021 年，城市交通运输部门碳排放量逐年增加，

① 湖南省生态环境厅、杭州超腾能源技术股份有限公司：《湖南省交通运输碳排放达峰路径研究报告》，2022 年 7 月。

且增速较快；货运部门碳排放量虽然略有起伏，但整体呈上升趋势；客运部门碳排放在 2019 年前呈现稳步上升趋势，但近年受疫情影响有较大幅度下降。到 2021 年，全省城市交通运输部门排放量为 2376.93 万吨，占比达 74.22%；货运部门和客运部门排放量占比分别为 20.40%和 5.37%。在城市交通运输部门中，私人汽车产生的碳排放量高达 1986.08 万吨，占整个行业的 62.02%，是湖南省交通运输行业的第一大排放源（见图 1）。[①]

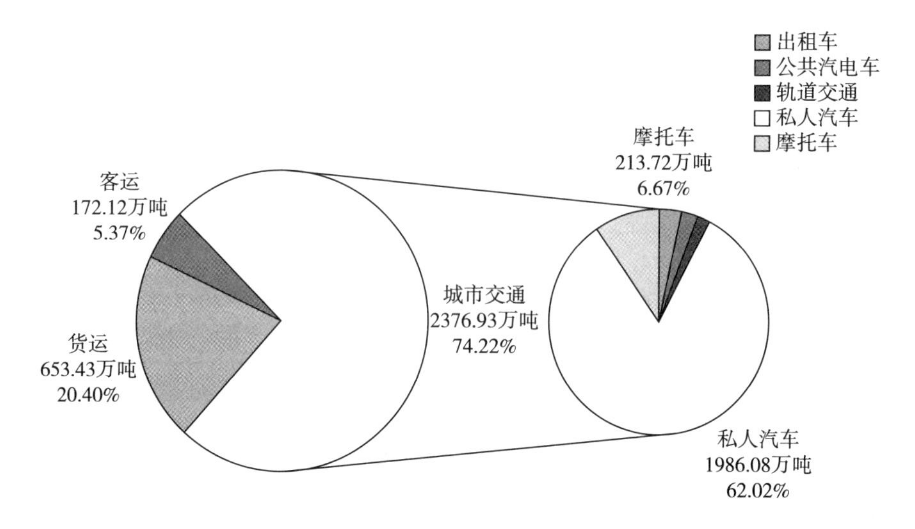

图 1　2021 年湖南省交通运输领域碳排放结构

（五）市州排放水平存在差异，因地施策方向更加清晰

对全省机动车污染物排放总量和排放强度进行分类，并依据 3 种大气污染物在各象限中的数量对全省 14 个市州排放情况进行汇总。由图 2~图 4 可知[②]，若某一地区同时有 2 种以上的大气污染物均位于第一象限，则该地区污染总量和强度均较大，属双重点区域，如娄底、郴州两市，其施策方向包

① 湖南省生态环境厅、杭州超腾能源技术股份有限公司：《湖南省交通运输碳排放达峰路径研究报告》，2022 年 7 月。

② 董岩斌、李泉、蒋康等：《湖南省交通领域减污降碳路径研究》，《湖南交通科技》2024 年第 3 期。

括减少 NO_X 和颗粒物的排放量和强度。若某一地区同时有 2 种以上的大气污染物均位于第三象限，则该地区污染总量和强度均较小，属于非重点区域，如株洲市、张家界市、湘西自治州、怀化市、益阳市等，其施策方向应进一步巩固现有排放基础，并进一步优化现有治污减排政策。若某一地区位于第二象限，则机动车污染物总量小但排放强度大，属排放强度重点区域，如邵阳市，未来施策方向主要是加快产业转型，提升能源使用效率等，有效降低排放强度。若某一地区位于第四象限，则机动车污染物排放强度小但总量较大，如长沙市、衡阳市等，这些地区均属于省内相对较发达的城市，减排施策方向应是在现有基础上，进一步增加新能源汽车的比重，减少排放量。其余城市中，湘潭市有 2 种污染物排放量均超过平均值，其施策方向为减少挥发性有机物和 NO_X 的排放强度，并减少 NO_X 排放量。而永州市整体的污染物排放总量和排放强度均不突出，其政策重点是继续加大绿色低碳发展力度，稳定推进交通运输领域“双碳”目标的达成。

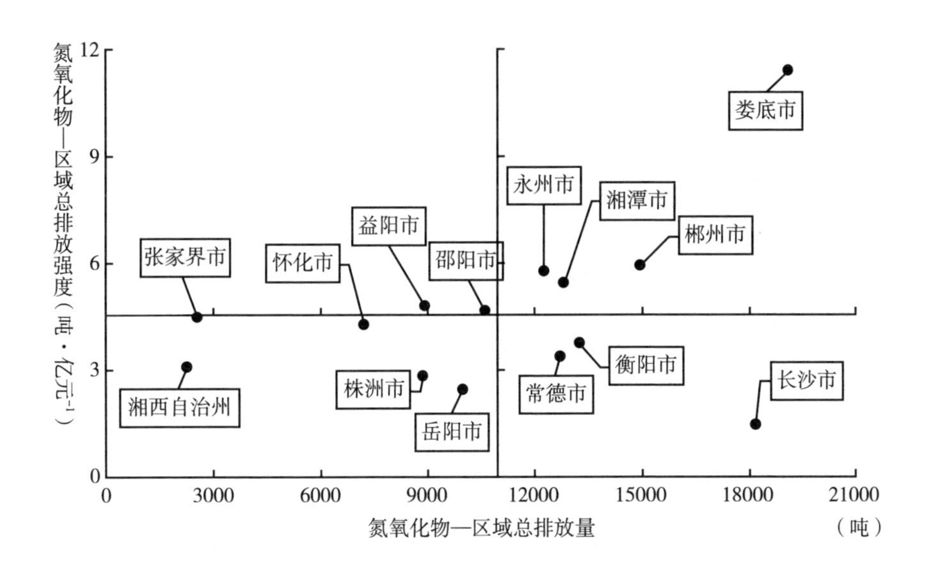

图 2　2020 年湖南省各市州区域机动车氮氧化物排放量及排放强度

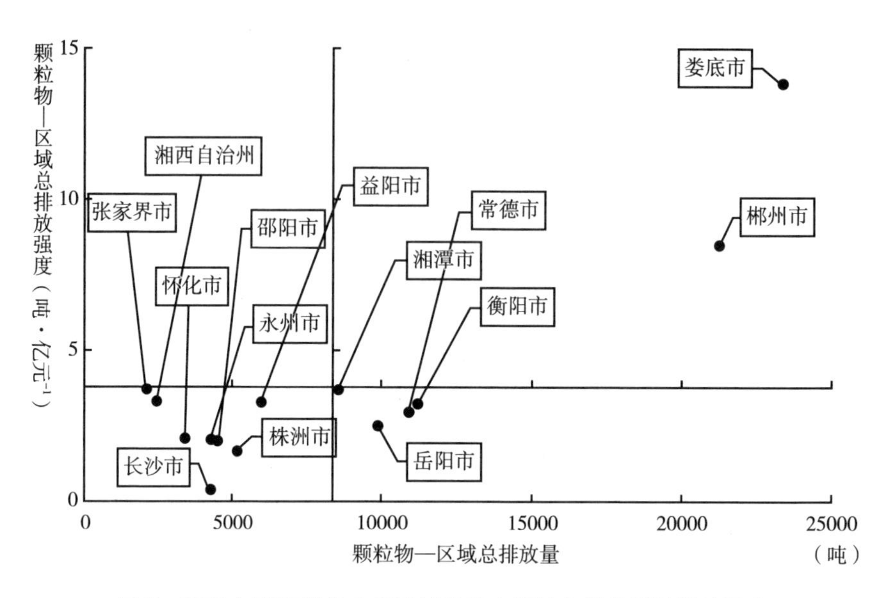

图3　2020年湖南省各市州区域机动车颗粒物排放量及排放强度

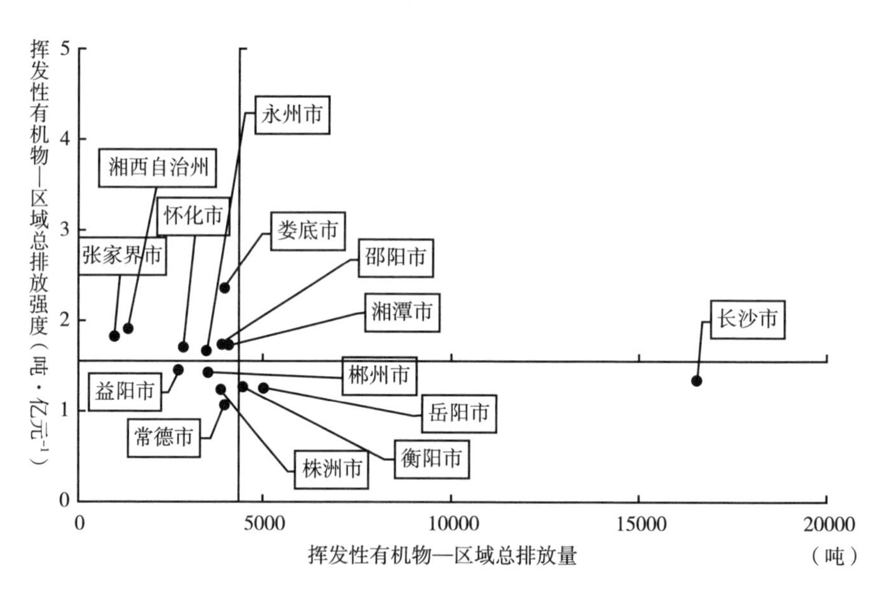

图4　2020年湖南省各市州区域机动车挥发性有机物排放量及排放强度

二　湖南交通运输行业绿色低碳转型面临的问题

交通运输领域低碳发展对湖南省实现“双碳”目标、积极应对气候变化具有重要意义。全省在加强绿色低碳发展总体设计、推动运输结构调整等方面已取得积极进展，但仍面临新能源建设相对滞后、多式联运通而不畅、机动车数量增速较快等问题，制约着交通运输行业的转型发展。

（一）交通运输领域的新能源建设力度有待加大

目前，湖南省新能源交通运输工具使用率仍然偏低，主要原因包括新能源车渗透率相对较低；充电桩、换电设施等基础设施建设跟不上需求；水运领域“双碳”工作推进较慢等。

一是新能源车渗透率相对较低。湖南省新能源汽车渗透率相对全国仍偏低，2005 年到 2015 年，中国新能源汽车渗透率才突破 1%；自 2019 年起，新能源汽车渗透率从 5%飙升至 2023 年的 50. 39%①，但湖南省会长沙的新能源汽车渗透率在 2023 年尚不及 50%，全省其他市州则更低。另外，受制于续航里程和使用成本，营运客货车中相关占比很低，2020 年底仅为 0. 34%②。

二是低碳交通设施建设跟不上高质量发展的需求。公共充电桩等基础设施总量不足、分布不均，且存在用地、电力接入及盈利等难题。根据省发改委数据，截至 2023 年底，全省累计建成充电桩 22. 73 万个，其中公共快充桩 4. 03 万个，居民自用桩 16. 61 万个，公共快充电桩占全省充电桩总量的比例仅为 17. 73%。充电基础设施存在布局不够完善、结构不够合理等问题，根据湖南省充电设施智能服务管理平台数据，截至 2023 年 11 月，湖南

---

① 《新能源车高歌猛进迎来历史时刻》，“中国经济网”百家号，2024 年 4 月 23 日，https：//baijiahao. baidu. com/s？ id = 1797082545580 869676&wfr = spider&for = pc，最后检索时间：2024 年 6 月 20 日。

② 谈文胜等：《碳达峰碳中和背景下推进湖南省绿色交通发展的对策建议》，《对策研究报告》2021 年第 48 期。

省已接入公共充电桩为38638个，平台已接入的公共充电桩中，长沙的数量达到21724个，占全省总数的56.22%，其他13个市州公共充电桩占比远低于长沙[①]。充电设施还存在利用率不足等问题，根据平台运营分析月报，2023年11月已接入的公共充电桩中，充电桩充电量为零的数量有9636个，占接入充电桩的25%，导致公共充电桩在11月充电量为零的主要原因是这些公共充电桩大多在高速公路服务区、一些旅游景点、县级公路、乡村路上。除了零充电量外，充电桩行业还存在内卷严重的问题，第三方平台利用前期“烧钱”补贴的方式占领市场，导致市场不时出现“价格战”。

此外，充（换）电桩、水上LNG加注站、光伏等低碳交通设施建设程序复杂，低碳交通设施建设涉及商务、住建、电力、环保等多个部门，各部门对建设程序、标准要求不同，客观上造成了建设、运营审批困难。

（二）多式联运规则相互割裂且通而不畅

全省公路与航空、铁路及城市交通等各运输方式之间的衔接不畅通，多式联运等现代化手段尚未充分应用，导致客货运仍呈现道路交通一家独大的局面，交通运输结构高碳化特征较为明显。

一是交通基础设施衔接不畅，导致运输结构不合理，严重依赖公路。铁路虽归交通运输部门管理，但与地方规划接轨仍存在问题。特别是硬件上的衔接相对容易，制度规则上的联通较难，目前多种交通方式看似无缝衔接，铁路、公路、水路等不同运输方式管理体制相互割裂，各自的运单、载距等差别巨大且无法互认，海关关检的规则、效率也各不相同，“最后一公里”“最后一厘米”问题导致多式联运的制度成本高昂。因此，公路运输仍然是湖南货物运输中较为便捷的运输方式，占比较大。另外，湖南省对水运的重视程度仍有待提高，虽然全省河湖众多，水系发达，但其所面临河段滩多水浅，一直都是湖南水运的梗阻段，且洞庭湖水系自身的航道条件也较差。

① 吴正平：《〈湖南省进一步构建高质量充电基础设施体系的实施意见〉政策解读》，《大众用电》2024年第3期。

2020 年湖南港口总吞吐量 1.358 亿吨，排在长江中下游各省市倒数第二位，港口吞吐量仅为湖北省的 35.7%，相当于江西的 72.4%，为长江中游三省中最低。水运、港口的建设受生态环保等诸多限制因素影响，船舶基础设施也面临跨省标准不一致的情况。此外，全省民航运输占比仅为 2%，管道运输等占比不到 1%①。

二是多式联运发展滞后。湖南有较为优越的多式联运条件，但目前全省港口铁水联运仅占水运量的 6%，运输多的还是以“傻大笨粗”为主的货物，铁矿石、煤炭、钢材、粮食等商品物流成本已压至极低，而适合多式联运的商品如工程机械设备等，因缺乏滚装码头等硬件设施的配套，以致多式联运无法服务于商品附加值高的企业。2023 年湖南全省公路、铁路、水路货运量占比分别为 87.4%、2.7%、9.89%。湖南省公路货运占比高于全国平均水平近 15 个百分点，水路货运占比低于全国平均水平 6.7 个百分点。全省 99 个货运枢纽（物流园区）能开展公铁联运的有 10 个，能开展公水联运的有 3 个，能开展公铁水多式联运的仅 2 个②。全省铁路专用线重点港口进港率、工矿企业、物流园区接入率只有 1/3，全省仅岳阳港、长沙港及湘潭港接入铁路专用线。由于水运效能释放不足，多式联运中水运环节仍未完全打通，航运公司无法通过船载高压岸电设备技术等推进船舶靠泊码头使用岸电，故燃油消耗、大气污染排放水平较高，实现交通运输节能降碳、绿色发展仍有较大改进空间。

（三）机动车数量不断增加导致减排压力大

湖南省机动车为大气污染物的主要来源，特别是私人汽车是湖南省交通运输行业的最大碳排放源，也是未来减排潜力最大的领域。2020~2022 年，湖南省机动车各污染物排放整体呈现上升趋势，氮氧化物和挥发性有机物 3

① 董岩斌、李泉、蒋康等：《湖南省交通领域减污降碳路径研究》，《湖南交通科技》2024 年第 3 期。

② 于森、彭可心、解紫薇：《货运“省钱接力跑”如何加速》，《湖南日报》2024 年 6 月 18 日。

年的平均增速分别为1.43%和4.74%（见表2），表明湖南省交通领域减污降碳的任务任重而道远。

表2 2020~2022年湖南省交通运输领域污染物排放情况

单位：%

年度	氮氧化物	颗粒物	挥发性有机物	合计
2020	15.34	0.21	6.09	21.64
2021	15.43	0.21	6.47	22.11
2022	15.78	0.22	6.68	22.68

根据湖南省2018~2022年统计数据，湖南省每百人汽车拥有量从2018年的11.40辆增长到2022年的16.75辆[①]，5年增加了46.92%，每年新注册车辆接近或超过100万辆，每年新增车辆保持着较高的增长速度（见表3）。

表3 2018~2022年湖南省机动车数量变化

年度	民用汽车拥有量/万辆	常住人口/万人	每百人汽车拥有量/辆	新注册/万辆
2018	786.20	6898.80	11.40	106.14
2019	875.40	6918.40	12.65	100.41
2020	956.60	6.644.49	14.40	93.88
2021	1031.62	6622.05	15.58	75.02
2022	1106.40	6604.03	16.75	74.78

从增速和增量两方面来看，预计未来湖南省机动车拥有量仍有较大的刚性增长，交通领域污染物和碳排放的总量将进一步增加。因此，从长期看，新能源汽车在基数众多的私人汽车中的大规模应用可以发挥巨大的减排作用，是全省交通运输行业实现中长期碳达峰碳中和目标的关键解决方案。

① 《汽车拥有量（万辆）》，湖南省统计局网站，2023年12月21日，https://tjj.hunan.gov.cn/hntj/tjfx/hnsqq/hxsdg/202312/t20231221_3810611.html，最后检索时间：2024年6月20日。

三　湖南交通运输行业绿色低碳转型的对策建议

推进交通运输领域碳达峰碳中和是一项系统工程，涉及行业的方方面面，不只是 CO_2 减排，还包括 NO_X减排等，既要考虑整体和局部、短期和长期的关系，也要结合不同区域、不同层面的实际情况开展工作，提出符合现实的政策体系、技术方案和工作措施。

（一）强化科技创新支撑，积极推动新能源交通工具应用

一是推进交通领域关键技术研究和成果推广运用。开展碳排放计量、公路数字化转型、客货邮融合发展等重大技术研发，将重点攻关与行业引导相结合，推进交通领域低碳技术、工艺、装备创新突破。发挥交通运输科技创新平台等的作用，加强交通运输领域节能低碳技术创新宣传、交流、培训及创新成果转化应用。组织开展高速公路光伏建设与安全等技术规范、地方标准等制修订，形成一批对全省乃至全国有示范意义、创新性强、可复制可推广的先进经验、典型成果和标志性工程。

二是发挥政策工具的指挥棒作用，进一步释放新能源车的政策红利。一方面，出台对新能源汽车的优惠政策，以及对燃油汽车的限制性政策，提升消费者对新能源车的购买意愿，将推动家庭第二辆车置换为新能源汽车作为重点，提高私人小客车电动化比例。另一方面，打通新能源车下乡堵点，在全省开展新能源汽车下乡活动。将“真金白银”的优惠直达消费者，进一步扩大新能源汽车在县乡市场的渗透率，赋能美丽乡村建设和乡村振兴。加强重点村镇新能源汽车充换电设施规划建设，解决农村地区充电设施不足问题，进一步激发老百姓选购新能源汽车的热情。加快乡村售后网点布局，探索新能源汽车乡村服务新模式，如“一站式”服务、“移动 4S 店”服务等模式，满足农村用户不断增长的售后需求。

三是加快新能源在交通领域的运用。推动新能源、清洁能源、可再生合成燃料等在营运客货车中的应用，鼓励全省新增营运客车和营运货车（不

包含挂车）采用新能源车辆，积极制定新能源重型货车便利通行政策，提高重型货车中纯电动、氢燃料、可再生合成燃料车的占比。积极做好新能源和清洁能源船舶推广应用和岸电设施建设，提高新能源、清洁能源船舶应用水平，结合实际宜电则电、宜气则气，采取政府引导等措施手段，提高营运船舶中新能源和清洁能源船舶占比。

（二）优化交通运输结构

一是强化多式联运系统建设，推动多式联运运行水平的提升。湖南省需依托省内河航道优势构建高效的内河水运体系，加快“公转水”“公转铁”，努力降低内河货运 NO 和 PM 排放量，持续推进船舶燃料升级。针对采用公转铁方式的运营车辆，对于相比公路运营增加的成本，采用政府补一点、铁路降一点、两端公路货运担一点的方式，推动跨省货运公转铁。针对轻型载货汽车和重型载货汽车，加大对中轻型货车置换为新能源车的支持力度，配套给予城区货运通行证奖励，有效降低货车温室气体排放量。重点以内河主要港口、地区重要港口的进港铁路建设为示范，实现铁水联运无缝对接，推进重要港口的重点港区与二级以上公路衔接；充分利用长沙霞凝港区、岳阳城陵矶港与公路、铁路交会聚集优势，加强公路运输与铁路、水路衔接，提高铁路、水路在综合运输中的承运比重，持续降低运输能耗和二氧化碳排放强度。

二是推广节能低碳型交通工具。加快发展新能源和清洁能源车船，加快淘汰高耗能高排放老旧车船等。充分发挥城市公交新能源营运补助资金和出租车新能源补助资金效能，确保新增公交车新能源及清洁能源车辆占比继续保持在 100%。大力实施公交优先发展战略，开展公交都市创建，确保城市绿色出行比例不低于 50%。加快推进城市公交新能源车型替代，支持老旧新能源公交车和动力电池更新换代，支持充电站（桩）更新改造。扩大新能源汽车在公共交通、环境卫生、邮政快递、城市物流、公务车等领域应用。鼓励出租汽车、货车、工程作业用车等领域加快节能与新能源车型替代。对达到规定使用年限且车辆状况较差的老旧公务用车，分批次实施更新淘汰，新购置车辆严格执行公务用车配置标准和要求，积极推广采购新能源汽车。大力支持新能源动力船舶发展，完善配套基础设施和标准规范，逐步扩大新能源船舶应用范围。加强电动、氢能等绿色航空装备产业化能力建设，拓展通用航空应用场景。

三是大力发展智慧交通。持续推进公交优先发展布局及公交线路优化，确保公交线路能够覆盖更多的地区和人群，切实提高公交运行的效率和服务质量。加强对慢行系统的整治工作，提高公交站点覆盖率及公交车运行效率，为步行、自行车和电动车等出行方式提供更加安全、便捷和舒适的出行环境。充分利用经济杠杆减少小汽车依赖性需求，以碳普惠方式鼓励市民积极参与绿色出行，普及共享单车出行，解决“最后一公里”问题。

（三）推动绿色交通基础设施建设

一是加快推进公路沿线充电基础设施建设。便捷的充电基础设施是低碳出行的重要保障，更健全的充电基础设施、更先进的充换电技术是推动以油气为主的传统交通向以新能源为主的绿色交通转变的主要支撑。进一步加密公路沿线充电基础设施建设，推进全省公路沿线充电基础设施信息入网。

二是在基础设施建设中推进以低碳排放为特征的绿色技术应用。积极在绿色公路、绿色航道、绿色港口新建、改扩建、大中修项目中，应用节能型建筑养护装备、材料及施工工艺工法，减少二氧化碳和有害气体排放。持续推进岸电新建和改造，完成全省千吨级泊位岸电设施建设。积极扩大绿色照明技术、用能设备能效提升技术，以及新能源、可再生能源应用。推广应用绿色低碳公路养护技术及材料。

三是提升动力电池回收利用水平。目前大概只有 20% 的新能源车电池由企业回收，大部分在地下拆解流通，主要原因是电池标准不统一，造成后端利用、拆解难度比较大。因此，全省需采用循环经济的理念，考虑将回收再利用废旧动力电池与生产新电池相结合，多企业联合打造动力电池“生产—使用—收集—梯次利用—再生循环”一条龙产业链，提升废旧动力电池的回收利用率。另外，通过推进制定统一的电池模块和接口标准，并将动力电池设计为可拆卸的模块，使其易于拆解和更换，将有助于全省动力电池的标准化、易拆解和易回收，减少资源消耗和环境影响。

（四）加大交通领域大气污染防治监管力度

一是加强地方性法规建设。建立健全法规、制度体系，夯实政府、企业、个人等对交通运输工具排污的管理责任，为依法开展交通运输工具排气污染防治提供制度支撑。根据新形势新要求，按照有关规定，逐步淘汰高排放交通运输工具，合理控制燃油、燃气交通运输工具保有量，将限制燃油、燃气交通运输工具通行等措施写入地方性法规，为全省实施更高标准防控政策提供依据。

二是提高排放管控要求。一方面，加强源头把关。严格执行交通运输工具国家排放标准，在注册登记环节，强化对交通运输工具排放的源头管控，同时大力推广应用新能源汽车、新能源船舶等，营造新能源交通运输工具推广应用良好环境。另一方面，加强过程控制。根据国家颁布的排气检验新标准，收严污染物排放限值，规范排放检测的流程和项目，以及数据记录、保存的内容与时限等，强化交通运输工具使用环节的过程检测检查把关。

三是在使用过程中强化对交通运输工具的监管。积极落实交通运输工具排气污染定期检查与维护制度，对于不合格的交通运输工具，给予不许开展道路运输营运业务等处罚；实施交通运输工具排放检验机构联网监管，要求检验机构与生态环境部门实现检测过程视频、数据共享，确保交通运输工具排气检验结果的真实性、准确性，防止弄虚作假。加强交通运输工具排气抽检，不断扩大抽检、监测覆盖范围，并落实“环保取证，公安处罚，交通维修”联合监管模式，实现全过程严格管理。

B.5
湖南生态文旅产业高质量发展研究

高立龙[*]

摘　要： 湖南生态文旅资源丰富、发展基础良好、发展势头强劲，但面临生态文旅资源开发利用不足、全域旅游全时旅游发展尚未形成、市场主体培育力度有待提升、产业供给能力有待加强、传统基础设施仍存短板、政府投融资力度减弱等问题。建议加快做好生态文旅资源保护与开发利用结合、全域联动发展与全时旅游发展结合、市场主体培育与招大引强建链结合、生态文旅产业与其他业态场景结合、传统体验旅游与数字智慧旅游结合、政府投融资与社会资本投融资结合六篇“文章”，助推湖南生态文旅产业高质量发展。

关键词： 湖南　生态文旅　高质量发展

生态文旅产业作为关联度较高、融合性较强的产业，为新质生产力蓄势赋能提供了广阔的发展空间。湖南集名山、名水、名楼、名人、名文于一体，生态文旅资源丰富、发展基础良好、发展势头强劲，生态文旅产业已成为践行“守护好一江碧水”、全面推进美丽湖南建设的重要抓手。2024 年 3 月，习近平总书记在湖南考察时指出：推进文化和旅游深度融合，守护好三湘大地的青山绿水、蓝天净土，把自然风光和人文风情转化为旅游业的持久魅力[①]。推进湖南生态文旅产业发展，必须坚持以习近平总书记考察湖南时

---

* 高立龙，湖南省社会科学院（湖南省人民政府发展研究中心）区域经济与绿色发展研究所助理研究员，主要研究领域为区域经济、生态文明。

① 习近平：《习近平在湖南考察时强调：坚持改革创新求真务实　奋力谱写中国式现代化湖南篇章》，新华社，2024 年 3 月 21 日。

的重要讲话精神为指引，树牢“绿水青山就是金山银山”的发展理念，坚持以文塑旅、以旅彰文，以文化和旅游深度融合发展推动生态文旅产业全面提质增效，赋能湖南现代产业体系建设。

一　湖南生态文旅产业高质量发展基础与现状

湖南有着丰富及特色鲜明的自然、人文和红色旅游资源，具备得天独厚的资源禀赋和先决条件。近年来，湖南积极贯彻落实习近平总书记关于文化和旅游工作的重要论述，以全省联动举办旅发大会为抓手，发挥“一带一部”区位优势，促进连南接北、承东启西“四面逢源”，推进文旅市场广聚“四方来客”，促进全省文旅资源古色、红色、绿色、金色“四色辉映”，推动文旅与消费、科技创新、城乡发展、产业转型“四域融合”，生态文旅业的快速发展有力地推动了经济高质量发展。

（一）具备丰富且特色鲜明的生态文旅资源

一是世界级和国字号自然旅游资源丰富。湖南全省拥有世界自然遗产2处（张家界、崀山），1处国家自然遗产，4处国家文化和自然双遗产，国家文化和自然双遗产数量居中国第一位①。此外，全省拥有国家森林公园54处，国家5A级旅游景区12个，国家生态旅游示范区1处和省级生态旅游示范基地9处②，有“五岳独秀”之称的南岳衡山、湖南文化思想坐标之称的云阳山和“民族脊梁”之称的雪峰山，有奔流不息的湘、资、沅、澧“四水”，和烟波浩淼的八百里洞庭。二是历史人文底蕴深厚。湖南是中华民族祖先早期活动的区域之一，是中华古代文明发源地之一，历史人文旅游资源丰富。拥有世界文化遗产1处（老司城遗址），国家级历史文化名城4座，

---

① 湖南省文物局：《2024年湖南“文化和自然遗产日”主题活动启动》，中国新闻网，2024年6月7日。

② 彭雅惠等：《我省评出首批生态旅游示范基地9处　示范基地环境质量均达到国家Ⅰ级或Ⅰ类标准》，《湖南日报》2023年2月2日。

国家级夜间文化和旅游消费集聚区 14 个，其中澧县城头山古城文化遗址是中国发现最早的古城遗址。同时，湖南也是历代文化名人的主要活动区域之一，屈原、贾谊、司马迁、李白、杜甫等均在此生活过，左宗棠、毛泽东等近现代政治文化名人辈出。三是红色旅游资源丰厚。如韶山市有开国领袖毛泽东故居、平江县有平江起义纪念馆、长沙县有板仓杨开慧烈士故居及纪念馆、望城区有雷锋镇雷锋纪念馆等。此外，抗日战争时期湖南作为抗战主战场，还有丰富的极具价值的抗日文化资源，著名的长沙会战、湘西会战、常德会战均发生在该区域。

（二）生态文旅业高质量发展已有良好基础

一是区位交通优势明显。湖南地处长江中游经济带，坐拥“一带一部”的独特区位优势，上连长江上游成渝城市圈及三峡旅游风光带，下接鄱阳湖生态风光旅游带，是长江主题国家级旅游线路的重要组成部分，战略区位凸显。同时，随着“三纵五横四网多点”综合交通网络的逐步形成，湖南基本形成内畅外联、城乡一体、协同高效、绿色安全的交通发展新格局，旅客吞吐能力进一步提升。二是生态环境质量持续向好。2023 年，湖南全省生态环境系统持续深入打好“蓝天、碧水、净土”保卫战，强化生态环境监督管理，构建现代环境治理体系，防范化解生态环境风险，全省生态环境质量持续改善，省级生态文明建设示范区创建实现了市州全覆盖，张家界、怀化实现了生态文明示范创建市域全覆盖，为生态文旅产业高质量发展奠定了坚实基础。三是省级层面高位推动。湖南省委、省政府将文旅产业列为全省“4×4”现代化产业体系中的四大优势产业之一，“文化+科技”被列为打造“三个高地”的标志性工程。自 2022 年起，省、市（州）每年举办一届旅游发展大会，“办一次会，兴一座城”，推动全省文化和旅游产业全面发展、升级发展。发布《打造万亿产业，推进文化创意旅游产业倍增若干措施》，致力从实施财政金融政策、强化项目招商、增加有效投资等六个重要领域推进现代化文旅产业体系建设。出台《湖南促进文旅业复苏振兴若干措施》（“文旅 20 条”），开展湖南文化旅游消费季活动，推进文旅融合发展示范区创建工作，持续扩大夜间文化和旅游消费规模，多措并举打造消费新场景。此外，还启动实施“游客满意在湖南”行动计划，建成“湖南省智慧文旅信息系统”暨“又湘游”一码游服务平台，提升了游客旅游体验。四是地方政府积极作为。以旅发大会为抓手，湖南全省形成了上下联动、争先恐后的“大文旅”发展格局。如长沙市香山旅游峰会和旅发大会接续发力，湘江两岸获批国家文物保护利用示范区。岳阳市着力打造“洞庭渔火季”文旅品牌，岳阳中华大熊猫苑成为湖南文旅新亮点。湘西州将文旅赋能乡村振兴纳入全面推进乡村振兴整体格局，文旅赋能乡村振兴的“湘西样板”唱响全国。

（三）全域生态文旅产业发展势头较为强劲

一是旅游市场实现恢复性增长。湖南省文化和旅游厅发布的数据显示，2023 年湖南全省接待旅游总人数 65781.22 万人次，同比增长 51.28%，其中接待国内游客同比增长 51.05%，接待入境游客同比增长 13.5 倍。2023 年，全省实现旅游总收入 9565.18 亿元，同比增长 47.43%，稳居中部六省第一位，实现国内旅游收入同比增长 47.16%，实现入境旅游外汇收入同比增长 11.8 倍[①]。其中，长沙市 2023 年共接待游客 1.95 亿人次，同比增长 43.99%，实现旅游收入 2193.05 亿元，同比增长 51.21%。张家界市 2023 年旅游人数、旅游总收入同比历史最高的年份分别增长 16.2%、12.6%[②]，旅游人次及收入增幅均列全省第一位。二是项目投资实现大幅度跃升。2023 年，成功举办第二届湖南旅发大会，承办地郴州通过办会带动项目投资 1068 亿元，通过坚持“1+13+N”的“一地举办，全省联动”办会模式，全省除郴州外的其他 13 个市州共推进重点文旅项目 338 个，总投资 2064.71 亿元[③]，相

① 曾冠霖：《6.58 亿人次！湖南 2023 年实现旅游总收入 9565.18 亿元》，《湖南日报》2024 年 1 月 26 日。

② 田育才：《张家界　旅游市场强劲复苏》，华声在线，2024 年 2 月 11 日。

③ 湖南省文化和旅游厅：《2023 年湖南省文化和旅游厅工作总结》，湖南省文化和旅游厅网站，2024 年 1 月 31 日。

较往年有了明显提升。三是因地制宜推进生态产品机制实现。各地因地制宜探索多元化的生态产品价值转化途径，重点聚焦盘活资产、拓展路径、共享收益，不断创新生态产品经营开发机制。例如，怀化市中方县黄岩旅游度假区依托鹤城区的优势平台代管开发，吸引旅游策划公司、农业公司、村集体入股共建，在石头缝里开花田，在自留山里建农家乐等，摸索出扶贫开发和旅游开发相结合的乡村旅游扶贫新模式，取得了生态保护、乡村振兴等多重成效。郴州市利用东江湖优质水资源发展冷水产业、生态旅游和水权交易，实现一库清水的高价值综合利用等。

二　湖南生态文旅产业高质量发展面临的关键问题

尽管近年来湖南生态文旅产业发展取得了长足进步，但仍面临生态文旅资源保护任务较重且可开发资源开发利用不足、全域旅游发展新格局尚未构建且全时旅游发展尚未形成、市场主体培育力度有待加大且项目招引白热化竞争等问题和不足，制约了生态文旅产业高质量发展步伐。

（一）生态文旅资源保护任务较重且可开发资源开发利用不足

一方面，资源保护修复任务越发艰巨。湖南境内有多个世界自然遗产和国家级自然保护地，自然保护地总数达 585 个，占全省土地面积的 11.27%[①]。随着长江经济带绿色发展的深入推进，生态资源保护与环境修复的任务越发艰巨。同时，各地上报的自然保护地整合方案尚未获得国家林草局批复，导致生态旅游项目面临“地方政府不敢批，社会资本不敢投”窘境。加之部分区域农村人口多，农业占比高，耕地保护红线、蓄滞洪区等制约因素多，开发利用的难度较大、掣肘较多。另一方面，现有可开发资源开发利用不足。当前，全省很多可开发利用的生态文旅资源“养在深闺无人识”。如洞庭湖旅游核心区内具有开发价值的山、峰、岗、岭、洞、湖等多

① 彭雅惠：《自然保护地占湖南国土面积的 11.27%》，《湖南日报》2021 年 9 月 24 日。

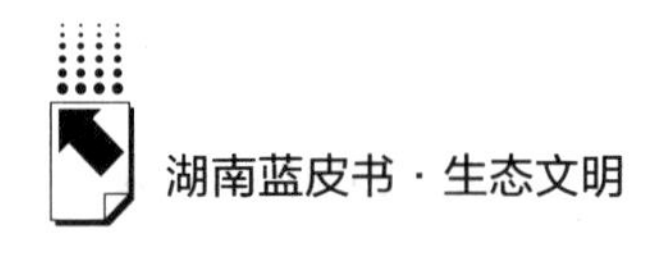

达130余处，文化遗址、革命纪念地100余处，目前为止开发较为成熟的只有岳阳楼、桃花源等少数景点。

（二）全域旅游发展新格局尚未构建且全时旅游发展尚未形成

一方面，区域联动发展合力不强。目前，湖南与长江经济带其他各省在文旅规划建设、政策执行、宣传营销、客源吸揽等方面，尚未形成密切配合的跨省联动合作机制，融入长江国家文化公园和长江国际黄金旅游带力度不够。同时，省内各地各行其是进行生态文旅产业的规划开发，难免会出现同质化竞争问题。如郴州市在温泉旅游资源方面与周边的韶关市、清远市同质化明显，在山水旅游资源方面与南岳、张家界类似度很高，但在知名度方面处于劣势。另一方面，产业发展的季节性时效性较为明显。湖南不少地区生态旅游业具有明显的季节性、过境性特征，淡旺季游客数量明显失衡，旺季景区人满为患，有时甚至超出了景区的最大承载力，而淡季景区门可罗雀，旅游相关的行业也难以维持运营，限制了行业的可持续发展。

（三）市场主体培育力度有待加大且项目招引面临白热化竞争

一方面，市场主体培育力度有待加大。湖南文旅龙头企业数量偏少、规模偏小，2023年在中国文旅企业500强中仅占11席（浙江、江苏、广东分列前三，分别为63家、51家和49家）[①]，大多为中小微企业，无一家进入全国前20强。另一方面，项目招商引资面临激烈竞争。新冠疫情防控转段之后，全国很多地区均把发展生态文旅产业作为保增长、促发展的重要举措，通过拓展境内外招商引资渠道、强化招商项目全周期服务等举措，积极推进文化旅游产业高质量发展，湖南在项目招商尤其是招大引强方面面临与其他地区的激烈竞争。

（四）产业供给能力有待加强且与其他业态场景尚未有机结合

一方面，产业供给能力有待加强。近年来，哈尔滨冰雪大世界等的爆火

① 新旅界：《2023中国文旅企业500强排行榜揭晓》，搜狐网，2023年8月21日。

为生态文旅产业发展提供了全新的思路。但湖南大部分地区的生态文旅开发仍停留在游山、玩水、观赏、休闲、美食等初级阶段，在旅游产品的丰度和深度上有所欠缺，亮点和爆点不多。如 2024 年暑期湖南乡村游持续升温，但单一的旅游产品难以满足游客日益增长的多元化需求，需通过开发农业观光、休闲采摘、亲子研学、网红打卡、民宿体验等多种产品，形成多元化旅游产品体系。另一方面，与其他业态场景融合力度不够。部分地区生态文旅融合实践存在重视建设和生产、轻视“软开发”的现象，轻视对文化主题、内涵和价值的挖掘。如对于马王堆汉文化等稀缺资源，只是静态展示，活化利用不足，相较于西安大唐芙蓉园等精品景区，游客的参与性、体验性不足。此外，文化旅游与科技、体育、康养等业态融合多流于表面，尚未实现产业间相互渗透、交互融合，创新模式和新兴业态明显不足。

（五）传统基础设施仍存短板且新型基础设施有较大提升空间

一方面，传统基础服务能力有待提升。相较于其他旅游发达地区，湖南的交通、住宿和旅游设施仍存在较大提升空间，尤其是在旅游旺季，游客数量剧增，导致景区拥堵、住宿紧张等问题越发突出。如张家界的城市规划与建设相对滞后，交通路网不够完善，公共设施建设滞后，一定程度上影响了游客的出行。同时，在游客服务方面也存在导游服务质量参差不齐、旅游景区管理不规范等问题，影响了游客旅行体验。另一方面，新型基础服务设施尚有较大补强空间。除长沙、张家界等少数地区外，全省生态文旅产业信息化建设整体还处于基础阶段，生态文旅产业与互联网、大数据有效融合不足，部分景区地处偏僻，信息网络建设滞后等。

（六）政府投融资力度减弱且社会资本投融资积极性有待提升

一方面，政府投融资力度进一步减弱。当前生态文旅产业发展的主要资金来自政府投入，受整体经济形势不景气、地方财力不足等因素影响，政府尤其是市县级政府对于生态文旅业投资“心有余而力不足”。另一方面，社会投融资潜力尚未充分激活。当前社会投融资的体制机制障碍尚未完全破除，民营文旅企业融资难、融资贵。加之生态文旅产业具有投资回报不明确问题，张家界大庸古城、新华联铜官窑古镇等不少景区景点投入大量资金后却少人问津，给开发商造成很大压力，影响了社会资本投资的积极性。

三　加快湖南生态文旅产业高质量发展的对策建议

加快湖南生态文旅产业高质量发展是新时代推动长江经济带高质量发展和美丽湖南建设的重要内容。要深入贯彻习近平总书记关于推动长江经济带高质量发展重要讲话精神以及关于文化和旅游工作重要论述精神，统筹好保护、发展与安全的关系，用好用足国家和省市政策机遇，以旅游发展大会为引领，以融入长江国际黄金旅游带与长江国家文化公园为重点，着力做好生态文旅资源保护与开发利用结合、全域联动发展与全时旅游发展结合、市场主体培育与招大引强建链结合、生态文旅产业与其他业态场景结合、传统体验旅游与数字智慧旅游结合、政府投融资与社会资本投融资结合六篇“文章”，助推湖南生态文旅产业高质量发展，加快建设世界知名旅游目的地。

（一）坚守红线思维，做好生态文旅资源保护与开发利用结合文章

按照可持续发展理念，坚守红线思维，坚持把保护和恢复山水、林地等生态旅游资源摆在突出位置，统筹做好资源的保护修复、开发利用和环境综合治理等工作。一是坚定不移保护好生态文旅资源。坚决落实好《中华人民共和国长江保护法》《湖南省洞庭湖保护条例》等各类法律法规、政策文件，进一步落实生态文旅资源保护的主体责任、领导责任、部门责任。加快出台《长江国家文化公园（湖南段）建设保护规划》，科学有效推进长江国家文化公园（湖南段）保护和建设工作。充分利用 GIS、大数据管理、卫星遥感、无人机航摄等多种技术，实现对山林、水体、动植物资源动态等全面可视、联动监控的综合管理。加大生态修复力度，综合采用生态工程等手段，恢复景区的自然生态功能，维护生态系统健康稳定。二是对各类生态旅

游资源进行分类开发。加快完成湖南省生态旅游资源普查，建立旅游资源管理数据库，同步建设湖南省旅游资源公众查询服务平台。在全面廓清资源基础上，加大对生态旅游发展的投入和政策支持力度，明确优先开发区域、重点开发区域、限制开发区域、禁止开发区域并进行分级分类开发。对优先开发区域、重点开发区域和限制开发区域，要明确开发时间、开发边界和产业类别，坚决不触碰自然保护地、永久基本农田、蓄滞洪区等红线，已有的要立即退出并开展生态保护修复。三是积极探索生态产品价值实现机制。依托地貌类型多样、气候温和湿润、生物多样性丰富特点，彰显天下洞庭、神秘湘西、神农福地、南国秘境、神韵梅山等重要生态旅游片区特色，打造一批以生态资源为核心的绿色旅游先行区。加快生态旅游产品开发，大力推广自然教育、康体运动、森林体验、研学旅游、沉浸式体验空间等生态旅游产品。加快推广一批“生态保护修复+旅游”等生态产品价值实现项目，积极探索政府主导、企业和社会各界参与、市场化运作、可持续发展的生态产品价值实现路径。依托森林公园、湿地公园、自然保护区等自然保护地建设，积极创建国家生态文明建设示范县、国家“绿水青山就是金山银山”实践创新基地。

（二）优化顶层设计，做好全域联动发展与全时旅游发展结合文章

坚持系统发展理念，优化生态文旅产业的顶层设计，推动全域旅游和全时旅游相结合，打造生态文旅产业平台和品牌，不断扩大湖南生态文化旅游的影响力。一是全力融入长江国际黄金旅游带与长江国家文化公园。加快推进生态旅游跨区域联动发展，与长江流域毗邻省域加强工作统筹，借鉴沪苏浙皖建成中国首个无障碍跨省市旅游区经验，探索景点联票制、旅游线路互通、品牌营销联合，协同推进长江沿线无障碍跨省市旅游带建设。在长江主题国家级旅游线路中合理布局国家文化公园重点项目，建设与长江文化相关的国家级、省级研学实践教育基地，在《长江国际黄金旅游带精品线路路书》指导下，推动更多景点融入长江主题国家级旅游线路和长江国际黄金旅游带精品线路。借鉴参考《国家绿色旅游示范基地标准》，建立符合长江

流域特色的“长江绿标”旅游标准体系。探索设计“长江绿旅护照”，创建生态旅游“碳足迹”积分与跨景区服务兑换制度。二是推动生态旅游业全域联动发展。加强旅游规划与国土空间、生态环保、综合交通、文物保护等专项规划的配套衔接。在省政府统筹协调与支持下，各市州依据联动发展原则，协同推动生态文化旅游全面发展。一方面，相关市州要突出精准定位，发掘自身特色资源和优势产品；另一方面，各地区之间必须通力合作，做好资源整合、产品开发、线路共建、营销宣传，注重在区域协同中实现各区域优势资源的有效组合，建设一批特色精品旅游热点线路，联合策划大型推介活动，从供给侧角度实现封闭的旅游自循环向开放的“旅游+”融合发展转变。三是完善生态旅游季节组合，形成全时游。完善生态旅游季节组合和资源组合，探索更多更有价值的新业态旅游项目，丰富旅游形式、延伸旅游链条。在夏季突出抓好山地观光度假游、滨水休闲度假游，在其他季节可开发一些专题景观旅游线路，如冬季湿地观鸟、春季赏花、夏季观荷、中秋赏桂等，也可开辟特色产业旅游线路。对于一些没有时间限制的常年性旅游项目，如红色文化旅游等则可多策划安排在春、秋、冬季进行。四是打造生态文旅产业平台和品牌。持续深耕“五张名片”，以张家界为重点，建设崀山、雪峰山、壶瓶山、洞庭湖、东江湖等国际知名山水旅游目的地；以韶山为重点，塑造“伟人故里”世界级红色旅游品牌；以长沙为重点，推动“岳麓山—橘子洲旅游区”创建世界级旅游景区；以南岳衡山为重点，打造岳阳楼、老司城、凤凰古城、永州古城、洪江古商城等世界级历史文化旅游精品；以城头山古文化遗址为重点，加快城头山国家考古遗址公园建设，形成世界级农耕文化旅游品牌。围绕全省五大文旅融合发展板块、五大文化旅游联动区、四条文化旅游走廊，加大媒体宣传力度，提升湖南生态文化旅游的国内外品牌影响力。办好2024湖南国际文化旅游节、2024年湖南省（四季）乡村文化旅游节，推进第十四届湖南文化旅游产业博览会提质升级，力争打造成为全国有影响力的文旅产业专业展会。通过“中国旅游博览会”“深圳文博会”“中博会”“西博会”等区域和专业合作平台，积极推动湖南文旅企业和品牌走出去。

（三）坚持项目引领，做好市场主体培育与招大引强建链结合文章

突出项目在生态文旅产业发展中的引领作用，积极招大引强建链，大力培引经营主体，持续优化营商氛围，以高质量旅游环境赢来八方游客。一是积极招大引强建链。按照“4×4”现代化产业体系建设“路线图”，做好现代文化旅游创意产业体系的产业链、企业、产品清单工作，进一步“建链、强链、延链、补链”，构建招商引资新格局。以“招大商、招好商”为重点，举办 2024 湖南文旅产业投融资大会，组织相关市州到长三角地区、粤港澳大湾区开展系列精准招商、上门招商行动，力争全年签约省级重大文旅招商项目投资总额有较大幅度提升。出台《加强全省文旅项目招商引资工作实施意见》，指导市州招商引资项目培训、策划、包装等工作，加强对市州招商引资考核的力度，完善文旅项目招商引资动态项目库，提高签约落地率和社会资本到位率。二是加强市场主体培育。全面落实惠企政策，强化要素保障，积极培育和招引大企业、大集团参与旅游开发建设。用好金融支持文旅产业相关政策，鼓励文旅企业“升规入统”，推动文旅企业上市融资，重点培育一批“百亿企业”“链主企业”“头部企业”。对新“升规入统”、正常生产经营、履行填报义务的旅游企业，省级旅游专项资金给予一次性奖励。对各类产业园区孵化新模式新业态的中小旅游企业，按照“专精特新”要求进行重点培育。三是持续优化营商环境。深入实施《“游客满意在湖南”行动计划实施方案（2023~2025）》，制定《旅游满意监督规范》《旅游业个性化服务指南》等地方标准，健全游客满意度第三方评价体系，分类开展质量服务提升行动和技能竞赛。健全旅行社信用评价机制，用好星级旅行社等级评定手段，推动分级分类信用监管。提升旅游大巴、电子证照、旅游电子合同等要素的智慧服务和监管水平。建立全省综合治理专班和督导组，以全省“一盘棋”的思路，对文旅市场重点领域和突出问题进行系统治理，保持整治旅游乱象的高压态势。

（四）丰富市场供给，做好生态旅游产业与其他业态场景结合文章

推进生态文旅与工业、农业、科技、教育、体育、康养等产业深度融

合，促进第一、第二、第三产业融合发展，加快生态文旅赋能乡村振兴，不断提升供给质量、内涵和品位。一是推动生态、文化与旅游深度融合。以邵阳黄桑国家生态旅游示范区和多个省级生态文明建设示范区为主体，推动生态和文旅深度融合，打造“生态+”全域旅游新格局。加快长沙浏阳市、衡阳南岳区、岳阳平江县国家文化产业和旅游产业融合发展示范区建设，推动当地文旅产业深度融合和高质量发展，发挥示范引领作用和对周边区域的辐射带动作用。以湖南省文化和旅游厅为主体，联合省直部门启动首批文化产业和旅游产业融合发展省级示范区建设。深入实施“红色旅游助推铸魂育人三年行动计划”，办好湖南红色旅游文化节，大力推动红色旅游融合发展试点、示范点建设，积极推广红色研学旅游精品线路，重点打造一批红色文创产品，建设一支高素质的红色讲解员队伍。围绕长征国家文化公园建设，持续打造湘赣边、湘鄂川黔等红色旅游共同体。二是推动科技教育赋能发展。实施科技赋能文化产业创新工程，开展第三届湖南马栏山数字文化产业嘉年华活动，支持马栏山国家级文化产业示范园区加快打造具有全球影响力的数字视频产业链基地和媒体融合新地标。举办“马栏山杯”国际音视频算法大赛、音视频产业峰会，推动音视频企业创新创作“现象级”沉浸式演艺和展览、文旅元宇宙等文旅音视频体验产品。全面推动研学旅游发展，评选一批研学旅行基地，推出一批主题研学旅行线路，打造一批精品研学课程。实施非遗传承人研修培训计划、传统工艺振兴计划，打造非遗研学品牌，实现非遗创新发展。三是积极培育新的业态场景。实施《湖南特色旅游新业态培育三年行动计划》，推动低空飞行和水上旅游装备体验、体育旅游、旅居度假、数字科技体验等新业态稳步发展，对评定的省级新业态新场景给予重点支持。编制全省工业旅游发展规划，抓好工业旅游政策发布、培训和线路培育等工作，举办湖南省工业旅游推广月活动，大力发展工业旅游。支持国有文艺院团进景区驻场演出，打造与旅游景点相契合的演艺精品，探索艺术与旅游深度融合新路径。四是激发文旅消费潜力。打造“智慧+”“景区+”消费场景，发挥好消费试点示范作用，推动现有6家国家文旅消费示范试点城市、10家国家级夜间文旅消费集聚区开展促消费活动。

做好新一轮国家夜间文旅消费集聚区申报工作和第二批省级夜间文化和旅游消费集聚区遴选工作。抢抓新一轮大规模设备更新和消费品以旧换新重大机遇，推进游乐设备、演艺设备等文旅设备更新提升。实施湖南文旅商品提质升级计划，推进湖南文旅消费环境、消费载体、消费政策等全面优化和改善。启动新一轮文旅消费券发放活动。五是推动生态文旅赋能乡村振兴。以湖南省文化和旅游厅为主体，联合相关省直部门，启动省级文化产业赋能乡村振兴试点工作。完善群众参与旅游发展的利益共享机制，推进岳阳平江县、株洲炎陵县、湘西凤凰县3家国家文化产业赋能乡村振兴试点单位创新产业发展模式、做强乡村特色文化和旅游产业。推进23家省级特色文旅小镇加强文旅融合、加快产业发展。

（五）完善基础设施，做好传统体验旅游与数字智慧旅游结合文章

持续完善铁路、公路、水运、航空等交通基础设施，推进多元化出行服务，加快文旅数字化智慧化发展，推动设备升级、丰富场景供给，不断提升游客旅行体验。一是持续完善交通基础设施。适应“文旅+交通”融合发展需求，制定旅游交通网主骨架布局规划，统筹谋划覆盖全省的“快进慢游”生态文旅交通体系。提升张吉怀、黔张常、韶山—井冈山等铁路交通服务助力建设世界级旅游目的地功能。加快岳阳旅游母港等港口建设，依托“一江一湖四水”江海直达水运网，融合自然旅游景观、城市沿河景观及人文旅游景观，因地制宜建设一批高品质、精品化特色旅游航道。建设现代化长沙国际枢纽机场，推动干支线机场新建、改扩建，加密张家界机场至北京、上海等重点城市航班，其他机场新增加密与省会城市、旅游热门城市间的航线、航班。规划建设重点旅游环线，推动5A级景区、国家级旅游度假区实现一级以上公路辐射。建设一批观光休憩一体化的旅游公路及乡村绿道，推动解决交通“最后一公里”问题。二是进一步提升游客旅行体验。推进“公共交通+定制出行+共享交通”多元化出行服务，推动历史文化步道、旅游铁路、通用航空等新型体验客运系统建设，建设旅游驿站、飞行营地、房车营地，依托汽车客运站拓展旅游集散功能，引导发展特色旅游客运，形成

“出行即服务”新体验、“站运游一体化”新模式。完成湖南智慧文旅平台建设任务，推进重点景区和文博场馆的预约系统、票务系统接入“又湘游”，为省内尚未建设智慧文旅服务平台的市州、区县提供智慧文旅建设运营服务，搭建智慧文旅省、市州和景区“三级架构”，优化游客旅行体验。三是加快文旅数字化智慧化发展。利用先进数字技术和虚拟现实技术创造以“文化 IP+旅游+科技”为核心的增量场景，让数字科技赋能文旅融合发展。引入 5G、云计算、大数据、人工智能等新一代信息技术，提升沉浸式设施、数字化舞台、无人智能游览、可穿戴设备等数字文化装备技术水平，积极推动 AI、VR、AR、超高清视频等新技术在文化和旅游场景的广泛应用。积极争取工信部、文旅部的 5G+智慧旅游重点项目支持，着力打造一批 5G+5A 级智慧旅游标杆景区，推动 5A 级景区 5G 信号全覆盖。推动旅游大数据的深度应用，实现旅游管理、指挥调度等“一张网”管控。

（六）创新融资机制，做好政府投融资与社会资本投融资结合文章

强化政府投融资在生态文旅投融资中的引导作用，提高财政资金保障水平，重点支持优质项目开发建设，推动文旅金融深度合作，切实激活社会资本投融资积极性，构建多元化投融资格局。一是提高财政资金保障能力。积极争取中央补助地方专项资金以及文化保护传承发展“专精特新”储备项目。统筹整合财政资金，加大省级文化事业和产业发展专项等各类财政专项资金的支持力度，由省政府每年公布一批全域旅游优选项目，推动发改、建设、林业、水利、农业等部门予以重点扶持。市、县（市、区）政府要针对国家和省级投资重点，加快编制储备项目，积极争取国家和省级财政专项资金支持。省财政每年专项安排资金支持湖南旅游发展大会承办市州，由省发展改革委、省财政厅、省文化和旅游厅等部门审核认定的湖南旅游发展大会承办市州重点项目、其他市州重点文旅项目，享受省重点项目支持政策。鼓励运用政府和社会资本合作（PPP）模式投资、建设、运营生态旅游项目，改善旅游公共服务供给。二是促进文旅金融深度合作。以湖南文旅产业投融资大会为抓手，打造文旅金融合作发展创新平台，充分用好货币政策工

具，着力降低文旅企业融资成本。鼓励龙头企业加强与国内头部私募基金管理机构对接，争取共同承接省级政府文旅产业投资子基金，引导更多社会资本参与全省重点文旅项目投资开发。支持符合条件的文旅企业上市融资、再融资和并购重组，鼓励符合条件的企业通过发行企业债、REITs、ABS 等方式融资。推动金融机构结合旅游企业特点创新信贷产品，探索开展门票收费权等质押贷款业务，开展“贷款+担保+风险补偿”“互联网+产业金融”等新型金融服务。推动金融机构通过银团贷款、绿色贷款、绿色金融债券等方式支持湖南旅游发展大会承办市州重点旅游企业和项目。积极发展面向小微企业的旅游风险补偿基金。三是激活社会资本投融资积极性。进一步清理和修改不利于生态旅游业向社会资本开放的政策法规，整合、简化涉及民间旅游投资管理的行政审批事项，维护平等竞争的投资经营环境。鼓励民营企业依法采取多种形式合理开发、可持续利用森林、湖泊、湿地及其他具有开发价值的物质和非物质资源。进一步落实财税金融等优惠扶持政策，安排各项专项资金时对符合条件的民营旅游企业同等对待。切实落实好民营旅游企业用水、用电、用气和工业企业同价的政策规定。支持民营旅游企业的产品和服务进入政府采购目录。

B.6

湖南林业资源高效综合利用研究*

曾召友**

摘 要： 林业资源是人类赖以生存的重要资源。基于得天独厚的地理与气候条件，湖南具有丰富的林业资源，推进林业资源高效综合利用对于湖南具有重要的现实意义。本文介绍了湖南林业资源高效综合利用的进展和成效，通过对比分析，揭示湖南林业资源综合利用面临的问题和挑战，并提出加强特色基地建设、推动系统集成、深挖资源综合利用潜力、着力发挥森林“碳库”作用、进一步强化支撑保障能力等、提升湖南林业资源综合利用效率的对策建议，以期推动湖南林业高质量发展取得新进展，开创美丽湖南建设新局面。

关键词： 湖南 林业资源 综合利用

生态兴则文明兴，生态衰则文明衰。生态环境变化直接影响文明兴衰演替。在复杂的生态系统中，林业在维护国土安全和统筹山水林田湖综合治理中占有基础地位，林业是事关经济社会可持续发展的根本性问题。森林对于维护生态安全、推进美丽中国建设具有重大作用。湖南位于中亚热带中部，得天独厚的地理与气候条件，使湖南林业资源丰富，林业生产发达，成为中国南方重要的林区。湖南发挥林业资源优势，推进林业资源高效利用，是保护生态环境、增强生态安全屏障的内在要求，是推动绿色产

* 文中数据来源于湖南省林业局。

** 曾召友，湖南省社会科学院（湖南省人民政府发展研究中心）区域经济与绿色发展研究所助理研究员，主要研究方向为空间计量经济学。

业发展、实现生态效益与经济效益双赢的客观需要，是美丽湖南建设的重要支撑。

一　湖南林业发展现状

林业产业包含的内容较广，下面仅从资源状况、产业发展水平以及林业对人民生活的影响来概述湖南林业发展的现状。

（一）湖南林业资源丰富，是国家重点林业省份

湖南林业资源丰富，是南方重点集体林区和重要生态屏障，林地面积占农村土地面积的75%以上，根据2023年湖南省林业局统计数据，全省森林覆盖率为53.13%，森林蓄积量为6.17亿立方米，截至2022年底，湖南林业用地面积达到1.93亿亩，野生动植物种类繁多，现有脊椎动物1007种、维管植物6137种，其中不乏国家重点保护的野生动植物种类，如林麝、麋鹿、华南虎①等，共建有各级各类自然保护地584个；拥有杉木、马尾松、毛竹等优质用材林资源，共占用材林面积的86.9%；经济林资源丰富，油茶、竹木加工、花卉等产业驰誉国内外，这充分显示出湖南丰富的林草资源、良好的生态环境和坚实的产业发展基础。

（二）林业稳步发展，资源利用效率逐年提升

一是林业三产总体呈现稳步上升态势。林业第一产业是整个林业产业发展的总载体，是林业第二、第三产业发展的基础。第一产业是指与森林资源培育相关的产业，主要包括营造林、木材采伐、经济林产品的培育与采集。第二产业是指林产品工业，包括木材加工业、林化工业、木浆造纸和竹藤产

① 国家林业局曾发文正式确认湖北省宜昌五峰后河、江西马头山、湖南壶瓶山3处自然保护区为华南虎放归自然试验区。之所以选择壶瓶山，是因为湖南历史上是华南虎核心分布地之一。壶瓶山国家级自然保护区面积666平方公里，保护区内的核心区域在历史上也是华南虎重要栖息地，同时也是国内外专家反复论证后，公认的优良华南虎野化放归地。

业等。第三产业主要指林业休闲服务业和森林旅游业，是一种新兴旅游形式，反映森林除了可提供木材、改善生态环境之外，还有休闲娱乐和康养保健的潜力。据统计，虽然全省林地面积有所减少，但全省林业总产值仍保持递增势头不变（见表1），2015~2021年实现年均增速为8.98%，2021年已达到5404.84亿元，林业第一产业总产值2021年达1785.71亿元，与2015年的1086.12亿元相比，增加了699.59亿元，年均增长8.64%，是林业市场发展的关键力量，成为实现农业农村现代化的支柱性产业。林业第二产业保持稳步上升态势，2015~2021年产值增长额达700.00亿元，年均增长率为8.13%，有效推动湖南林业产业健康可持续发展，成为林业发展的关键支柱和有效牵引力量。林业第三产业产值2021年实现1735.45亿元，与2015年的969.04亿元相比，增长额高达766.41亿元，年均增长率超10.20%，发展势头强劲，占林业总产值的比例逐渐攀升，成为极具增长潜力的朝阳产业。

表1 湖南林业发展总体状况

分类项	单位	2015年	2016年	2017年	2018年	2019年	2020年	2021年	年均增速(%)
林地面积	万公顷	1299.8	1300.61	1300.7	1299.88	1299.57	1298.56	1288.43	-0.15
林业总产值	亿元	3225.46	3736.32	4255.49	4656.98	5029.77	5099.00	5404.84	8.98
林业第一产业产值	亿元	1086.12	1222.42	1384.45	1525.08	1644.84	1716.73	1785.71	8.64
林业第二产业产值	亿元	1170.29	1365.93	1467.40	1578.66	1674.45	1730.58	1870.29	8.13
林业第三产业产值	亿元	969.04	1147.97	1403.64	1553.24	1710.48	1651.69	1735.45	10.20
林业第一产业占比	%	33.67	32.72	32.53	32.75	32.70	33.67	33.04	—
林业第二产业占比	%	36.28	36.56	34.48	33.90	33.29	33.94	34.60	—
林业第三产业占比	%	30.04	30.72	32.98	33.35	34.01	32.39	32.11	—

二是林业稳步增长。从林业的五大产业发展情况来看，除了花卉产业外，其他四大产业规模均有大幅增长（见表2）。油茶产业2015~2021年实现年均增速达20.60%。截至2023年底，湖南油茶林总面积2327万亩，茶油产量32万吨，产值773亿元，累计获得国家科技进步奖二等奖3项，省部级奖项20余项，油茶面积、产量、产值和科研水平均居全国第一，油茶产业已成为湖南的特色优势产业和支撑县域经济的重要产业。林下经济七年整整增加了一倍多，年均增幅达14.13%。截至2023年底，湖南林下经济发展面积达3610万亩，占全省林地面积的18.8%，森林食品产量超1100万吨、产值605亿元，各项数据位居全国中上游。建有国家林下经济示范基地59个，是全国数量最多的省份，省级林下经济示范基地403个，省级林下经济科研示范基地8个，林下经济产品检测合格率保持在97%以上。近年来，通过不懈努力，湖南探索出了一条生态得保护、林下增效益的林下经济发展新路径。竹产业从2015年到2021年实现年均增速达12.05%，产值实现翻倍。2023年全省竹木产业产值达1225亿元，其中竹产业产值约594亿元，竹木产业已有国家林业重点龙头企业18家，省林业产业龙头企业185家，建有国家林业产业示范园区3家，省级现代林业特色产业园54家，竹木产业拥有中国驰名商标达20个，竹木产业规模化、集约化发展水平稳步提升。花木产业尽管近年呈现下降趋势，但经过多年发展，花木产业成为湖南林产业的重要组成部分。2023年全省花木种植面积132万亩，年直接销售额143亿元，全省现有花木龙头企业88家，其中国家级龙头企业5家，全省花木产业基本形成以长株潭生态绿心区为核心的“百里花木走廊”产业带，以邵阳、怀化、衡阳和湘西州为中心的食用与药用花木产业带和以城乡绿化和观光休闲为主题的城郊花木产业带。森林康养与旅游业从2015年到2021年实现年均增速达11.01%，从产值看，森林康养与旅游业产值占林业总产值的1/5以上，森林康养与旅游业作为生态民生福祉产业呈现蓬勃发展势头。

表 2　湖南林业的五大产业规模

单位：亿元，%

产业	2015 年	2016 年	2017 年	2018 年	2019 年	2020 年	2021 年	年均增速
油茶	223. 87	258. 86	305. 22	372. 73	471. 62	532. 06	688. 63	20. 60
竹产业	206. 40	233. 08	260. 49	284. 54	323. 04	343. 93	408. 56	12. 05
林下经济	223. 62	282. 56	309. 47	377. 69	383. 33	354. 59	494. 25	14. 13
花卉						139. 95	125. 23	-10. 52
森林康养与旅游	644. 75	796. 48	991. 68	1100. 00	1210. 72	1124. 80	1206. 40	11. 01

三是林业资源利用效率不断提高。从林产业资源利用效率来看，湖南单位林地面积产值逐年稳步上升，反映出湖南林地资源利用效率的提升，从总产值来看，单位面积的总产值由 2015 年的 24815 元/公顷，上升为 2021 年的 41949 元/公顷，每公顷产值增加 17134 元，其中林业第三产业产值增速最大，为 80. 67%。湖南林业的投入利用效率总体在提高，参见表 3、表 4。

表 3　湖南单位林地面积产值时序变化

单位：元/公顷

项目	2015 年	2016 年	2017 年	2018 年	2019 年	2020 年	2021 年
林业总产值	24815	28727	32717	35826	38703	39267	41949
林业第一产业产值	8356	9399	10644	11732	12657	13220	13860
林业第二产业产值	9004	10502	11282	12145	12885	13327	14516
林业第三产业产值	7455	8826	10791	11949	13162	12719	13469

表 4　湖南林业单位投入产值时序变化

单位：元/公顷

项目	2015 年	2016 年	2017 年	2018 年	2019 年	2020 年	2021 年
林业总产值	15. 74	14. 01	15. 66	14. 40	15. 10	18. 78	21. 82
林业第一产业产值	5. 30	4. 58	5. 10	4. 72	4. 94	6. 32	7. 21
林业第二产业产值	5. 71	5. 12	5. 40	4. 88	5. 03	6. 37	7. 55
林业第三产业产值	4. 73	4. 30	5. 17	4. 80	5. 13	6. 08	7. 01

四是林业发展主要指标均居全国前十位。从湖南与兄弟省份的林业发展对比中可以看出，湖南在林业发展建设中的投入较大，2021 年在全国居第五位，在中部省份排名第一位；林业总产值全国排名第七位，在中部居第二位，仅次于江西；林下经济发展全国排名第七位，在中部省份位居江西、湖北之后，位列第三；森林康养与旅游收益同样居全国第七位，在中部省份中紧随江西之后。可以看出湖南的林业产业资源非常丰富，林业建设和产业发展在全国各省份和中部省份中均排名靠前，是名副其实的林业大省。

表 5　湖南林业产业相关指标在全国各省份的排名情况

单位：万元

省份	林业投入	林业总产值	林下经济	森林康养与旅游
北京市	10	29	27	25
天津市	31	31	29	31
河北省	15	17	23	20
山西省	13	22	25	23
内蒙古	6	23	21	18
辽宁省	26	21	22	21
吉林省	16	19	19	19
黑龙江省	4	18	12	17
上海市	30	26	28	30
江苏省	27	9	14	11
浙江省	20	6	2	5
安徽省	22	8	9	9
福建省	17	3	4	10
江西省	11	5	1	6
山东省	24	4	15	14
河南省	21	14	13	15
湖北省	9	10	6	8
湖南省	5	7	7	7
广东省	12	2	11	3
广西	1	1	3	1
海南省	29	25	20	22
重庆市	18	15	16	12

续表

省份	林业投入	林业总产值	林下经济	森林康养与旅游
四川省	3	11	10	4
贵州省	2	12	5	2
云南省	8	13	8	13
西藏	28	30	31	27
陕西省	14	16	17	16
甘肃省	7	24	18	28
青海省	23	27	30	29
宁夏	25	28	26	24
新疆	19	20	24	26

（三）林业碳汇能力持续巩固提升

近年来，湖南省持续巩固提升林业碳汇能力，推动林业碳汇参与碳中和，拓宽林业碳汇价值实现路径。2023 年全年森林生态系统生态服务价值 12632.68 亿元，固碳价值 8.67 亿元。

一是强化顶层设计。编制《湖南省碳中和林业发展规划（2021—2030 年）》，为全省林业碳中和工作谋划总体思路布局。制定《湖南省林业碳汇行动方案（2022—2025 年）》，对全省林业碳汇工作的总体要求、重点行动、保障措施作出规划部署。同时建立湖南省林业碳汇综合管理平台，实现了直达基层的林业碳汇工作信息化管理。

二是开展林业碳汇测算。通过试点示范和林业大数据，明确了全省主要树种林业碳汇计量参数模型、全省林业碳汇设计技术方法，建立各类森林碳汇计量监测模型。探索开展市、县级森林碳汇潜力评价，加强全省森林碳汇项目计量技术研究和湿地碳汇计量监测研究，建立以森林生态系统为主体，涵盖草原、湿地生态系统的林业碳汇计量监测体系。

三是开发“湘林碳票”。为推进林业碳汇发展，在全省共确定石门县、桃江县等 21 个县（市）作为林业碳汇试点地，鼓励地方先试先行。支持有关县（市）积极申报国家碳汇试点，江华县国有林场被国家林草局确定为国家级林业碳汇试点单位。同时结合深化集体林权制度改革，坚持以“建设体系、搭建平台、探索场景应用、实现价值服务闭环”为原则，确定全省怀化市和浏阳市、桃源县等6县（市、区）为湖南省2024年度“湘林碳票”应用先行区。

四是提高森林碳汇。持续推进森林扩面提质，加强森林可持续经营，精准提升森林质量，持续增加森林蓄积量，增强森林植被和森林土壤碳汇能力，建立省域范围森林碳汇增量横向补偿机制，鼓励社会资本参与碳汇林建设。落实森林生态效益补偿、天然商品林管护补助和停伐补助等措施。

二　湖南林业资源综合利用存在的问题

湖南作为林业大省，林业资源较为丰富，但从其资源品质、利用能力及支撑保障条件等方面来看，提升林业资源综合利用效能仍然面临着以下问题需要解决。

（一）林业资源产出效率尚需进一步提升

一是资源规模与产出水平不匹配。湖南林业用地面积1299.8万公顷，占全省国土总面积的61.4%，截至2022年底，湖南全省林木绿化率达59.98%，森林蓄积量达6.64亿立方米，草原综合植被盖度达86.54%。2020年、2022年湖南国土绿化工作考核连续两次在全国排名第一，成为国家林草局与湖南省人民政府部省共建的七个全国科学绿化试点示范省之一。但湖南林业总产值全国排名第七位；湖南拥有竹林面积120多万公顷，居全国第三位，但目前全省竹资源的开发利用率不足40%，产出水平没有充分展现资源规模的优势。

二是林业产业化发展水平低。湖南省主要林业产业为经济林（油茶、木本果树等）、花卉苗木、中药材等种植，以及林下养殖、种植等，产业化程度普遍不高。主要体现在：一是分散经营，组织化程度低。规模经济难以形成，经济效益难以提高。二是单位产量低。虽然湖南省油茶产量和产值均居全国第一，但是老油茶林和低产林占比较大，林业生产效率较低，资源利用率不高。三是林业科技水平低，集成创新能力较弱，引领性科技成果储备不足，传统粗放的开发利用方式严重制约了产业发展。

（二）林业资源质量有待进一步提高

湖南自然生态不缺量但缺质，从衡量森林质量的重要指标——森林蓄积量看，湖南省每亩森林蓄积量仅为全国平均水平的70%、世界平均水平的46%。森林质量整体偏低，意味着林地生态、经济、社会功能均不能充分发挥，布局还需调优，产业还需增效，管服还需做精。生态补偿标准不高，林业基础设施薄弱，绿色大省亟待向生态强省转型。重点林区与石漠化地区、矿区之间，森林生态与湿地生态、城市生态之间，生态建设与生态保护、生态修复之间，都存在着区域性、系统性与结构性的不平衡。

（三）资源综合利用能力亟须进一步提升

一是资源综合利用效能不高。湖南林业资源丰富，在林草资源综合利用方面也取得了一定成效，但整体而言，林地面积虽占全省国土总面积的61.4%，但林业产业总产值占比较低，2022年林业在农林牧渔总产值中仅占5.85%，占地区生产总值的比重不到1%，说明资源综合利用效率并不高。湖南林业资源综合利用效能主要体现在如下几个方面：首先，林业产业链条短，产品附加值低，大量原木和初级加工品直接销售，在林草资源的深加工、高附加值产品开发等方面，集成创新能力不足，未能充分挖掘其潜在价值，导致资源利用效益不高。其次，林业废弃物的回收利用率不高，枝皮回收利用率仅为30%左右，远低于发达国家水平。缺乏有效的循环利用机制，导致资源浪费。最后，林业科技创新对资源综合利用的推动作用有限，新技术、新工艺的推广应用不够广泛，影响了资源利用效率的提升。

二是林业合作组织培育不够充分。林业合作组织在林业发展方面具有一定优势，尤其是在帮助林农实现适度规模经营，提高经济、生态及社会效益方面优势明显，虽然湖南号称林业大省，但在林业合作组织培育方面还有较大提升空间，目前林业合作组织的发展仍存在诸多障碍：首先是大多数林农对合作组织的认同度并不高，参与的意愿也不够强。林业发展中“重生产、轻经营”的传统观念仍根深蒂固，林农观望和“搭便车”的心态较为普遍，据统计，目前全省农民参与人数在农村总人口中占比不到1/3。其次是产业优势不明显，合作条件还不够充分。湖南虽是油茶、毛竹、花卉苗木等资源大省，但这些产业还未形成突出优势；林业产业大多依照传统经验进行运营，科技成果及标准化生产推广还需要进一步发力。再次是监管松散，政府财政资金的引导效果不明显；此外，合作组织内部管理不规范、财务制度不完善等问题尚未完全消除。

三是林业新型经营主体发展欠佳。一是新型经营主体人才短缺问题较为严重，致使林业专业化集约化的发展模式难以推广。二是新型经营主体的内部经营管理不够规范。多数新型主体的经营规模偏小，集聚程度不高、存在技术力量不足且经管人才较为缺乏问题，致使其短期内难以向产业化、规模化、集约化方向转型，在市场化竞争中缺乏有效的竞争优势。三是社会配套服务尚不完善。与新型主体发展密切相关的社会融资平台、技术交易平台及土地流转平台等配套服务尚未形成体系，难以有效实现资源的合理配置。

（四）支撑保障能力还需进一步强化

一是硬件设施薄弱。当前湖南省林区网络基础设施、人工智能设施、物流配送设施等极不完善，严重影响了林业资源的保护、管理和开发利用，以及林产品的生产加工、宣传及销售。据湖南省林业局统计，目前湖南省林区网络覆盖率仅为约60%，远低于全省平均水平（90%）。特别是在偏远山区和自然保护区，网络信号弱、带宽低，严重影响了林业数据的实时传输和远程监控能力。全省仅有约20%的林业监测站点配备了智能识别系统，如无人机巡检、智能摄像头等，远低于全国平均水平（40%）。由于缺乏高效的人工智能监测系统，部分林区仍然依赖传统的人工巡查方式，不仅效率低下，而且难以做到全面覆盖和及时发现病虫灾害。

二是科技保障支撑力度较弱。全省林业科技创新研发平台数量不多，湖南省林业科技创新研发平台数量仅为全国平均水平的70%，且多数集中在省会和主要城市，基层和偏远地区缺乏有效的科技创新支持。研发平台建设投入不足，据统计，全省林业科技创新投入占林业总投入的比例仅为5%左右，远低于全国平均水平（10%）。由于资金不足，一些具有潜力的林业科研项目难以获得有效支持，以致研发进度缓慢、成果产出有限。成果转化较慢，林业科技成果转化率仅为约30%，远低于全国平均水平（50%）。这意味着大量的科研成果未能及时转化为实际应用，对林业生产效率的提升作用有限。林业生产效率不高，故资源综合利用效率偏低。以油茶产业为例，湖南在油茶新品种选育、高效栽培技术等方面取得了多项科研成果，但出于成果转化机制不畅等原因，这些成果在实际生产中的应用效果并不理想。

三是人才队伍建设亟须加强。现有的森林资源管理人员和基层技术人员年龄结构老化、知识储备不足，加上技术手段落后、设施设备不足等问题，使得森林资源监测、管理基础设施难以满足现代林业管理工作的需要，影响森林资源管理活动的正常开展。此外，在电商运营过程中，不管是销售前的产品选择、产品宣传，还是销售中的产品使用介绍、客户服务及销售后的反馈总结等都需要各方面的专业人才，湖南省林业从业者主要是农村人口，林业电商发展进程严重受阻。

四是品牌建设与作用发挥不够。林业电商平台建设滞后，信息化的管理手段、技术支撑仍需完善，全省地理标志产品数量不少，但真正形成影响力的品牌不多，客观上存在新型媒体利用不力、信息传播不畅问题，市场开拓能力需要加强。林业电商平台的建设相较于其他省份或行业确实存在滞后现象。尽管近年来湖南林业企业开始尝试利用电商平台进行产品销售，但整体规模和影响力仍较小。部分林业企业尚未建立自己的电商平台，或者即使建立了平台也面临着运营不善、流量不足等问题。这导致林业产品的销售渠道相对单一，难以充分满足市场需求。以油茶产业为例，湖南省政府出台了《湖南省油茶产业发展三年行动方案（2023~2025年）》，大力支持油茶产业发展，但目前市场上真正具有全国影响力的油茶品牌仍较为有限。尽管油茶产量和品质均有所提升，但品牌知名度和市场占有率还有待提升。主要原因是品牌宣传不足、市场开拓能力有限以及品牌建设投入不够等。

三　提升湖南林业资源综合利用效率的对策建议

（一）加强特色基地建设，提升林业规模化产业化水平

通过有效建设特色产业基地，着力提高林业产业化发展水平。一是加强本地油茶选优和种源繁育工作，因地制宜发展以油茶为主的木本油料作物基地。二是完善现有中药材基地发展，创建富硒林药业示范基地，积极争取中药材种植补贴试点项目，保护好安化黄精、慈利杜仲、靖州茯苓等道地药材品牌，推动林业产业向高质量发展转型。三是创建一批集种苗培育、花卉展示与园艺观光于一体的综合性基地和现代化、规模化的花卉苗木示范基地，推动产业升级。四是加强林下经济示范基地建设。鼓励发展林—果、林—药、林—花、林—草、林—蜂等“林+N”经济模式，发展若干大规模连片的特色林下经济基地，发挥示范带动作用，辐射带动林农增收。五是加速建设一批高质量森林康养基地，争创全国森林康养基地试点，打造森林旅游示范景区标杆，深度推动森林康养产业发展。深度挖掘湖南古树名木的历史价值与文化底蕴，优化古树名木精品游览体验。科学规划并建设森林游步道，设计并推广体验式户外徒步线路，结合自然景观与人文故事，打造湖南林业旅游的新名片，吸引更多游客深入探索自然之美。

（二）推动系统集成，提升林业资源质量

提升湖南林业资源质量是一个系统工程，需要政府、企业和社会各界的共同努力和密切配合，注重系统思维，多方发力提升资源质量。一是科学规划与布局。根据湖南的自然条件、生态状况和社会经济发展需求，制定科学合理的林业发展规划，明确林业资源质量提升的目标、任务和措施；优化林业资源配置，合理布局各类林业用地，确保不同类型的林业用地得到科学配

置和有效利用。二是加强生态修复与保护。继续推进森林质量精准提升工程，通过抚育间伐、补植补造、更新改造等措施，优化林分结构，提高林分质量。加强湿地保护与修复，加强湿地保护区的建设和管理，开展湿地生态修复工程，恢复湿地生态功能。此外，构建生物多样性保护网络，加强珍稀濒危野生动物及其生境保护，维护生态平衡。三是加强管理与监督。严格林地管理，防止林地非法流失和破坏。加强林业执法，严厉打击乱砍滥伐、非法占用林地等违法行为。充分利用信息科技提高资源保护与管理的信息化水平，完善监测体系，及时掌握林业资源动态变化情况，为科学决策提供依据。

（三）深挖资源综合利用潜力

通过科技创新和产业创新相互促进，形成复合型立体林业经济，提高林地利用率和产出率、资源综合利用的集成创新能力。一是深挖林下经济发展潜力。科学利用林业资源，合理规划布局，扩大林下种植、养殖规模效益。通过大规模连片的特色林下经济基地建设，大力发展林下种养产业和特色林下经济品牌采集加工业。二是培育林业合作组织发展。加强林业合作组织培育，提高林农对合作组织的认知，改变其“重生产、轻流通、轻经营”的观念；注重科技成果转化应用及标准化生产推广，通过科技参与构筑产业优势。同时加强林业合作组织的监管，发挥政府财政资金的引导作用。三是大力培育新型涉林市场主体。其一，鼓励涉林龙头企业发展木本粮油、林业生物医药、特色林果等精深加工，培育一批精深加工林业龙头企业，建成“产、学、研”一体化的科技型骨干企业群，形成生产、科研、加工、经营一条龙的产业链。其二，推广“公司+基地+农户”或专业合作社等经营模式，促进林业产业规模化、专业化、标准化经营，发挥聚集带动效应，促进当地农民增收。其三，积极组织涉林龙头企业参加林产品展销活动，引导龙头企业、专业合作经济组织树立品牌意识，增加科技投入，提高林产品竞争力，搭建产业合作、招商引资、经贸洽谈平台。以链式思维推进基地的产业联动发展，鼓励新型林业经营主体向规模化、集群化方向发展，深化多链融合，推动产业链提质增效，发挥基地特色产业集群的示范效应。

（四）着力发挥森林“碳库”作用

一是完善碳汇计量监测体系。编制湖南省碳中和林业碳汇实施方案，开展全省主要林分类型碳汇基线体系和林草、湿地碳汇计量监测体系建设，建立以森林生态系统为主体，涵盖草原、湿地生态系统的林业碳汇计量监测体系和全省林业碳汇管理平台。二是进一步夯实林业碳汇基础。坚决落实碳达峰、碳中和要求，持续推进森林扩面提质，加强森林可持续经营，精准提升森林质量，持续增加森林蓄积量，增强森林植被和森林土壤碳汇能力，培育森林碳汇资源，建设标准化林业碳汇基地，开发林业碳汇项目，提升生态系统碳汇总量。三是积极探索林业碳汇发展路径。逐步建立起政府导向投入、企业主体投入、社会广泛投入的多元投入机制，以及省域范围森林碳汇增量横向补偿机制。四是深化林权制度改革。围绕“3060”“双碳”目标和林业新质生产力的发展要求，紧扣集体林权制度改革的目标任务，推进森林资源综合利用提质增效，提升林业固碳增汇能力，着力构建湘林碳票政策体系，聚力打通“绿水青山”向“金山银山”的转化路径。着力推广林权改革“靖州模式”、林权抵押贷款“会同模式”，总结提炼怀化市作为湖南省首个生态产品价值实现机制试点城市，在生态产品价值实现机制探索过程中积累的经验，在全省予以推广，推动生态产品价值实现，打造生态价值实现机制的林业优质样板省份。

（五）进一步强化支撑保障能力

一是注重规划引领，合理化林业发展格局。将新型林业产业发展纳入“十五五”湖南林业总体规划。充分发挥林业资源禀赋优势，注重品牌效应，发挥龙头企业示范带动作用，形成绿色生态、效益良好、特色鲜明、布局合理的林业产业发展格局。二是有序推进林业综合改革，释放改革红利。有序推进林业综合改革，完善集体林地“三权分置”运行机制和林权流转管理制度，创新林权抵押贷款及林权收储担保融资方式，探索林票制度、碳票制度、经营权融资担保机制、公益林补偿收益权质押担保贷款机制，激活林地流转经营利用活力，积极培育交易市场，让生态资源转化为富民资本。三是强化政策支持。积极争取国家扶持政策。将林业生产所需的农机费用纳入农机补贴，完善森林保险保费补贴政策。将发展特色经济林统筹纳入长防林、石漠化综合治理等生态工程建设规划。建立激励机制，安排资金用于支持林业产业发展，扶持特色林业市场主体做大做强。四是重视林区设施建设，加强硬件、科技和金融支撑。积极推动林区救灾防灾设施、物流配送等硬件设施建设和数智基础设施建设，加快促进智慧林业发展。推进产学研、林科教一体化建设，依托科研院所、企业和国有林场平台，加强高效经济林栽培和实用技术推广。搭建银企合作平台，加大对林业龙头企业、家庭林场、林农专业合作组织的信贷扶持力度，扩大林权抵押贷款规模，满足林农信贷需求。五是育引结合，建立高水平林业人才队伍。优化林业专业技术人才管理和激励机制，激发专业人才队伍活力。做好林业产业发展指导、培训等相关工作，组织开展林业专业技术培训和咨询服务，为林业高质量发展提供强有力的技术支撑。

B.7

郴州市产业绿色低碳转型研究

周新发*

摘　要：　绿色低碳发展是湖南省迈向新征程的必然选择，也是探索高质量发展的必由之路。近年来，湖南省郴州市委、市政府坚决贯彻落实习近平生态文明思想，不折不扣落实中央和省委省政府工作部署，全市绿色低碳发展取得长足进步。但产业绿色低碳转型任务依然艰巨。展望未来，要加快产业绿色低碳转型、推动“双碳”目标工作深入开展、促进新能源和清洁能源发展，并以此推动经济高质量发展。

关键词：　郴州　产业　低碳转型

“加快经济社会发展全面绿色转型”是贯彻落实习近平生态文明思想和党的二十届三中全会精神的必然要求①。2023 年 8 月，沈晓明书记在中共湖南省委十二届四次全会提出“大力推进美丽湖南建设，持续打好污染防治攻坚战，全面提升生态系统功能，加快发展方式绿色低碳转型”。郴州作为湖南“南大门”，是湘南承接产业转移示范区建设的主战场，也是湖南对接粤港澳大湾区的桥头堡，以及湘赣地域相连相通、文化交流融汇的重要区域，在湖南打造“三个高地”的过程中承担着重要使命和责任。

---

* 周新发，湖南省社会科学院（湖南省人民政府发展研究中心）区域经济与绿色发展研究所副研究员，主要研究方向为生态经济学、区域经济学。

① 《中国共产党第二十届中央委员会第三次全体会议文件汇编》，人民出版社，2024。

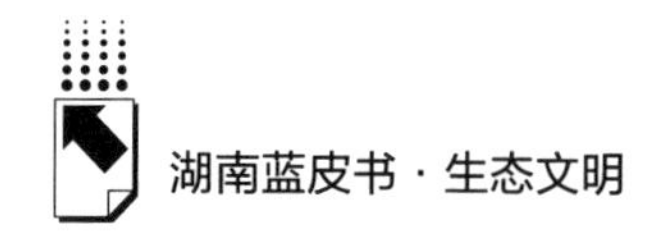

一　郴州市绿色低碳转型做法及成效

习近平总书记强调指出，“要加快推动发展方式绿色低碳转型，坚持把绿色低碳发展作为解决生态环境问题的治本之策”①。党的十八大以来，郴州市坚决贯彻落实习近平生态文明思想，不折不扣落实党中央、国务院和省委、省政府工作部署，积极推进绿色低碳转型。近年来，“生态郴州”彰显绿色优势，全市生态环境质量得到持续改善，环境风险得到有效管控，绿色发展水平明显提高，水生态文明建设“郴州模式”入选全省生态文明改革创新示范案例，绿色发展综合指数位居全省前列，在建设现代化新湖南中展现郴州新作为②。

（一）强化绿色低碳发展的规划引领与评价考核约束

一是制定和完善绿色低碳发展规划体系和实施方案。2021 年郴州市政府将绿色低碳发展纳入《郴州市国民经济和社会发展第十四个五年规划和 2035 年远景目标纲要》和国民经济和社会发展年度计划，并出台《郴州市“十四五”生态环境保护规划》。2022 年，郴州市制定出台了《郴州市节能环保产业“十四五”发展规划》，明确了节能环保产业发展的总体思路、重点领域、工作措施。2023 年 7 月，郴州市政府制定了《郴州市碳达峰行动方案》③，该方案指出，“十四五”期间，郴州市将显著优化产业结构和能源结构，提高能源利用效率，加快构建以新能源为主的新型电力系统，并推动绿色低碳技术的研发和应用。

郴州市工业和信息化局根据《湖南省工业领域碳达峰实施方案》的要求，结合郴州市发展实际制定了《郴州市工业领域碳达峰实施方案》，提出了全市工业领域碳达峰总体目标以及时间表、线路图、施工图，明确了重点任务、重大行动和实施路径。郴州市以建设国家可持续发展议程创新示范区为抓手，扎实开展矿山绿色转型、生活方式绿色低碳、生态环境质量提升、

① 习近平：《以美丽中国建设全面推进人与自然和谐共生的现代化》，《求是》2024 年第 1 期。

② 参考《湖南省“十四五”生态环境保护规划》。

③ 2023 年 7 月 16 日郴州市人民政府出台《郴州市碳达峰行动方案》（郴政发〔2023〕4 号）。

山水林田湖草系统保护等“四大绿色低碳行动”，大力实施东江湖流域水环境保护工程、资源综合利用产业基地群建设工程和绿色经济行动计划。

二是完善绿色低碳发展指标的评价考核制度。郴州市牢固树立和切实践行“绿水青山就是金山银山”理念，牢记“共抓大保护、不搞大开发”“守护好蓝天、净土、碧水”嘱托，坚持生态优先、绿色发展，突出精准治污、科学治污、依法治污，深刻认识并准确把握经济社会发展面临的新形势、新要求，科学构建绿色低碳、环境质量、生态功能、风险防控、污染防治5个方面30项生态环保指标制度，将单位地区生产总值能耗等13项绿色低碳指标纳入全市高质量发展评价考核制度（见表1）①。大力实施节能目标责任评价考核制、能耗预警提示制，充分发挥考核指挥棒作用，全面构建绿色低碳发展考核评价体系。通过点对点督促指导，全面加强属地监管，督促项目单位扛牢节能主体责任，提升全市能效水平。

郴州市绿色低碳转型效果明显，工业能耗持续下降，2021~2023年，郴州市单位GDP能源消耗强度年度降幅分别为4%、3.3%、4.8%，均超额完成“十四五”能耗强度降低年度目标；全市大气环境持续改善，空气质量稳中向好，市城区空气质量连续六年达到国家二级标准，大气$PM_{2.5}$、优良率分别居全省第一位、第二位，重污染天数为0；水环境治理效果明显，53个国、省控断面达到或好于Ⅲ类水质比例为100%，东江湖水质连续9年保持湖库Ⅰ类，13个县级及以上饮用水达标率100%，舂陵江（桂阳段）获评全省美丽河湖；土壤环境总体稳定，全市未发生1起一般及以上突发环境事件。

表1　郴州市“十四五”生态环境保护规划指标体系

序号	指标分类	指标名称	单位	2020年	2025年	属性
1	绿色低碳	单位国内生产总值二氧化碳排放下降率	%	20	省定指标	约束性
2		单位国内生产总值能耗消耗降低率	%	20.83	15	约束性
3		非化石能源占一次能源消费比例	%	18.5	省定指标	预期性

① 参考《郴州市“十四五”生态环境保护规划》。

续表

<table>
<tr><th>序号</th><th>指标分类</th><th colspan="3">指标名称</th><th>单位</th><th>2020 年</th><th>2025 年</th><th>属性</th></tr>
<tr><td>4</td><td rowspan="8">环境质量</td><td rowspan="3">地表水</td><td rowspan="2">地表水环境质量达到或好于Ⅲ类水体比例</td><td>国控</td><td>%</td><td>100</td><td>100</td><td>约束性</td></tr>
<tr><td>5</td><td>省控</td><td>%</td><td>97.4</td><td>98.11</td><td>约束性</td></tr>
<tr><td>6</td><td colspan="2">地表水劣Ⅴ类水比例</td><td>%</td><td>—</td><td>0</td><td>约束性</td></tr>
<tr><td>7</td><td>地下水</td><td colspan="2">地下水劣Ⅴ类比例</td><td>%</td><td>0</td><td>0</td><td>预期性</td></tr>
<tr><td>8</td><td rowspan="2">集中式饮用水水源</td><td colspan="2">市级城市集中式饮用水源地水质达标率</td><td>%</td><td>100</td><td>100</td><td>预期性</td></tr>
<tr><td>9</td><td colspan="2">县级(含县级市)集中式饮用水水源达到或优于Ⅲ类比例</td><td>%</td><td>100</td><td>95.8</td><td>预期性</td></tr>
<tr><td>10</td><td rowspan="2">大气环境</td><td colspan="2">市级城市空气环境质量优良天数比例</td><td>%</td><td>95.4</td><td>95.5</td><td>约束性</td></tr>
<tr><td>11</td><td colspan="2">市级城市 $PM_{2.5}$ 年平均浓度</td><td>ug/m^3</td><td>28</td><td>27</td><td>约束性</td></tr>
<tr><td>12</td><td rowspan="5">生态功能</td><td colspan="3">生态质量指数(新 EI)</td><td>—</td><td>—</td><td>稳中向好</td><td>预期性</td></tr>
<tr><td>13</td><td colspan="3">森林覆盖率</td><td>%</td><td>68.1</td><td>≥68%</td><td>约束性</td></tr>
<tr><td>14</td><td colspan="3">湿地保护率</td><td>%</td><td>72.09*</td><td>72.09</td><td>预期性</td></tr>
<tr><td>15</td><td colspan="3">生态保护红线面积</td><td>万公顷</td><td>38.8*</td><td>不减少</td><td>预期性</td></tr>
<tr><td>16</td><td colspan="3">自然保护地面积占国土面积比例</td><td>%</td><td>10.91*</td><td>不降低</td><td>预期性</td></tr>
<tr><td>17</td><td rowspan="4">风险防控</td><td colspan="3">受污染耕地安全利用率</td><td>%</td><td>91</td><td>省定指标</td><td>约束性</td></tr>
<tr><td>18</td><td colspan="3">重点建设用地土壤污染风险管控率</td><td>%</td><td>—</td><td>省定指标</td><td>约束性</td></tr>
<tr><td>19</td><td colspan="3">工业危险废物处置率</td><td>%</td><td>—</td><td>安全可控</td><td>预期性</td></tr>
<tr><td>20</td><td colspan="3">医疗废物无害化处置率</td><td>%</td><td>100</td><td>100</td><td>预期性</td></tr>
<tr><td>21</td><td rowspan="10">污染防治</td><td rowspan="4">污染排放</td><td colspan="2">化学需氧重点工程减排量</td><td>吨</td><td>—</td><td>10500</td><td>约束性</td></tr>
<tr><td>22</td><td colspan="2">氨氮重点工程减排量</td><td>吨</td><td>—</td><td>700</td><td>约束性</td></tr>
<tr><td>23</td><td colspan="2">氮氧化物减排</td><td>吨</td><td>—</td><td>3674</td><td>约束性</td></tr>
<tr><td>24</td><td colspan="2">挥发性有机物重点工程减排量</td><td>吨</td><td>—</td><td>936</td><td>约束性</td></tr>
<tr><td>25</td><td rowspan="3">生活污水</td><td colspan="2">城市生活污水集中收集率</td><td>%</td><td>—</td><td>≥70</td><td>预期性</td></tr>
<tr><td>26</td><td colspan="2">乡镇污水处理设施覆盖率</td><td>%</td><td>25.7</td><td>100</td><td>预期性</td></tr>
<tr><td>27</td><td colspan="2">农村生活污水治理率</td><td>%</td><td>—</td><td>35</td><td>预期性</td></tr>
<tr><td>28</td><td>生活垃圾</td><td colspan="2">城市生活垃圾资源化利用率</td><td>%</td><td>—</td><td>省定指标</td><td>预期性</td></tr>
<tr><td>29</td><td rowspan="2">黑臭水体消除比例</td><td colspan="2">市级城市建成区</td><td>%</td><td>92</td><td>巩固提升，保持长治久清</td><td>预期性</td></tr>
<tr><td>30</td><td colspan="2">县级城市建成区</td><td>%</td><td>—</td><td>基本消除</td><td>预期性</td></tr>
</table>

注：“*”湿地保护率：国土三调对湿地定义发生改变，最终国家林草局发布统计标准和数据；生态保护红线面积：以省自然资源厅组织开展的生态保护红线优化调整和勘界定标结果为准；自然保护地面积占国土面积比例：以优化调整和勘界定标结果为准。

（二）强化系统治理，深入打好蓝天、碧水、净土保卫战

一是积极应对气候变化，开展温室气体核查工作。为了摸清自身的碳排放“家底”并紧密跟踪温室气体排放的趋势，郴州市组织开展温室气体清单编制工作。这一举措是科学制定减排策略、评估减排成效以及参与国际气候合作的重要基础。通过编制详细的温室气体清单，郴州市能够清晰地了解各领域的排放情况，为后续的减排工作提供数据支持和决策依据。温室气体清单编制工作将涵盖郴州市内各行业、各部门的碳排放数据，包括但不限于能源生产、工业制造、交通运输、农业生产、建筑等领域。为了确保温室气体排放数据的准确性和完整性，郴州市督促重点排放单位做好温室气体排放数据填报、报告核查等工作。

通过收集、整理和分析相关数据，郴州市形成了一套完整、准确的温室气体排放清单，为后续的减排行动提供有力支撑。自 2018 年开始，郴州市每年组织编制温室气体排放清单，万元 GDP 温室气体排放强度从 2018 年的 1514. 77 千克/万元，下降到 2022 年的 969. 47 千克/万元，整体呈下降趋势。郴州市在应对气候变化和减少温室气体排放方面采取的一系列积极有效的措施，不仅有助于降低郴州市的碳排放强度和提高生态环境质量，也为全国其他地区提供了有益的借鉴。

二是大力实施东江湖流域环境保护和治理“春雷行动”，并深入开展碧水、蓝天、净土保卫战。针对东江湖这一重要生态区域，郴州市大力实施东江湖流域环境保护和治理“春雷行动”，并出台一系列环境治理和保护措施。该行动旨在通过集中整治、强化监管、加强宣传等手段，全面提升东江湖流域的生态环境质量。不仅如此，为深入打好蓝天保卫战，郴州市构建了重污染天气防范应对预警预报体系，创新性地提出了“2+7”区域联防联控郴州新模式[①]，即加强与周边地区的合作，共同应对大气污染问题。这种区域联防联控的模式有助于形成治理合力，大大提高大气污染防治的效果。为

---

① 郭亮廷：《人民至上，生命至上》，《郴州日报·今日郴州》2023 年 2 月 16 日。

深入打好净土保卫战，郴州市加快推进国家级土壤污染防治先行区建设。通过实施土壤污染调查和风险评估、加强土壤污染源头防控、推进土壤污染修复治理等措施，郴州市的土壤环境质量得到了有效改善。这一系列举措不仅有助于保护土地资源，还促进了农业的可持续发展。

通过全方位、多层次的努力，郴州市的生态环境质量得到了全面提升。2023年，城市空气质量优良天数比率达到95.1%、地级城市$PM_{2.5}$年平均浓度31微克/立方米等指标均位于全省第一位，达到或优于Ⅲ类水体占地表水的比例为100%，土壤环境总体稳定，绿色矿山从19家增加至112家。

三是持续推进生态环境问题整治。郴州市在生态环境问题整治方面采取一系列措施并取得显著成效，充分展示其坚定走绿色发展道路、守护绿水青山的决心和行动力。第一，强化领导责任与机制创新。郴州市通过建立书记市长督战机制和市领导对口联系机制，不仅明确了高层领导的责任，还通过对“硬骨头”问题的认领，形成了上下联动、齐抓共管的良好局面。这种机制创新有效推动了流域性、区域性等复杂生态环境问题的整改，为其他地区提供了可借鉴的经验。第二，闭环管理机制提升整改效率。郴州市实施“发现问题、解决问题、巩固成效、整改销号”的闭环管理，确保了问题整改的系统性和有效性。销号率的显著提升，不仅反映了整改工作的扎实推进，也体现了政府对环保督察反馈问题的高度重视和快速响应能力。第三，严格环境监管执法。郴州市加大环境监管执法力度，2023年共办理行政处罚案件296件，其中移送拘留30件、环境污染犯罪案件16件，彰显了郴州市对环境违法行为的零容忍态度。这不仅震慑了潜在的违法者，也提升了公众对环境保护的法治意识，为构建良好的生态环境法治秩序奠定了基础。第四，全面排查与风险防控。郴州市深入开展“利剑”行动，对全市环境风险隐患问题进行全面排查和整治，有效管控了环境风险，保障了生态安全。同时，通过跨界流域突发环境事件联合应急演练，加强了区域间的合作与联动，提升了应对环境突发事件的能力。

通过在生态环境问题整治方面所采取的一系列措施，郴州市持续深入打好污染防治攻坚战，全市生态环境治理工作取得了显著成效。2023年中央和省环保督察反馈问题销号率由 2022 年底的 63.5%提升至 80.9%，全市未被上级约谈或挂牌督办一起，污染防治攻坚战考核没有出现减分项；郴州市生态环境局获评全国“打击危险废物环境违法犯罪和重点排污单位自动监测数据弄虚作假违法犯罪”专项行动（简称“两打”专项行动）表现突出集体①，有力地管控了环境风险隐患；深入开展“利剑”行动，全市 491 个环境风险隐患问题全部完成整治或管控，获评湖南省 2023 年“利剑”行动先进市州。

（三）聚焦工业领域，加快推进绿色制造和新能源产业发展

一是加快构建绿色制造体系。按照生产洁净化、废物资源化、能源低碳化原则，郴州市围绕有色、建材、化工等重点行业，实施绿色园区、绿色工厂企业培育行动，推动 15 家园区或企业列入湖南省绿色制造体系创建计划；促进绿色低碳循环发展经济体系建设，开展两轮园区循环化核查，全市 13 家园区循环化改造成效显著；推进淘汰了一批落后产能，累计关闭退出工业燃煤锅炉 86 座、造纸生产线 248 条，取缔冲天炉 261 座，关闭高污染企业 169 家；郴州市推动能耗双控（能源消费总量和强度双控）向碳排放双控（碳排放总量和强度双控）全面转型，2023 年郴州市万元规模工业增加值能耗下降 11.6%。

近年来，郴州市持续深化生态文明建设，大力推动绿色低碳循环发展。按照中央和省级有关规定，制定《2023 年利用技术标准依法依规推动落后产能退出工作方案》（郴工信发〔2023〕24 号），全面细致排查淘汰落后产品及生产工艺装备，发展绿色低碳产业。目前，全市已创建国家级绿色园区 2 个、省级绿色园区 5 个，创建国家级绿色工厂 9 个、省级绿色工厂 30 个。其中，东江湖大数据中心荣获“国家绿色数据中心”称号，是湖南省唯一

① 为深入贯彻落实《中共中央　国务院关于深入打好污染防治攻坚战的意见》，生态环境部、最高人民检察院、公安部联合组织开展了“两打”专项行动。这一行动旨在严厉打击环境违法犯罪行为，保障生态环境安全，推动生态文明建设。郴州市生态环境局在此专项行动中表现突出，获得了国家级通报表扬。

获得认证的增强级（A 级）数据中心，推动郴州市绿色低碳发展走在全省前列，为实现碳达峰、碳中和目标贡献力量。

二是新能源资源与能源产业链协同推进。紧扣产业、能源关键领域，郴州市大力引进分布式光伏发电等清洁能源项目，提升清洁能源消费比重，提高能源利用效率，构建清洁、高效、低碳的工业用能结构。先后引入三一郴州风电、龙源光伏等一批新能源龙头企业，全力构建绿色清洁的现代能源体系。目前，郴州市风、光、水等可再生能源装机规模 566 万千瓦，占总装机规模的 98%，2023 年可再生能源发电 69 亿千瓦时，占全社会用电量的 48%。突出发展风电光伏，已建成投产风电、光伏发电规模 385.97 万千瓦，位居全省第二，占全市电力装机规模的 67%。建成投产新型储能总规模 35.15 万千瓦/70.3 万千瓦时，排名全省第二。2022 年，随着郴州临武发现含锂矿产资源，郴州市抢抓锂电新能源产业发展风口，明确锂矿“资源—材料—电池—装备—回收—尾砂尾矿利用”的全链条开发思路，由头部企业组建企业联合体，打造锂电新能源产业链。2023 年，郴州市锂电新能源产业集群规上工业企业 195 家实现营收 502 亿元，形成了涵盖含锂矿产资源采选、碳酸锂生产、正极材料、电芯、电池、废旧电池回收、尾砂尾渣综合利用的产业链闭环。2024 年，湖南省人民政府办公厅印发《支持郴州市锂电新能源全产业链高质量发展的若干措施》，目前郴州市围绕“锂”共引进项目 80 余个，签约总金额超过 1400 亿元，完成投资 400 亿元，科力远、威领股份 2 家上市公司总部迁址郴州。[①]

三是加快推进产业高端化发展。加快布局发展新一代信息技术、高端装备、生物医药等新兴产业。至 2023 年，全市已形成电子信息、新材料、装备制造、生物医药、锂电新能源为主导的新兴产业体系[②]，新兴产业产值占全市工业总产值 77.4%。结合郴州市实际和优势特色，科学布局打造“1221”现代化产业体系。郴州市全力推进国家工业资源综合利用示范基地

---

① 《城市产业名片故事①|“林中之邑”郴州 · 何以成为“有色之都”》，“郴州工信”微信公众号，2024 年 5 月 21 日。

② 白培生、邓明：《宜章县崛起五大新兴产业》，《湖南日报》2011 年 2 月 8 日。

建设，以示范建设牵引带动以资源循环利用为主的有色金属新材料产业。认真落实《湖南省“智赋万企”行动方案（2023～2025年）》，坚持以智能制造为主攻方向，推动产业向“科技化、智能化、低碳化、绿色化”迈进。如嘉禾锻铸造企业通过数字化转型，单位产能能耗环比下降了6.5%，生产效率提升了10%。炬神电子采用ERP和MES生产制造执行系统，人力成本降低10%，原材料库存周转率提升30%，企业单位产能能耗环比大幅下降。郴江实验室、湘粤（郴州）产业数字化创新研究院有限公司正式挂牌，银都研究院郴州市稀贵金属产业工业互联网“绿色双碳”服务平台、腾驰有色金属废料稀贵金属综合回收项目数字化网络化智能化系统建设等8个项目入围2023省“数字新基建”100个标志性项目。

二　郴州市绿色低碳转型面临的主要困难

近些年，郴州作为湖南省的“南大门”，对接粤港澳大湾区的“桥头堡”，在践行习近平生态文明思想、落实绿色低碳循环发展工作方面取得了显著成绩，但仍面临制约，绿色低碳转型的高能耗行业所占比重较大、“双碳”项目推动实施面临困难、新能源产业发展遇到瓶颈等因素，绿色低碳发展转型任务依然艰巨。

（一）高耗能行业能源消费总量规模大、占比偏高

一是高耗能行业企业数量多，在郴州市工业体系中占比高。郴州的高耗能行业主要集中在电力、有色、化工、建材等领域，这些行业的综合能源消费量占比较高。根据《郴州市高耗能行业能源消费情况简析》中的数据，2022年郴州规模工业企业中，六大高耗能行业（化学原料及化学制品制造业、黑色金属冶炼及压延加工业、有色金属冶炼及压延加工业、非金属矿物制品业、石油加工炼焦及核燃料加工业、电力热力的生产和供应业）企业数量达到478家，占规模工业企业的36.5%。这表明高耗能企业在郴州市工业体系中占有相当大的比重。

二是高耗能行业能源消费量巨大，在规模工业企业中的占比偏高。2022年，郴州市规模工业综合能源消费量为512.68万吨标准煤，其中六大高耗能企业综合能源消费量高达438.52万吨标准煤，占规模工业能源消费的85.5%。这一比例远高于全省平均水平，显示出高耗能行业在能源消费方面的主导地位。全市主营收入前20位的企业主要分布在资源型产业上，有色金属产业总产值占比较高，可持续发展、绿色发展压力大，而高新技术产业所占比重偏低，实现节能降耗的压力大。

（二）“双碳”项目（碳达峰与碳中和）推动实施面临困难

一是“双碳”项目技术创新不足。郴州市经济社会发展全面绿色转型的内生动力不足，符合条件的碳汇项目开发难度大；回报机制不够多元，“双碳”项目往往投入大、周期长。而目前国内低碳、零碳、负碳技术的发展尚不成熟，各类技术系统集成难，环节构成复杂，技术种类多，成本昂贵。郴州市在低碳技术研发和应用方面相对滞后，缺乏具有自主知识产权的核心技术。

二是资金与金融支持不力。一方面，资金投入不足。实现碳达峰和碳中和需要大量的资金投入，包括技术研发、产业升级、能源结构调整等方面。然而，目前政府和企业对此领域的投入不足，难以满足双碳项目的资金需求。另一方面，绿色金融发展滞后。绿色金融是支持双碳项目的重要资金来源之一，但郴州市的绿色金融发展滞后于实际需求，需要加快构建完善的绿色金融体系。

三是政策与制度保障不够。政策体系不完善。实现“双碳”目标需要完善的政策体系来支撑。然而，目前郴州市在碳达峰和碳中和方面的政策体系还不够完善，需要进一步加大政策制定和执行力度。制度保障不足。双碳项目的推进需要制度保障来确保各项措施的落实。然而，目前郴州市在制度保障方面还存在不足，需要加强制度建设和完善监管机制。

（三）新能源产业发展遇到瓶颈

一是新能源储能电价机制不完善。新能源配储能收益主要来源于电能量转换与辅助服务，但储能的诸多市场和价格规则尚未落地，定价机制不完善[①]。例如，桂东 100MW/200MWh 储能电站项目从运行至今充放电未结算，企业需要先预付生产用电且充电价格与其他工业相比没有优惠，放电价格全省也未统一制定。

二是新能源项目投入大，而利用率较低。新型储能建设虽然周期短、选址简单灵活，但初期投资成本较高。加上近两年原材料价格持续走高，预估投资回报周期较长，如桂东储能电站项目的投资回报周期预估为 15~20 年。为解决风电、光伏发电等新能源并网消纳问题，郴州市提出了新能源配储能的要求，但新能源电站配套储能利用率远低于火电厂配储能、电网储能和用户储能。这主要是因为尚未明确技术标准、转换效率、并网调度等方面。

三是绿色能源供需结构失衡。供给方面，本地清洁能源规模小，用电高峰期供应不足。郴州市华润鲤鱼江电厂（装机 196 万千瓦）作为国家“西电东送”电源建设项目，直送广东省，对本市电源不构成支撑作用。郴州市的清洁能源如风电、光伏发电等虽然有所发展，但装机容量小且散，负荷水平较低，电网消纳困难，调峰形势严峻，导致高峰期电力短缺、低谷期电力盈余的矛盾持续加剧。在需求方面，郴州的电力需求呈现夏冬双高峰、午晚双高峰的特点。电力需求季节性、时段性特性明显，峰谷矛盾突出，高峰时段供应保障难度大。工业用气比例低使得气量结构调节弹性小，进一步加剧了天然气冬季保障的难度。

三 郴州市绿色低碳转型的建议

建立健全绿色低碳循环发展经济体系、促进经济社会发展全面绿色转型是解决我国生态环境问题的基础之策[②]。下一阶段，郴州要深入学习落实党的二十届三中全会精神，全面贯彻习近平生态文明思想，坚持把绿色低碳发

① 张英英、吴可仲：《储能有望延续高景气度 2023 年或成为爆发之年》，《中国经营报》2023 年 2 月 4 日。

② 习近平：《习近平谈治国理政》（第四卷），外文出版社，2022。

展作为解决生态环境问题的治本之策，加快形成绿色生产方式和生活方式，坚定地走好绿色发展之路，为推动“美丽中国”“美丽湖南”建设作出新贡献。

（一）加快产业绿色低碳转型

加快推动形成绿色发展方式和生活方式，是发展观的一场深刻革命[①]。虽然郴州市绿色低碳发展水平整体还不高，在推动产业绿色低碳转型方面面临诸多挑战，但通过“健全绿色低碳发展机制”[②]，积极落实发展规划、优化产业结构、加强技术创新，可以逐步推动产业绿色低碳转型取得实效。

一是制定科学合理的“双碳”目标实现规划，明确各阶段重点任务和实施路径。根据郴州市的实际情况，制定科学合理的碳达峰碳中和政策和规划，明确各领域、各行业的目标任务。例如，郴州市政府已经出台《郴州市碳达峰行动方案》，明确了“十四五”和“十五五”期间的目标和任务。各级党委和政府要拿出抓铁有痕、踏石留印的劲头，明确时间表、路线图、施工图，推动将经济社会发展建立在资源高效利用和绿色低碳发展的基础之上[③]。

二是优化经济产业结构。坚持先立后破、通盘谋划，促进绿色低碳循环发展经济体系建设。大力发展绿色低碳产业。重点发展石墨新材料、大数据、有色金属等九大优势产业链，加大对新能源、新材料、节能环保等绿色低碳产业的培育力度，这些产业链的壮大为郴州市的经济增长注入新动力，推动传统产业转型升级。严格实施产能置换和淘汰落后产能政策，推动高能耗、高排放企业有序退出市场。坚决取缔“地条钢”等非法产能，有序关闭退出煤矿、非煤矿山、烟花爆竹等行业落后产能，有效降低高消耗、高污染、高排放产品的产量，提升产业的整体水平。

三是调整能源消费结构。明确节能降耗的具体目标，如“十四五”期

① 习近平：《习近平谈治国理政》（第二卷），外文出版社，2017。

② 《中国共产党第二十届中央委员会第三次全体会议文件汇编》，人民出版社，2024。

③ 习近平：《习近平谈治国理政》（第四卷），外文出版社，2022。

间单位 GDP 能耗降低 15%，每年需下降 3. 3%。这些目标为能源消费结构的调整提供明确的方向和动力。提高清洁能源使用比例。郴州市已经显示出增加清洁能源使用的趋势，包括风能、太阳能和生物质能。政府应继续推进这些可再生能源项目的建设，比如奇峰山风电场、荷叶坪风电场、冬瓜岭风电场二期工程、仰天湖风电场等项目。控制煤炭等化石能源消费。政府应出台更多的政策来支持清洁能源项目，并给予财政补贴或其他形式的支持以加速清洁能源的发展。通过减少煤炭的直接使用，提高其利用效率，并且鼓励使用天然气等较为清洁的能源来替代部分煤炭消费。

（二）政策发力推动“双碳”工作落地见效

实现“双碳”目标是一场广泛而深刻的变革，不是轻轻松松就能实现的[①]。这一目标的实现不仅依赖于技术层面的进步，更涉及经济社会发展的各个方面。只有通过技术创新、财政支持、金融支持、制度保障等多个方面的综合施策才能取得实效。

一是大力加强各种类型的绿色低碳技术研发和创新，从根本上推动经济社会绿色转型，实现可持续发展。要从根本上改善生态环境状况，必须加强产学研深度融合，建立产学研用相结合的科技创新体系，促进科技成果的转化和应用。鼓励企业、高校和科研机构建立紧密的产学研合作机制，通过共建研发平台、联合实验室等方式，实现优势互补和资源共享。以郴州市锂电新能源企业为例，支持岳麓山工业创新中心、湘江实验室与郴江实验室联合推动锂电新能源科技创新，推动关键技术攻关突破和先进产品产业化应用。加强高校、科研院所与企业的合作，共同攻克绿色低碳技术难题。支持企业开展技术创新和成果转化，加强科技成果应用，推动绿色低碳技术从实验室走向市场，形成产业化规模。加强绿色低碳领域的人才培养与交流，通过设立奖学金、举办学术论坛等方式，吸引和培养优秀人才。

二是加大对绿色低碳项目的财税与金融支持力度。实施支持绿色低碳发

---

① 习近平：《习近平谈治国理政》（第四卷），外文出版社，2022。

展的财税、金融、投资、价格政策和标准体系，加大对绿色能源项目的投资力度和财政补贴力度，降低绿色能源项目的投资风险。加大财政支持力度。对绿色低碳产业项目给予财政补贴、税收减免或优惠贷款等政策支持，降低企业转型成本，特别是在低碳技术研发、清洁能源开发利用、节能环保技术推广等领域，支持企业开展绿色低碳技术改造和升级。优化绿色金融服务。加大金融支持力度，创新绿色金融产品和服务方式，为绿色低碳产业提供多元化融资渠道，为双碳项目提供资金保障。推进政府和社会资本合作（PPP模式），利用 PPP 模式等吸引社会资金向生态保护、污染防治与绿色低碳领域投放，鼓励社会资本参与双碳项目的投资和运营。

三是完善绿色低碳转型政策支持体系。结合国家发展战略，制定和完善支持绿色低碳产业发展的专项政策，如减少碳排放强度、提高能源利用效率、推广清洁能源使用比例等，为产业绿色低碳转型提供政策保障。参与全国性绿色发展博览会，学习借鉴先进经验和做法，推动郴州市内各区域之间的合作与交流，共同推动绿色低碳转型，不仅展示郴州市在绿色低碳发展方面的成果和经验，也为与其他地区的学习和交流提供平台。同时，在新能源、节能减排等领域积极寻求与其他地区的合作机会，在风电、光伏等可再生能源项目的建设中，郴州市可与其他地区进行技术交流和资源共享。

（三）促进新能源和清洁能源发展

要“推进生态优先、节约集约、绿色低碳发展”[①]，把促进新能源和清洁能源发展放在更加突出的位置[②]，进一步完善储能电价机制、提升新能源利用率、优化绿色能源消费结构，为实现碳达峰、碳中和目标奠定坚实基础。

一是完善郴州市储能电价机制。完善郴州市储能电价机制是一个复杂而重要的任务，它直接关系储能项目的经济性和可持续发展。制定统一的电

① 《中国共产党第二十届中央委员会第三次全体会议文件汇编》，人民出版社，2024。
② 习近平：《习近平谈治国理政》（第四卷），外文出版社，2022。

价。郴州市发改部门和电力部门应联合制定统一的新型储能电价，明确储能电站的充电和放电价格，确保储能项目能够获得合理的经济回报。优化价格结构。根据储能项目的不同应用场景和贡献，制定差异化的电价政策，激励储能项目在电力系统中发挥更大的作用。建立补偿机制。对于因技术或市场原因导致的储能项目利用率不足，可以建立相应的补偿机制，减轻企业的经济负担。

二是提升新能源利用率。完善电价机制与政策支持。通过合理的电价政策激励储能项目参与电力市场交易，提高储能项目的利用率。同时，优化分时电价和峰谷电价机制，引导用户合理用电，降低新能源项目的弃电率。政府应继续加大对新能源项目的政策扶持力度，包括财政补贴、税收优惠、土地优惠等政策措施，降低企业的投资成本和运营风险，提高项目的经济性和可持续性。加强电网建设与调度。加强电网基础设施建设，提高电网的输电能力和稳定性，确保新能源项目发出的电力能够稳定接入电网并输送到用户端。充分利用智能电网技术，实现电力供需的精准匹配和智能调度，优化电力资源配置，提高新能源项目的利用率。

三是优化绿色能源消费结构。制定和完善能源发展规划、节能减排政策、清洁能源发展政策等。提高清洁能源占比。制定政策鼓励企业和居民使用清洁能源，如推广新能源汽车、实施“煤改电”“煤改气”工程等。加强清洁能源消费宣传，提高公众对清洁能源的认知度和接受度。鼓励企业采用先进节能技术，提高能源利用效率，减少能源浪费。推动能源结构调整和产业升级，落实煤炭消费减量措施，降低煤炭使用量，提高清洁能源比重。建立完善的能源管理和调度体系，加强对能源生产、消费和储备的监测和调控。推广智能化能源管理系统，提高能源利用效率和管理水平。加大对能源生产和消费领域的监管和执法力度，确保各项政策措施得到有效执行。严厉打击能源领域的违法违规行为，维护市场秩序和公平竞争环境，推动能源绿色低碳转型和高质量发展。

区 域 篇

B.8 创设湘江流域生态保护补偿试验区的对策研究

湖南省社会科学院（湖南省人民政府发展研究中心）课题组*

摘　要： 在湘江流域创设生态保护补偿试验区，既是进一步贯彻落实习近平生态文明思想、完善湖南流域生态保护补偿机制的迫切需要，也是湖南主动锚定“三高四新”美好蓝图、建设美丽河湖的直接体现。湖南创设湘江流域生态保护补偿试验区具备政策制度体系日臻完善、横向补偿模式基本形成、生态补偿效益日渐凸显等实践基础。建议湖南借鉴国内外先行地区的经验，积极争取国家层面全方位政策支持，设立湘江流域管理局，构建多元化补偿体系，探索多样化补偿方式，完善流域水资源管理体制。

关键词： 湘江流域　生态保护补偿　试验区

* 课题组组长：钟君，湖南省社会科学院（湖南省人民政府发展研究中心）党组书记、院长（主任）。副组长：侯喜保，湖南省社会科学院（湖南省人民政府发展研究中心）党组成员、副院长（副主任）。课题组成员：唐文玉、罗会逸、彭丽，湖南省社会科学院（湖南省人民政府发展研究中心）研究人员；彭丽娟，邵阳学院法商学院副教授。

党的二十大报告提出，要推动绿色发展，推进美丽中国建设，完善生态保护补偿制度。党的二十届三中全会的决定指出，推进生态综合补偿，健全横向生态保护补偿机制，统筹推进生态环境损害赔偿。2012 年以来，湖南出台了大量有关流域生态保护补偿的政策法规，特别是湘江流域三个“三年行动计划”，为建立完善湘江流域生态保护补偿机制奠定了坚实基础。未来，湖南需积极谋划，争取国家层面全方位政策支持，借鉴国内外成功经验，设立湘江流域管理局，构建多元化补偿体系，探索多样化补偿方式，扩大生态要素保护范围，优化水资源管理制度，以保障湘江流域水资源合理高效利用。

一　创设湘江流域生态保护补偿试验区的战略意义

在湘江流域创设生态保护补偿试验区，既是进一步贯彻落实习近平生态文明思想、完善湖南流域生态保护补偿机制的迫切需要，也是湖南主动锚定“三高四新”美好蓝图、建设美丽河湖的直接体现。

（一）践行“守护好一江碧水”政治责任的重要举措

习近平总书记对湖南生态文明建设高度重视，每次考察湖南都提出明确要求，勉励全省守护好一江碧水。湘江干流全长 948 公里，它以占全省 40% 的面积，承载全省 60%左右的人口，贡献 75%以上的生产总值，在全省社会经济发展和生态环境安全方面具有极其重要的战略地位。探索创设湘江流域生态保护补偿试验区，深化多元化、市场化生态保护补偿制度改革，促进高品质生态环境及其生态产品持续供给，通过高水平生态环境保护不断塑造湖南新发展阶段的新动能、新优势，是湖南贯彻落实习近平总书记“守护好一江碧水”重要指示的关键抓手。

（二）破解湖南生态保护补偿制度难点、堵点的迫切需要

生态保护补偿涉及领域多、涵盖范围广、综合性强，现有补偿政策跨

领域衔接不够理想，跨区域协作有待增强。推动建设湘江流域生态保护补偿试验区，有利于明确地方各级政府、各类社会主体的责任，尽快解决长期存在的补偿周期不明确、协调机制不健全等问题，理顺水环境治理、水资源保护、水生态修复、水安全维护、水文化传承及岸线合理利用等多个层面的内在联系，实现全方位、立体化的生态保护与联动合作。此举不仅有助于推进山水林田湖草一体化保护模式的探索实践，且能有效促进生态产品价值实现机制的优化和完善，将进一步丰富我国生态文明建设的战略内涵。

（三）巩固试点成果、助力实施美丽中国战略的现实需要

湖南生态保护补偿十年试点，成功实施一系列政策文件，强化了生态文明制度体系建设，并在市场化补偿机制上取得突破，如“水质奖罚”等流域生态保护补偿创新做法。尤其 2012 年以来，湖南启动实施湘江保护与治理省“一号重点工程”，湘江流域水质持续改善，为全国树立了流域污染治理的成功典范。因此，创建湘江流域生态保护补偿试验区不仅是对湖南已有实践经验的巩固深化，更是对美丽中国战略的有力响应。将有力提升长江及湖南全域生态安全屏障功能，延续并强化湘江流域十年治理成效，强化市州间协调发展和共治合作，为湖南绿色经济转型注入新动力，助力美丽湖南建设迈向更高层次，向绿色发展新高度迈进。

二　创设湘江流域生态保护补偿试验区的实践基础

2012 年以来，湖南生态保护补偿加速推进，重点领域生态保护补偿机制不断细化实化，区域间生态保护补偿的合作网络织密织牢，生态保护补偿取得显著成效。

（一）生态补偿政策制度体系日臻完善

湖南积极响应国家生态文明建设要求，相继出台一系列关于生态保护补

偿的政策文件。通过《湖南省人民政府办公厅关于健全生态保护补偿机制的实施意见》《湖南省人民政府办公厅关于深化生态保护补偿制度改革的实施意见》《湖南省湘江流域生态补偿（水质水量奖罚）暂行办法》《湖南省流域生态保护补偿机制实施方案（试行）》（简称《方案》）等政策措施，构建了科学完备的政策框架体系。开展了两轮生态保护补偿试点，在实践中不断完善生态保护补偿的标准、方法和途径，为探索创设湘江流域生态保护补偿试验区积累了宝贵经验。

（二）流域横向补偿模式基本形成

《方案》明确将在湘江、资水、沅水、澧水干流和重要的一级、二级支流及其他流域面积在1800平方公里以上的河流，建立流域横向生态保护补偿机制。这一机制以水质改善为核心，坚持“只能更好，不能变差”的原则，上下游地区根据断面水质变化情况实施相互补偿，调动了各地保护水环境的积极性。截至2023年底，全省14个市州已全部签订横向补偿协议，县市区层面也已有95%以上完成签约。同时，省际横向补偿也在同步推进，已先后与重庆市、江西省签订了酉水、渌水两轮流域横向补偿协议，与湖北省就长江干流鄂湘段（首期）签署了流域横向生态保护补偿协议，探索在珠江流域建立横向生态保护补偿机制。

（三）生态补偿综合效益日渐凸显

随着生态保护补偿政策的有效执行，地方政府及相关部门对水环境质量的把控更为严格，湘江流域整体生态功能得到大幅提升。截至2023年11月底，湘江流域232个地表水考核评价断面水质优良率达99.6%，较2012年提高11.5个百分点，湘江干流水质稳定保持在Ⅱ类水平，重金属等关键污染物浓度均严格控制在Ⅱ类标准以内。尤为难得的是，在极大改善生态环境的同时，实现了高质量发展与高水平生态保护的深度融合。2022年，湘江流域8市财政收入占全省的比重已攀升至74.5%，较2012年提高9个百分点，生动诠释了“绿水青山就是金山银山”的理念。

三　创设湘江流域生态保护补偿试验区面临的现实困境

（一）补偿范围有限，“补什么”？

湖南生态补偿主要集中在重点生态功能区转移支付、公益林补助和流域生态保护补偿等方面。这一框架存在短板：即补偿范围偏窄，过度聚焦水质要素，割裂流域生态系统整体性，综合补偿作用发挥不足。部分流域层面开展的生态保护补偿，大多以跨界断面水质指标是否达标作为下游补偿上游的基准，只反映了水质变化对应的损益关系，难以体现上下游在下泄水量、水生态空间等方面的权责关系。同时，生态保护补偿机制涉及生态领域和要素多，生态功能价值差异较大，特别是水生态保护补偿，不同于森林、草原等生态要素在空间上相对固定的特点，具有流动性，并与陆域其他生态要素紧密关联，导致主客体损益关系及空间范围难以界定。

（二）补偿方式单一，“怎么补”？

湖南生态补偿方式以政府财政资金补偿为主，生态补偿资金来源和补偿方式单一，生态产品和资源的市场配置作用还未得到充分发挥，市场化、多元化生态补偿机制尚未建立。如湖南与湖北、江西等邻省签订的水生态保护补偿协议，基本都是政府协商为主，且周期短、运作机制不稳定，没有建立市场化长效补偿机制。随着经济高质量发展，碳排放量快速下降，碳价不断走低，碳汇交易的前景不容乐观。自然生态产品投入大而经济效益低，对社会投资者吸引力不足。因此，市场化生态补偿培育难度较大，对企业和社会公众的吸引力不足，这也决定了以财政转移支付为主体的生态保护补偿模式在短期内难以改变。

（三）补偿标准偏低，“补多少”？

湖南生态补偿标准偏低，远低于保障区域水质达标的环境治理成本、机会成本和直接损失，加上补偿资金使用限制较多，造成“资金等项目”的现象，生态保护补偿的激励作用难以充分发挥。从市（州）与县级层面看，现行生态补偿标准分别为每月 80 万元和 20 万元；以永州市为例，仅 2022 年一年内环保项目的实际完成投资额就高达 40.22 亿元，相比之下，现有生态补偿资金难以满足庞大的环保项目建设需求。从省际比较来看，2014～2023 年，湖南统筹安排用于流域生态保护补偿的资金总额为 10.4 亿元，其中投入湘江流域 6.0 亿元；而江西连续 7 年实施全流域生态补偿，累计筹集流域补偿资金 245.91 亿元。

（四）补偿协调较难，“谁来管”？

在生态保护补偿的实践过程中，受地区间发展目标、发展水平、自然地理条件及认知差异等诸多因素的影响，上下游地区在落实补偿政策时往往难以步调统一。各地政府在考虑自身利益诉求的前提下，对补偿方式与标准常有较大分歧，甚至出现以“尽量减少或避免补偿”的态度进行折中处理的现象，导致政策落实变了味。如某些地区虽然已签订生态补偿协议三年多时间，但实际并未发生任何补偿行为；另有一些地方，由于补偿标准设定不尽合理，上游地区反而成为下游污染行为的实质承担者，形成“反向补偿”。又如，湖南与广东在武水河流域生态补偿考核断面设置、水质标准方面迟迟不能达成一致。

四　国外流域生态补偿的经验及启示

（一）国外流域生态补偿的经验

1. 政府主导的公共支付补偿

政府主导的公共支付补偿是一种常见的生态补偿方式，它利用政府的宏观调控能力，通过财政手段进行资源调配和支付。在中国，这种补偿方式最为普遍，而在国外，如德国则更倾向于采用横向补偿的方式。

一是德国易北河流域补偿机制。德国的易北河横跨捷克和德国两国。20世纪90年代后，两国政府达成一致意见，旨在维护河流生态环境的可持续发展，并减少工业和生活用水对水源的污染。为此，两国政府设立了专项资金，用于水源保护和对上游地区进行资金补偿，以确保这些地区的经济发展不会因环保措施而受到严重影响。这种补偿机制不仅有助于保护河流生态系统，还促进了区域间的公平发展。具体而言，易北河流域的补偿机制涉及以下几个方面。资金来源：资金主要来自两国政府的财政预算，以及部分欧盟项目的支持；补偿对象：上游地区的农业和林业生产者，以及负责水源保护和水质监测的机构；补偿方式：通过直接支付、项目补贴和技术援助等多种形式，支持上游地区的生态农业和森林管理；成效评估：定期进行水质监测和生态健康评估，以确保补偿措施的有效性。

二是纽约卡茨基尔（Catskills）共同投资方式。纽约市为了确保其饮用水的安全和质量，采取了一种共同投资的方式。城市居民和政府共同筹集资金，购买卡茨基尔河上游的生态服务，以替代建立昂贵的水处理设施。这种做法不仅节省了大量的资金，而且有效地保护了水资源。通过这种方式，纽约市不仅节约了数十亿美元的水处理设施建设和运营成本，还确保了其居民能够享受到清洁安全的饮用水。纽约卡茨基尔共同投资方式的成功之处在于：资金筹集：资金来源多样，包括水费附加税、政府债券发行等；合作模式：城市政府与上游地区的地方政府建立了长期合作关系，通过合同协议明确双方的权利与义务；生态服务：主要包括水源涵养林的维护、湿地恢复、农田管理等；社区参与：鼓励上游社区参与生态项目，提升当地居民对生态保护的认识和支持。

三是巴西的生态增值税（Ecological Value Added Tax，EVAT）。巴西政府实施了一项名为“生态增值税”的政策，对那些积极参与生态环境保护的地方政府提供税收返还。这种机制激励地方政府更加注重生态保护，并通过税收优惠来补偿它们在生态建设上的投入。巴西的生态增值税不仅促进了地方政府的积极性，还提升了地方社区对于可持续发展的认识和参与度。该政策的主要特点是：激励机制：基于地方政府在生态保护方面的表现给予税收减免或返还；资金用途：地方政府获得的返还款项需用于生态项目，如森林恢复、湿地保护等；社区参与：鼓励公众参与决策过程，确保资金使用的透明度和公正性；绩效评估：定期进行生态效益评估，确保政策目标得以实现。

2. 政府引导的市场补偿

哥斯达黎加水电公司的生态补偿实践。哥斯达黎加一个私营的环球水电公司（EnergiGlobal，EG）面临因水源短缺而频繁停业的问题。当地政府帮助公司向国家林业基金支付一笔费用，以支持上游地区的植树造林活动。这种做法保证了水电供应的稳定，同时也促进了上游地区的环境保护。哥斯达黎加的做法证明，政府和私营部门的合作，可在保护环境的同时促进经济的可持续发展。该案例的关键点包括：合作模式：政府与私营水电公司合作，通过财政支持和政策指导，推动生态项目实施；资金分配：水电公司承担部分费用，政府提供补贴，共同支持植树造林等生态恢复活动；监管机制：建立有效的监管框架，确保项目的实施质量和效果；社区参与：提高当地社区对生态保护的认识，增强其参与感和责任感。

3. 市场化补偿机制

一是澳大利亚的水分蒸发信贷制度。澳大利亚的默里-达令（Murray-Darling）流域曾经因为过度伐木而环境退化。为了解决这一问题，政府推出了水分蒸发信贷制度。下游受益者需要向上游地区支付一定费用，这些资金被用于植树造林和其他恢复活动，从而改善了流域的环境状况。这种制度不仅提高了上游地区的经济收入，还促进了生态系统的恢复。该制度的成功要素包括：资金流转：下游用户向上游支付费用，用于生态恢复项目；信用机制：建立水分蒸发信贷系统，量化生态服务价值；项目管理：由专业机构负责项目的规划、实施和监督；市场机制：通过市场机制调节供需平衡，确保资金的有效配置。

二是美国的配额交易制度。在美国，某些流域实施了配额交易制度。这一制度通过设定用水配额来限制用户的用水量，并允许超出配额的部分在市场上买卖。这种机制鼓励用户节约用水，并通过市场机制促进水资源的有效分配。美国的配额交易制度不仅减少了水资源的浪费，还提高了水资源使用的经济效益。该制度的特点如下：配额分配：根据水资源状况和用户需求确定配额；交易市场：建立配额交易市场，允许配额在不同用户之间流转；价格机制：通过市场价格反映水资源的稀缺程度；监管框架：确保交易的公平性和透明度，防止市场操纵。

（二）国外生态补偿机制对湖南的启示

1. 明晰水资源供给双方的产权

要成功实施流域生态补偿方案，首先需要明确水资源供给双方的产权。这包括界定生态服务的买方与卖方之间的责任和义务，并建立一套可行的交易规则。例如，澳大利亚的水分蒸发信贷案例对象是水质保护，哥斯达黎加的环球水电公司中政府资助的是上游的植树造林，交易的对象是植树造林保护水源，其补偿对象明确，权利与义务、责任清晰明了，可以通过明确权利与义务来制定合理的补偿标准。湖南省可借鉴这些案例，明确上下游地区之间的权利关系，制定符合当地实际的补偿标准。

2. 生态补偿方案的实现要与其他政策的调整相结合

生态补偿机制往往需要与一系列政策和市场手段相结合才能取得最佳效果。政府和企业在保护环境的过程中发挥着互补作用，共同推动生态平衡和可持续发展。例如，哥斯达黎加的环球水电公司案例显示，政府的补贴有助于引导企业的环保行为，并促进生态市场的形成。湖南省在实施生态补偿机制时，应当综合考虑相关政策的影响，确保各项措施协同推进。

3. 政府和市场的作用相辅相成

在大多数情况下，政府扮演着主导角色，而市场机制则起到辅助作用。政府可以通过立法、监管和财政支持等方式促进生态补偿机制的实施，同时，市场机制则能够激发创新和效率，确保生态服务得到合理定价。湖南省可以探索建立一个既能体现政府主导地位又能充分发挥市场机制作用的生态补偿体系。

4. 鼓励和支持利益相关者组成利益集团

政府应该积极支持利益相关者形成利益集团，使其成为流域生态补偿中的重要参与者。这些利益集团不仅可以成为沟通平台，还可代表各方的利益，确保生态补偿机制的公平性和可持续性。湖南省可通过成立流域管理委员会或其他形式的利益集团，加强各利益相关方之间的沟通与协作，促进生态补偿机制的顺利运行。

总之，国外的流域生态补偿经验为我们提供了宝贵的参考。湖南省在设计和实施生态补偿机制时，可从国内外案例中吸取教训，结合本地实际情况，探索适合自身特点的生态补偿路径。通过政府和市场的共同努力，可以实现水资源的可持续管理和生态环境的长期保护。

五　创设湘江流域生态保护补偿试验区的对策建议

针对创建湘江流域生态保护补偿试验区面临的四大困境，借鉴国外的经验，湖南亟须完善现有补偿机制和进行系统性改革，注重政府引导、市场机制和法治建设的多轮驱动，结合技术创新和制度创新，实现湘江流域生态保护补偿的目标。

（一）积极谋划，争取国家层面全方位政策支持

一是要一体化推进政策引导与财政扶持。积极制定并向国家有关部门提交湘江流域生态保护补偿试验区的设立方案，旨在将其融入国家生态环保、水资源管理及区域协调发展等国家战略规划中，明确试验区的法定地位、战略目标、核心任务和配套政策措施。借鉴黄河流域生态补偿的成功实践，同步争取中央财政专项资金，并探索设立湘江流域国家级生态补偿基金，旨在为试验区的基础设施、科研项目、生态修复及创新补偿机制提供充足资金保障。

二是加强科技合作与人才引培，强化示范效应。加强与国家环保部门、科研院所的战略协作，聚焦关键技术攻关、监测网络体系建设、数据资源共享等方面，积极获取国家层面的技术支撑，并在高端环保人才引进与培养方面试点优惠政策倾斜。将湘江流域生态保护补偿试验区申报为国家级试点示范区，系统总结和定期报告工作进展和成效，通过打造成功案例，推动全国

范围内的经验借鉴和模式复制。建立跨部门协同联动机制，紧密对接水利部、生态环境部、财政部、自然资源部等部门，在项目审批流程、资金配置策略、政策法规制定等方面实现高效沟通与配合，确保试验区各项工作得到充分支持与协调落实。

（二）借鉴外省经验，设立湘江流域管理局

借鉴广东省东江、韩江等流域管理局（省水利厅直属正处级参照公务员管理事业单位）的管理模式，尽快设立湘江流域管理局，优化整合其运行机制。

一是依据国家法规政策及湖南实际加紧制定相关政府规章。明确湘江流域管理局的法定地位、职能范围、组织架构、审批权限和运作模式。该局将以水资源管理、生态环保、补偿实施及跨区域协调为核心任务，确保全面覆盖并高效治理整个湘江流域。

二是构建信息化管理体系与协同联动机制。搭建涵盖生态环境、资源利用、污染排放等多维度信息的数字化平台，定期公开流域保护治理成效、生态补偿资金使用情况等重要信息，强化动态监管与预警功能；推动各级政府、相关部门、科研机构、企事业单位和社会组织建立深度合作网络，设立跨地区、跨部门联席会议或协调机制，共同构建并完善生态保护补偿联动体系。

三是创新激励考核制度以提升实效性。设计兼顾公平与效率的绩效考核指标，将生态保护补偿工作成果纳入管理局及工作人员的绩效考核，并实行奖惩分明的激励机制，表彰并奖励取得显著成果的单位和个人，激发全流域参与生态保护的积极性和创造性。

（三）构建多元补偿体系，拓宽资金来源渠道

一是构建综合型补偿机制，激活多元资金渠道。政府层面应优化财政支出结构，加大对生态功能区和水源地的补偿力度，并设立专项基金扶持生态修复、水资源保护及绿色产业发展。同时，创新融合市场机制，建立生态补

偿基金，吸引社会资本广泛参与，通过发行绿色债券、环境权益交易等多元化金融工具筹集资金。此外，制定与修订相关政策法规，强化企业环保责任，使污染排放企业和资源开发企业承担生态补偿义务（如缴纳环保税、购买排污权），并鼓励其进行碳中和以支持流域生态保护活动。在此基础上，倡导公众和社会力量共同参与，沿岸居民、非政府组织等可通过众筹、志愿服务、公益捐赠等形式投身于湘江流域生态保护。

二是创新金融产品和服务，撬动更多社会资本。推出生态保险、推广碳汇交易、探索生态修复项目特许经营权拍卖等新型生态补偿模式，结合设立绿色产业基金、推广 PPP 合作模式及提供融资贴息优惠，有效引导和激励社会资本投入湘江流域环境保护与生态建设之中。

（四）探索多样化补偿方式，扩大生态要素覆盖范围

一是实现多元化补偿，加强能力建设。完善生态补偿机制，通过实物形式如基础设施建设和技术援助，支持实施退耕还林、退渔还湖等生态保护地区，提供替代生计来源。同时引入服务补偿模式，包括技术支持、培训教育等软性补偿措施，提升受偿方自我发展和持续保护生态环境的能力。拓宽生态产品价值实现渠道，在湘江流域等实践案例中，开展生态产品价值核算试点，建立科学评价体系，并推动生态旅游、绿色农产品产业及公益广告等多种业态协同发展，有效将生态资源转化为经济价值。

二是科学量化补偿标准，严格赔偿治理。制定全面且科学合理的补偿标准，设立包括水资源、土地、森林、湿地等在内的多元生态账户，量化各类生态要素的保护成效与损失程度，为补偿决策提供数据支撑。针对湘江流域特点，构建基于水体关键污染物指标（如高锰酸盐、氨氮、总磷、总氮）及水质稳定性系数和权重系数的综合补偿标准体系。

三是强化生态损害赔偿与恢复制度建设，对造成环境损害的行为进行有偿追偿，确保将所获资金用于受损区域的生态修复与综合治理工作。

（五）完善流域水资源管理体制，确保其合理高效利用

一是构建与完善水权市场体系及水资源管理机制。确立湘江流域内各区

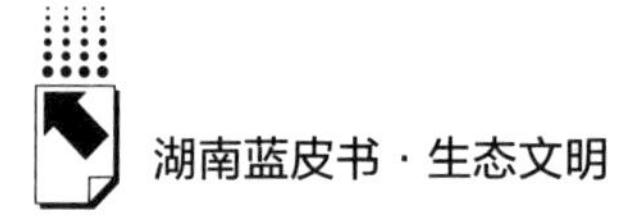

域、部门和社会主体的水资源权属，包括使用权、开发权和收益权，并在此基础上建立完善的水权交易制度，设立水权交易中心，以市场化手段促进水资源合理配置；强化水资源计量监测系统建设，实现实时监控和精确计量，确保所有水资源交易基于准确数据进行，并实现公开透明管理；实施严格的总量控制与定额管理制度，科学设定各地与行业用水上限，细化各类用水户的用水标准，确保流域水资源高效利用且不超过承载能力。

二是融合生态补偿与水资源保护策略。推行生态补水与补偿相结合的管理模式，设立专项生态补偿基金，激励上游地区通过减少消耗、恢复湿地等途径增加水源涵养，下游地区则根据实际生态效益支付补偿金；在保障生产生活用水的同时，充分考虑河流生态需水量，采取有效措施维护河流生态系统健康，确保湘江流域整体水资源管理能兼顾经济效益与生态平衡。

B.9

长株潭打造“双碳型”示范都市圈的对策研究*

傅晓华　黄　静　刘军武**

摘　要： 都市圈（城市群）是碳排放主阵地，加强“双碳型”示范都市圈建设是实现碳达峰、碳中和“3060”目标最重要路径，是贯彻党的二十届三中全会精神的重大举措。长株潭都市圈是湖南省经济发展的核心增长极，加强“双碳型”示范都市圈建设是实施湖南省碳排放双控战略的必然路径。长株潭“双碳型”示范都市圈建设面临的主要问题是能源结构偏石化能源、循环能源发展条件受限以及产业联动性不强等问题。对此，借鉴国内外典型低碳城市建设经验，处理好经济结构与碳排放关系，从减排降碳、技术改造、发展可再生能源以及申报碳交易试点等方面探寻长株潭“双碳型”示范都市圈建设的实践路径，为长株潭打造“双碳型”示范都市圈与高质量发展提供参考。

关键词： 长株潭　都市圈　“双碳型”示范

为应对全球温室效应，世界各国相继发布碳减排愿景。中国作为负责任的世界大国，承担国际责任、积极实施减排举措。美国特朗普政府退出《巴黎协定》以来，中国逐步走向主导全球保护环境舞台的中央，中国的

* 本文为湖南省哲学社会科学规划基金项目“农村环境治理与碳减排协同发展机制与路径研究”（22YBA120）阶段性调研成果。

** 傅晓华，中南林业科技大学生态环境管理与评估中心主任，教授；黄静，中南林业科技大学生命与环境科学学院，研究生；刘军武，湖南凯迪工程科技有限公司，正高级工程师。

“3060”目标成为世界关注的焦点。都市圈是全球碳排放的主阵地，中国要实现“3060”目标，都市（圈）碳减排是关键环节，减排降碳和技术改造，实现能源结构、生产方式以及生活消费的全面低碳化是根本路径。党的二十届三中全会强调了在“完善生态文明基础体制”“健全生态环境治理体系”“健全绿色低碳发展机制”方面的改革目标与主要任务。为了促进经济和社会的绿色发展与低碳转型，这是实现高质量发展的核心步骤，应当执行有利于绿色低碳经济的税收、金融、投资及定价策略，并构建相应标准体系，同时还需要建立健全鼓励绿色消费的机制，稳步推动实现碳达峰碳中和的目标。长株潭“双碳型”都市圈建设是“两型社会”建设的升级版，是全面贯彻党的二十届三中全会精神、提质长株潭都市圈发展能级和核心竞争力的关键举措。

一　中国都市圈碳排放状况及趋势

都市圈是城市集中区域，是人类经济社会活动分布最集中区域，也是碳排放的集中区。随着中国都市化的高质量与快速推进，碳排放高峰期集中分布在冬季供暖期（见图 1）。选择合适的时间节点和有效的路线图（见图 2），以实现碳排放峰值和碳中和的目标，是未来都市圈发展的重要方向。对于长株潭都市圈而言，需要提前布局，走在前列，以打造符合“双碳”目标的都市圈。

长株潭都市圈经济体量虽然难以比拟世界级国际大都市圈，但碳排放总量更低（见图 3）。国内长三角、珠三角、京津冀等大都市区碳排放总量都远超长株潭都市圈。与武汉、西安、郑州、成都等规模相近的都市圈及其省会城市相比，长株潭都市圈及其核心城市长沙的碳排放总量较低，其单位 GDP 能耗和人均碳排放也相对较少（见表 1），这表明长株潭都市圈已具备构建“双碳型”都市圈的良好条件。长株潭都市圈不仅需要寻找碳减排与经济增长之间的最佳平衡，还应积极推进产业升级和空间结构优化，以此来完善其低碳发展的空间布局。

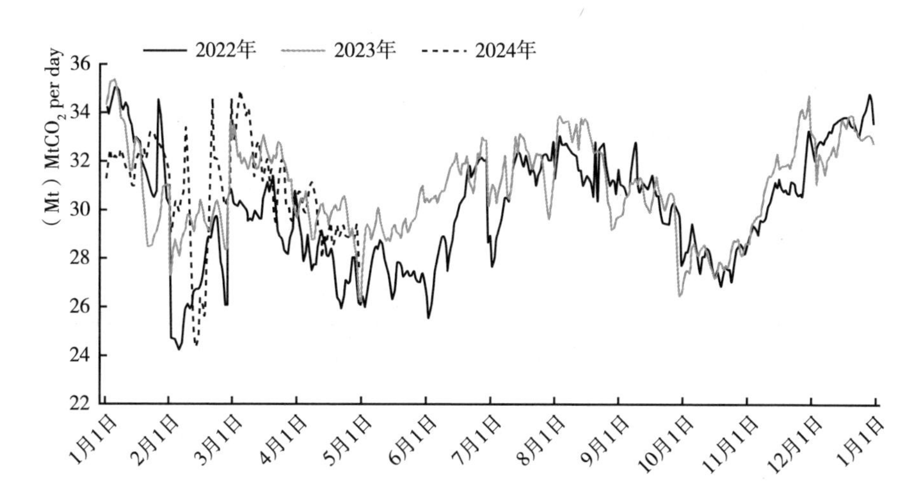

图1　2022~2024年全国碳排放变化量

资料来源：Carbon Monitor。

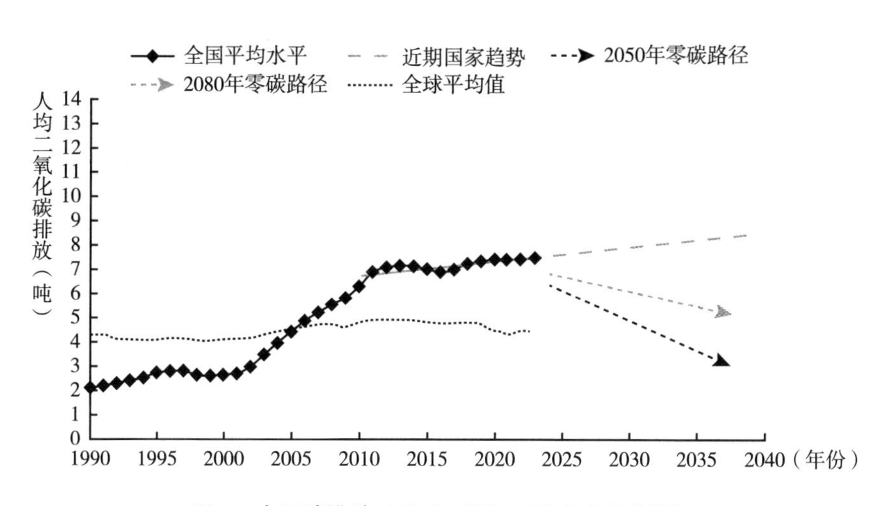

图2　中国碳排放（1990~2023）及未来趋势预测

资料来源：Berkeley Earth。

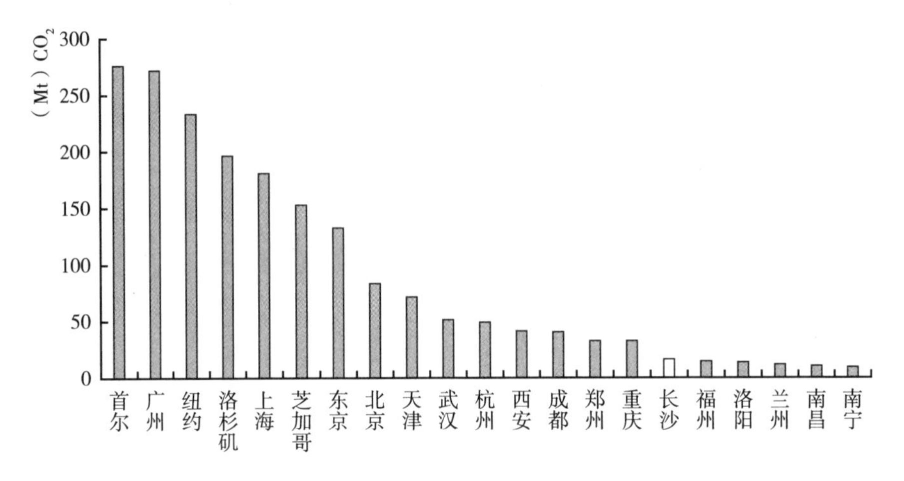

图3　全球典型城市碳足迹

资料来源：Global Gridded Model of Carbon Footprints。

表1　国内部分城市单位GDP碳排放及人均碳排放

城市	单位GDP碳排放(万吨/万亿元)	人均碳排放(万吨/万人)
广州	4766.10	7.35
武汉	7877.78	11.38
杭州	2897.40	4.30
西安	3432.26	2.46
成都	3491.81	3.60
郑州	5167.24	5.79
长沙	2797.41	3.87
福州	1417.92	1.51
南昌	4385.71	4.39
南宁	4446.67	2.76

资料来源：中国碳核算数据库（ceads.net）。

二　长株潭都市圈碳排放现状、挑战与经验借鉴

（一）长株潭都市圈碳排放现状

长株潭都市圈发展规划是继南京都市圈、福州都市圈和成都都市圈之

后，获得国家发改委批准的第四个都市圈发展规划。2022 年，湖南省人民政府正式发布了《长株潭都市圈发展规划》（以下简称《规划》），标志着长株潭都市圈成为国家级的重点发展区域。“十四五”期间，长株潭都市圈加快产业结构调整，加大节能减排力度，紧握规模以上工业企业低碳节能主抓手。2020~2022 年，长株潭都市圈单位 GDP 能耗一直在稳步下降（见表 2）。

表 2　长株潭都市圈三市单位 GDP 能耗（2020~2022 年）

单位：%

城市	年份	单位 GDP 能耗增长率
长沙	2020	-2.77
	2021	-3.3
	2022	-6
株洲	2020	-2.4
	2021	-3.2
	2022	-3.2
湘潭	2020	-2.52
	2021	-3.6
	2022	-3.5

资料来源：基于湖南统计年鉴综合计算所得。

目前，长株潭都市圈已经发展出装备制造、材料和消费品 3 个达到万亿元规模的产业，同时还拥有工程机械、轨道交通设备、汽车、电工电器、医药以及电子信息制造等 15 个产值过千亿元的行业，这些都促使规模以上工业增加值持续增长（见表 3）。经济结构的升级使得能源结构不断优化，清洁低碳化进程不断加快。2023 年，长株潭都市圈规模以上工业原煤总消费约 1233 万吨，比 2020 年减少 174 万吨，与 2022 年持平。以天然气、电力为代表的清洁能源消费不断增加，2022 年长株潭规模以上工业企业天然气消费约 10.18 亿立方米，比 2020 年增长 1.27 亿立方米；2022 年电力消费 293.39 亿千瓦时，比 2020 年增加 26.37 亿千瓦时（见表 4）。

表 3　长株潭都市圈规模以上工业能耗数据（2020~2022 年）

年份	城市	规模以上工业增加值增速(%)	规模以上工业能耗(万吨标煤)
2020	长沙	5.1	449.96
	株洲	5.1	383.87
	湘潭	3.4	746.51
2021	长沙	7.2	461.59
	株洲	11.7	386.62
	湘潭	9.6	798.80
2022	长沙	8.3	437.47
	株洲	8.3	376.01
	湘潭	7.3	911.58

表 4　长株潭规模以上工业企业消费数据（2020~2022 年）

年份	天然气消费(亿立方米)	电力消费(亿千瓦时)
2020	8.91	267.02
2021	8.44	289.15
2022	10.18	293.39

资料来源：基于湖南统计年鉴综合计算所得。

（二）长株潭都市圈“双碳”目标主要挑战

依赖制造业拉动，第三产业后劲不足。改革开放以来，长株潭三市更多依赖制造业快速发展（见图 4），对原材料和能源依赖程度比较大，必定对生态环境造成很大压力，城市热岛效应显著。如今，长株潭都市圈（长沙）夏秋季成为长江经济带“火城”之一，且高低温模式常出现“瞬间切换”，大大降低了长株潭都市圈生态系统服务功能。“十四五”时期以来，长株潭都市圈工业经济得到较好发展，不断调优产业结构，制造业绝对主体地位更加强化，势必对资源能源依存度继续冲高。长株潭都市圈能源储量匮乏，却肩负着制造业高端化与“双碳”目标的示范责任，因而强力推进产业结构转型升级是必然选择。这一进程的核心在于从高碳经济模式向低碳经济模式转型，并致力于将长株潭地区建设成为中部地区在生物技术、机械制造及新材料领域的国家级产业基地。同时，长株潭地区还将持续推动新兴科技产业、文化事业、信息技术服务、现代物流以及房地产业健康发展，并促进农业优质高效发展，力争在中部地区居前沿位置。

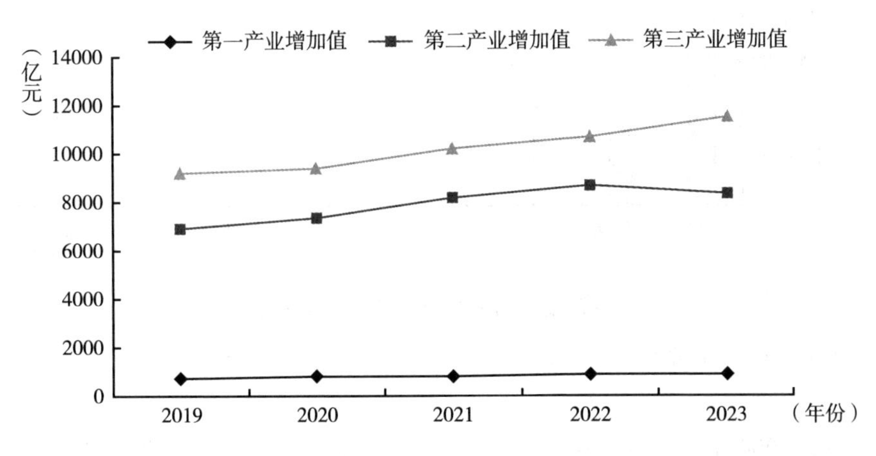

图 4　长株潭都市圈三次产业构成（2019~2023 年）

资料来源：湖南省统计局。

以传统能源结构为主，支柱产业有“碳性”。从能源构成的角度来看，目前长株潭都市圈的能源消耗主要依赖煤炭、石油和天然气等化石燃料，且电力主要依靠外部输入。这种能源结构受到经济发展状况和生产生活习惯的影响，在短期内较难实现根本性的调整。据统计，2023 年该地区工业原煤消费量占据了化石能源消费总量的 58.8%，并且存在较高的外部依赖性。长株潭都市圈内诸如非金属矿物制品、有色金属冶炼加工、制造业以及电力与热力生产和供应等行业作为支柱产业，其自身特性决定了它们属于高碳排放行业，从而使得该地区的碳排放量维持在较高水平，这也成为构建长株潭低碳都市圈的一大挑战（见图 5）。

能源资源储量不足，新能源发展条件有限。长株潭都市圈是一个能源资源相对贫乏的地区，主要依靠外部输入来满足能源需求，这在一定程度上影响了能源供应的稳定性和品质。尽管该地区以其优美的自然环境而著称，但受地理条件限制，如多雨寡照的特点，使得太阳能光伏发电的有效时长每年

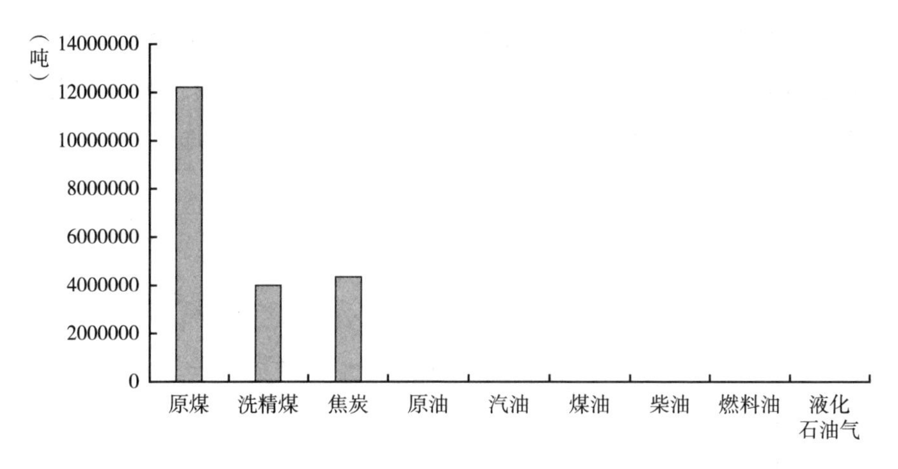

图5　长株潭都市圈工业能源结构（2023年）

资料来源：湖南统计年鉴。

大约只有900小时，并且缺乏足够的空间来大规模部署光伏设备。此外，由于长株潭地区的山地大多用于生态保护，不适合大规模开发风能资源。风力发电设施不仅在建设过程中可能破坏山体植被，而且其运行还可能干扰当地的生态系统，包括影响空中生物的活动模式及食物链结构，从而带来潜在的生态风险。考虑到湖南省是亚热带生物多样性的宝库，特别是作为许多候鸟迁徙路径上的重要节点，风力发电项目可能会对鸟类迁徙产生显著影响。例如，长株潭地区是通往洞庭湖湿地的重要通道，任何可能影响候鸟迁徙的建设项目都需要谨慎评估其生态影响。关于核电站的建设，考虑到核电站的安全性极其关键，且其建设和运营受到严格的政府监管，目前中国仅有少数几家具有核电运营资质的国有企业，如中核集团、中广核集团、国家电力投资集团以及中国华能集团。鉴于此，长株潭都市圈当前并不具备发展核电站的条件。

产业联动效应不强，第三产业“脱节”低端化。2023年，长株潭GDP 2.07万亿元（见表5），表明长株潭都市圈经济增长势头不错，虽然在发展质量和增长速度上，本地的大型工业企业相较于郑州、武汉、合肥及西安等城市存在差距，且产业集群化程度较低，未能充分发挥规模经济效益，但总

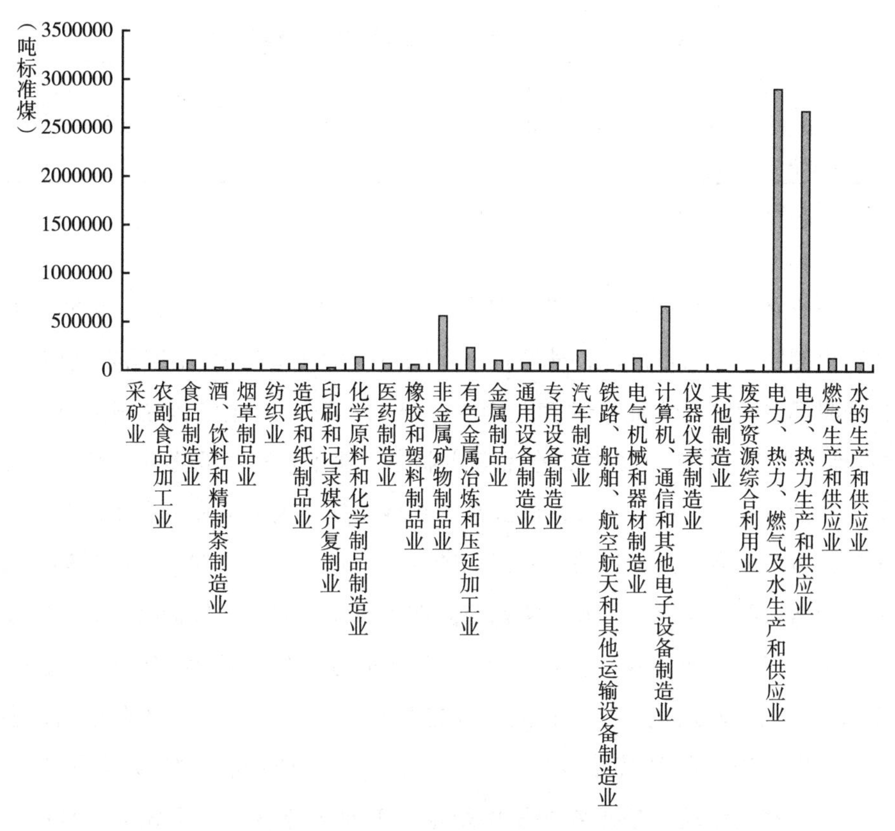

图 6　长沙规模以上工业企业能源按行业分组消费量（2023 年）

资料来源：湖南统计年鉴。

体工业增加值与国内其他领先城市相比，仍需进一步提升，以符合长株潭地区先进制造业中心的地位（见表 6）。

表 5　长株潭都市圈 GDP 概况（2023 年）

区域	GDP（万亿元）	同比增长（%）	产业增加值(亿元)/经济增长贡献率(%)		
			第一产业	第二产业	第三产业
长沙	1.43	4.8	451.9/3.2	5365.5/37.4	8514.6/59.4
株洲	0.37	5.2	276.2/7.5	1613.9/44.0	1777.8/48.5
湘潭	0.27	5.1	182.6/6.7	1381.5/50.4	1177.8/42.9
长株潭	2.07	—	910.7/—	8360.9/—	11469.2/—

资料来源：湖南统计年鉴。

表6 部分省会城市第二产业增加值（2023年）

项目	长沙	武汉	郑州	合肥	南宁	西安	福州
第二产业增加值(亿元)	5365.5	6800.9	5373.4	4642.2	1194.6	4146.9	4675.1
同比增长率(%)	5.6	5.1	11.1	7.1	1.1	6.2	4.8

资料来源：相关省份统计年鉴。

产业之间关联度不高，尤其是第三产业与第一、第二产业“脱节”并低端化发展，尚未形成与长株潭都市圈制造业的优势互补和协同发展格局。长株潭都市圈第一产业以种养业为主体格局，第二产业优势在制造业，有“世界工程机械之都”之称，在第三产业中，除了教育产业之外，其他主要集中在批发零售、娱乐以及网红经济等领域。这不仅未能充分利用制造业的优势，也未能有效地促进第一、第二产业的增长，从而影响了长株潭都市圈绿色制造业的转型升级。长株潭都市圈在工业化发展水平较低时，赶超式发展了第三产业，而号称“网红城市”的长沙则最能凸显第三产业的发展，低端化第三产业迅速发展，在全国领先实现“三、二、一”产业结构，但昙花一现，2006年又被颠覆为“二、三、一”产业结构，如今虽为“三、二、一”产业结构，呈现农业发展稳定、工业态势良好，但先天不良的第三产业后劲不足，第二产业制造业有着与生俱来的“碳性”，能源消耗强度与碳排放水平在某些行业中显著高于第一、第三产业，这为长株潭都市圈实现低碳发展目标带来挑战。

（三）典型都市圈的低碳发展的经验借鉴与启示

1. 伦敦都市圈，法治强推进

在经历了严重雾霾问题后，英国伦敦开始致力于生态城市建设，以求改善其环境状况。自2003年起，伦敦开始推行低碳经济发展理念，并在随后几年内陆续发布了多项环保政策，如2004年的《伦敦能源策略》、2008年的生态城规划目标、2017年的《减少碳排放条例草案》以及2020年的《清洁空气（人权）法案》，并成立了清洁空气委员会。通过这一系列的环境保护措施，伦敦实现了从污染严重的城市向蓝天白云城市的转变，成为全球低碳城市的典范之一。据统计，截至2019年，英国的可再生能源发电占比达到了总发电量的36.9%，而煤炭发电的比例则降至2.1%。得益于伦敦的引领作用，自1990年以来，英国整体的温室气体排放呈现下降趋势，截至2018年，其温室气体排放总量已降至5.63亿吨二氧化碳当量，相当于1990年水平的67.6%（见图7、图8）。英国能源安全和净零排放部发布的统计数据显示，2023年，英国的温室气体排放量同比下降了5.4%。其原因主要是发电和家庭取暖的天然气使用量同比有所减少。2023年，英国的温室气体排放总量以二氧化碳换算为3.842亿吨。其中，电力部门排放量为4110万吨，约占排放总量的11%，同比减排幅度最大。2022年，电力行业的排放量达到了5190万吨。[①] 伦敦市政府在推动低碳理念和执行环保政策方面起到了表率作用，注重提升城市建筑的能效，致力于构建低碳都市。在新的城市发展方案中，优先考虑了可再生能源的应用。通过引入碳交易机制、实施碳排放税等手段，有效地控制了传统高污染产业的增长，同时促进了清洁能源领域的发展，从而显著减少了温室气体的排放量。这一系列举措通过制度与技术创新的结合，推动了城市在交通、建筑、消费及社会层面的整体低碳转型。

2. 北京大都市，能源调整强有力

早在2012年，北京碳达峰目标已顺利完成，此后，碳排放量呈现逐年减少的趋势。从2015年到2022年，煤炭消耗从1165.2万吨锐减至约123万吨，煤炭在全市能源消费中的比例也从13.1%降至1.3%。这一转变得益于终端消费的电气化进程加快以及电力供应的低碳化发展。依据北京"新总规"及"十三五""十四五"规划纲要，北京市确立了以绿色低碳循环发展为核心的战略方向，并设定了高标准的目标，积极促进能源利用从双控向碳排放双控转变。到2022年，北京市每万元GDP对应的能耗降低到了0.21吨标准煤，相较于2015年下降了大约24.2%；每万元GDP的

---

① 以上数据来源于英国能源研究机构CarbonBrief报告（2020）。

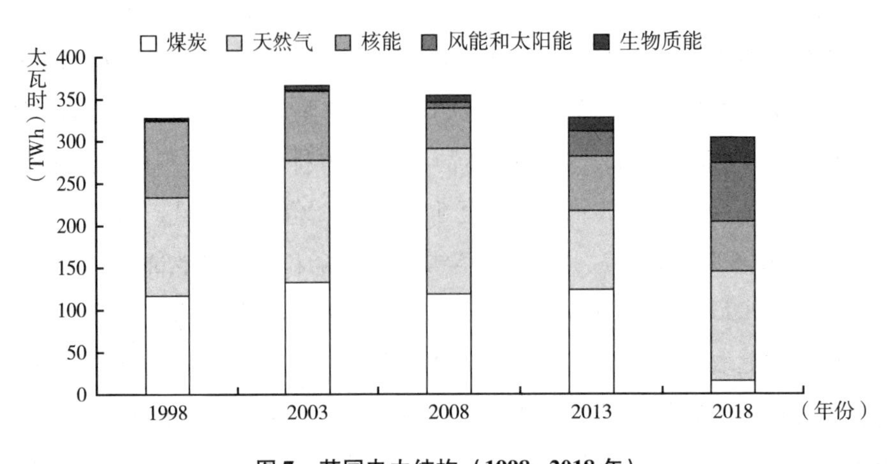

图7 英国电力结构（1998~2018年）

资料来源：英国能源研究机构 CarbonBrief 报告（2020）。

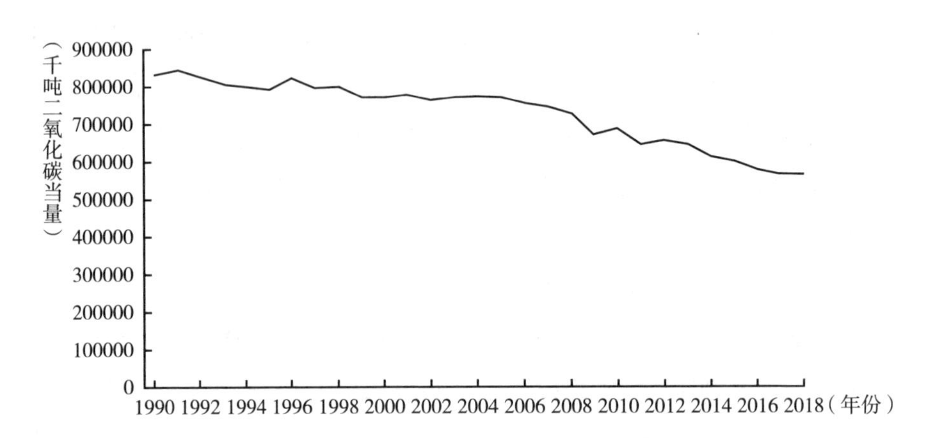

图8 英国温室气体排放量（1990~2018年）

资料来源：英国能源研究机构 CarbonBrief 报告（2020）。

碳排放量则降至0.41吨二氧化碳当量，达到了全国领先水平。通过能源结构调整与产业升级转型的双重推进，北京市成为全国新型生产力的先锋，经济增长的主要动力来源于金融、科技、文化旅游等低能耗、高附加值的行业。

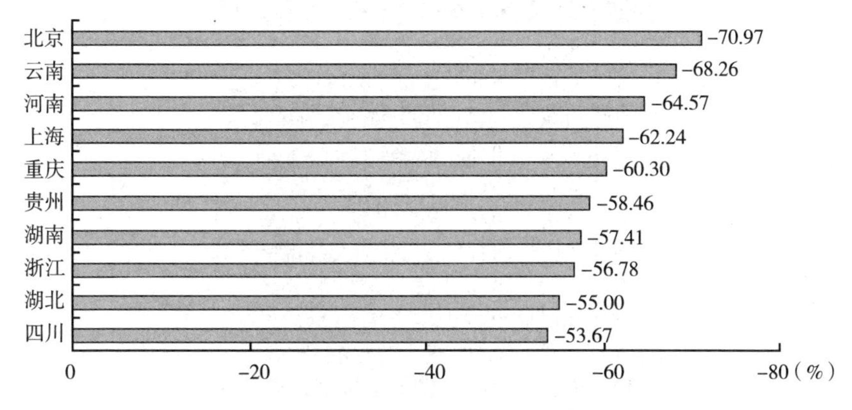

图 9 碳排放强度降幅最大的十个省份（2005~2022 年）

资料来源：绿色和平《中国 30 省（市）碳排放情况追踪，“第一梯队”谁来领跑?》

3. 深圳特区，技术革新软着陆

深圳特区充分利用其作为全国首批低碳试点城市、碳排放权交易试点城市及可持续发展议程创新示范区的政策优势，坚持生态优先和绿色发展路径。深圳将低碳技术创新视为推动本地低碳发展的关键策略，逐渐建立了独特的低碳技术发展模式。在持续壮大制造业的同时，深圳还通过高技术服务业来带动制造业的升级，并淘汰落后的生产能力。目前，高技术服务业和先进制造业对深圳规模以上工业增加值的贡献超过了 71%，并且已促使超过 1.76 万家低端企业退出或转型。此外，深圳还运用其技术专长来改善能源结构，使得可再生能源、核能和天然气发电等清洁能源装置占到了全市总装机容量的 86.6%。通过市场机制和技术驱动相结合的方式，深圳实现了绿色制造、节能建筑、低碳交通等领域的无缝融合。根据《中国净零碳城市发展报告（2022）》，深圳的城市绿色低碳发展指数在全国排名第一（见图 10），每万元 GDP 的能耗强度和碳排放强度分别仅为全国平均水平的 33% 和 20%。

净零碳城市指数总排名

排名	城市	净零碳城市指数
1	深圳	0.783
2	北京	0.703
3	青岛	0.686
4	杭州	0.673
5	昆明	0.669
6	西安	0.663
7	武汉	0.660
8	厦门	0.650
9	广州	0.647
10	长沙	0.636
11	上海	0.632
12	重庆	0.626
13	福州	0.624
14	南京	0.617
15	徐州	0.616
16	济南	0.608
17	南通	0.608
18	佛山	0.604
19	长春	0.601
20	沈阳	0.593
21	温州	0.591
22	泉州	0.588
23	宁波	0.577
24	苏州	0.571
25	扬州	0.561
26	东莞	0.559
27	无锡	0.548
28	天津	0.515
29	大连	0.392
30	唐山	0.297

图 10　城市净零碳发展水平排行

三　长株潭“双碳型”示范都市圈建设的路径建议

长株潭都市圈拥有独特的地理位置优势、坚实的产业基础以及优质的科教资源。面对当前产业结构中以具有较高碳排放特征的制造业为主导、能源资源相对不足、产业链协同效应较弱以及第三产业发展存在断层和层次较低等问题与挑战，长株潭都市圈须抢抓历史机遇、着眼长远、找准路径、下好“先手棋”，构建全国“双碳型”示范都市圈，培育新质生产力，全面提升高质量发展水平，着力打造长江经济带中心都市圈。

（一）整合城市群协调机构，统筹推广低碳技术

长株潭协调机构建立已久。1998 年，成立了长株潭经济一体化协调领导小组（办公室），并在 2009 年升级为湖南省长株潭两型社会建设综合配套改革试验区领导协调委员会办公室，如今湖南省长株潭一体化发展标准化合作协调组、湖南省长株潭一体化发展事务中心、湖南省长株潭两型社会建设改革试验区领导协调委员会办公室、长株潭城市群一体化发展联席会议秘书处等机构并存。上述机构对长株潭城市群发展起到了很好的推进作用，但职能交叉重叠和相互“推诿”现象难以避免。建议在省委省政府层面整合形成“长株潭城市群建设管理委员会”，下设专业委员会和事务中心等，诸如成立长株潭“双碳型”示范都市圈专门委员会，协调都市圈能源、生态环境、经济等部门“双碳型”示范都市圈工作。

国家对长株潭都市圈绿色低碳发展十分重视。早在 2007 年，长株潭城市群获批首批“两型社会”改革试验区，时隔十年的 2017 年，长株潭三市获批第三批国家低碳城市试点。如今，长沙印发了《长沙市低碳城市试点实施方案》《长沙市碳积分制和数字低碳城市建设实施方案》等相关文件，成立低碳城市试点建设工作领导小组。长沙低碳城市建设的政策与法规举措为长株潭打造“双碳型”示范都市圈奠定了良好基础。借鉴伦敦和深圳经验，法治先行、技术铺路，统筹长株潭都市圈科教优势与产业基础推广低碳技术，是长株潭打造“双碳型”示范都市圈的内生动力。

技术是“双碳型”都市圈的核心。整合长株潭都市圈在高等教育领域的资源优势及其在智能制造、新材料、电气化和能源交通等领域的低碳技术专长，旨在构建湖南乃至全国的低碳技术核心示范区。尽管长株潭都市圈在

资源能源方面存在不足，并且在太阳能、风能及核能的开发利用上面临限制，但该区域正在积极投入氢能、生物质能以及燃料电池等技术的研究与开发中，力求在此领域实现关键性进展。

借鉴国内外“双碳型”大都市经验，长株潭城市群建设管理委员会应积极与世界自然基金会（WWF）、联合国政府间气候变化专门委员会（IPCC）等对接，以长沙全球研发中心城市建设为契机，在长株潭都市圈设立“低碳技术”“零碳技术”“负碳技术”不同层级的技术研发中心和低碳工程中心，攻克低碳建筑、低碳交通、废热回收利用、低碳能源、低碳农业以及新型材料等关键领域的核心技术，并在高新技术产业开发区和经济技术开发区内建立低碳工程项目中试基地。借鉴上海、深圳、杭州等城市的低碳经济发展经验，结合长株潭城市群“两型社会”综合改革试验区的成功实践，力争率先建成低碳经济示范园区，通过典型示范作用推动长沙整体低碳经济的发展，进而使长沙成为低碳技术的研发中心和低碳产业的聚集高地。

（二）“三生减碳”助攻“三高四新”，产业联动增强生态环境保护”内功”

“三生”指的是生产、生活与生态，而“三生减碳”则是湖南“三高四新”战略的重要组成部分。通过将生产、生活和生态与碳交易市场等环境政策工具相结合，长株潭地区探索出了一条符合本地特色的碳达峰与碳中和之路（见图 11），从而支持湖南“三高四新”战略的实施。

在生产端加强产业内部和产业之间的联动。一是积极发展绿色低碳工业，加快推动传统产业绿色转型，运用先进适用节能低碳环保技术，加快改造提升钢铁、有色、机械、建材等传统产业，实现清洁生产。统筹长株潭都市圈高校拥有的先进技术改造化工、有色、建材等传统产业为低碳产业，培育战略性新兴产业、生产性服务业、文化产业、电子商务等，打造一批特色化的低碳产业集群，提升“网红城市”“娱乐城市”及第三产业的科技含量与创新水平，增强“三高四新”发展后劲。二是推进产业联动，整合产业链资源，构建一个涵盖研发、设计、生产及运营的节能环保产业集群，以此

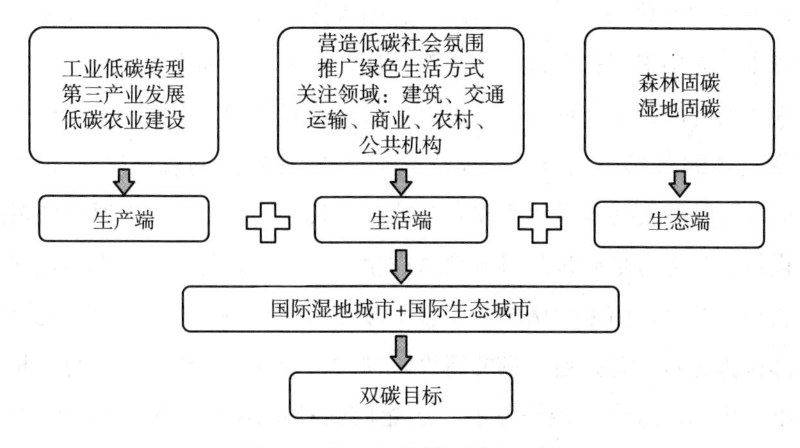

图 11　“三生减碳”联动路径

来强化产业的集聚效应。通过提升制造业和技术研发水平，推动工业向低碳模式转变，并加大在电子信息与新能源等低碳领域的投入与发展力度。同时，加快本地产业链的建设，同时支持像三一重工和中联重科这样的企业向低碳技术方向转型，致力于打造南方领先的工程机械研发基地。此外，推动农业低碳技术和相关设备的应用与推广，借助农业大数据与人工智能等信息技术，以及智能化农业装备，实现农业供应链的智能化管理，促进农业与工业、服务业的融合发展，从而完善现代农业体系，并引领农业向生态友好型和低碳模式转变。进一步优化各产业之间的结构布局，尤其是加速现代服务业的增长，重点关注绿色金融和低碳物流等领域。推进如岳麓山实验室、大学科技城等重要区域的发展建设，保持第三产业的地方特色并提升其服务质量。

在消费层面，可以通过制定和实施相关政策法规，鼓励长株潭都市圈内的居民形成并维持绿色低碳的消费习惯。例如，可以制定适用于该地区的建筑节能标准，推广使用绿色建筑材料和技术，以提高能效。此外，对于现有的高能耗公共建筑，应积极推进其节能改造工作。在交通方面，应不断完善智能交通管理体系，大力发展轨道交通和其他高容量公共交通系统，以减少碳排放。同时，需要加大对新能源和低碳产品使用的宣传和推广力度，促进这些环保选项的普及。对于农村地区，则应重视节能减排工作，加快对农业灌溉排水设施中老旧机电设备的更新换代，提高能源利用效率。

在生态环境保护方面，可以通过恢复和增强自然生态系统的功能来增强长株潭地区的自然碳汇能力。鉴于该地区拥有较高的森林覆盖率（达到56.38%），具备发展碳汇林业和农业的良好条件，因此，可以通过植树造林和建设绿色长廊等措施来打造城市森林生态系统，以此强化生态环境保护和森林资源的管理。借助中南林业科技大学及湖南农业大学的专业种苗技术，可以加快推进百里花卉苗木带的建设。同时，鼓励发展油茶和楠竹等相关产业，不仅可以促进当地经济发展，还能增强都市圈内生态系统的碳吸收能力，从而实现环境保护与经济发展的双赢。

表7　长株潭都市圈森林覆盖率

单位	市总面积（km^2）	2018年森林蓄积量（万km^3）	2023年森林蓄积量（万km^3）	2018年森林覆盖率（%）	2023年森林覆盖率（%）
长沙市	11819	3013.07	3086.00	54.95	55.00
株洲市	11200	2636.27	3268.91	61.95	62.11
湘潭市	5006	1034.10	1163.00	46.30	46.80

资料来源：湖南省林业局。

（三）“减煤稳油增气、慎重风能、适当光能、扶持循环水能”，推进都市圈能源革命

在推进长株潭“双碳型”都市圈建设的过程中，应当遵循自然和社会发展的客观规律，合理掌握推进节奏，确保在稳步前行的基础上实现创新突破。作为长江经济带的重要组成部分，随着长沙被中央选定为长江中游的中心城市，以长沙为中心的长株潭都市圈承担起了综合改革试点的重要任务，特别是在深化能源革命方面具有重大责任。这意味着长株潭都市圈需要在能源消费、供给、技术和体制的“四个革命”方面走在国家前列，力争早日实现能源的清洁、低碳、安全和高效利用，为全国的能源革命树立典范，提

供可供借鉴的经验。

长株潭都市圈由于其能源资源结构中缺乏煤炭、石油和天然气，因此要实现碳达峰与碳中和的目标面临着特殊的挑战。为了在保障能源安全的前提下优化能源结构，建议采取减少煤炭依赖、增加新能源应用、稳定石油使用并增加天然气供给的战略。具体措施包括增强燃煤发电的灵活性，促进从燃煤向燃气或电力的转换，并扩大天然气的供应能力。首先需要做的是限制煤炭消费量，提高化石能源的使用效率，同时扩大天然气的应用范围，并积极开发及利用新能源与清洁能源。此外，应规定所有新建的公共设施必须使用清洁能源系统，并对现有的公共设施进行评估后转换成清洁能源系统，同时可以设立一些零碳排放示范区作为示范。其次，应持续推动氢能、太阳能以及生物质能等非碳能源来逐步取代化石燃料，建立一个低碳化的能源体系。通过不断调整能源组合和提高能源使用效率，在满足能源供给需求、达成减排目标的同时促进经济健康发展，从而找到能源转型的最佳路径，保持经济增长与能源改革之间的和谐发展。

为实现电力系统的灵活调度，长株潭都市圈可以通过“电源、电网、负荷、储能”的协同管理，构建包含风能、太阳能、水电、火电及储能技术在内的多元互补能源体系（见图 12）。针对该地区的具体情况，制定科学合理的能源系统规划方案。考虑到长株潭地区拥有良好的生态环境，被誉为“山水洲城”的长沙更是环境优美的代表，因此在推广清洁能源的过程中，需确保不对当地自然环境造成损害，避免因短期的能源利益而破坏长期的生态平衡。首先，在风能利用上需持谨慎态度。尽管风能是一种清洁且可持续的能源形式，但其建设和运行可能会对当地的生态系统产生不利影响，如干扰野生动物特别是鸟类的栖息地，以及改变局部森林植被分布和微气候条件。因此，在长株潭都市圈内的风力发电项目应当经过严格的生态影响评估，确保开发模式与环境保护相协调。其次，光伏发电虽然在其运行期间是低碳的选择，但在生产组件阶段和废弃后的处理过程中却存在较高的碳足迹，且需要较大的土地面积。鉴于此，推荐在该区域内优先发展屋顶光伏项目，尤其是在政府机构、企业办公区及工业园区等场所安装光伏板，既能有效利用空间，又能减少对土地资源的需求。最后，对于水能的开发同样需要谨慎行事，因为水坝建设对河流生态系统的影响是一把“双刃剑”。在确保对河流生态影响最小化的基础上，合理利用长株潭地区丰富的水资源是可行的。鉴于该地区降雨充沛的特点，推广循环利用水资源的技术和储能系统是一个明智的选择。例如，可以在黑麋峰等地建立上下级水库，在电力需求高峰时段放水发电，在需求低谷时段再将水抽回上游水库储存能量，以此方式将间歇性的太阳能和风能转换为更稳定的水电资源。

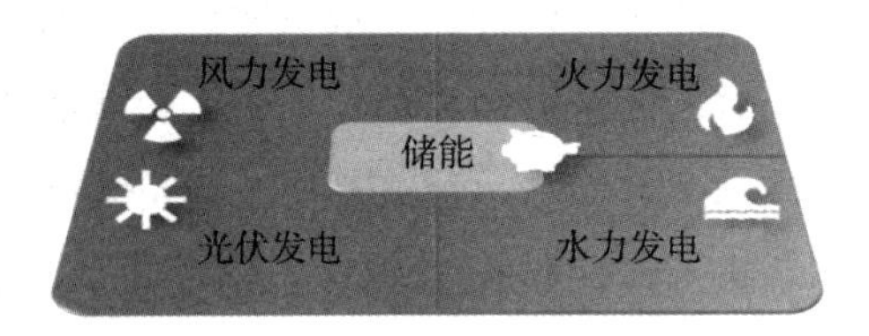

图 12　“风光水火储”多能互补系统

（四）守护好一江碧水，优化湿地资源，打造国际湿地城市与“山水洲城”

湘江是湖南“母亲河”，尤其在长株潭段呈“弓”字形把长株潭三市串联，奠定了长株潭都市圈湿地资源的天然本底。湿地常被比喻为“地球之肾”，在自然生态系统中扮演着关键的碳汇角色（见图 13）。湿地在其自然过程如沉积物积累、植被生长以及促淤作用中，储存了大量的无机碳和有机碳。另外，由于湿地土壤大多处于厌氧环境，这种条件限制了微生物的分解作用，从而使有机碳能够在这类环境中大量富集并得以长期保存。

守护好一江碧水，就是守护好长株潭都市圈湿地资源根基。守护好一江碧水必定走法治之路，加强与现有的河（湖）长制、林长制、田长制等政策法规融合，实现“山水林田湖草”同治；调动社会力量，组建“湖南省水银行”和设立“湘江流域水银行支行”等，在保障水资源基本供给基础上提升水权交易的效率；结合“湖南 1 号重点工程”和“一湖四水，生态优先”实施方案推行生态补偿机制和生态环境损害赔偿制度；精确解决历史遗留问

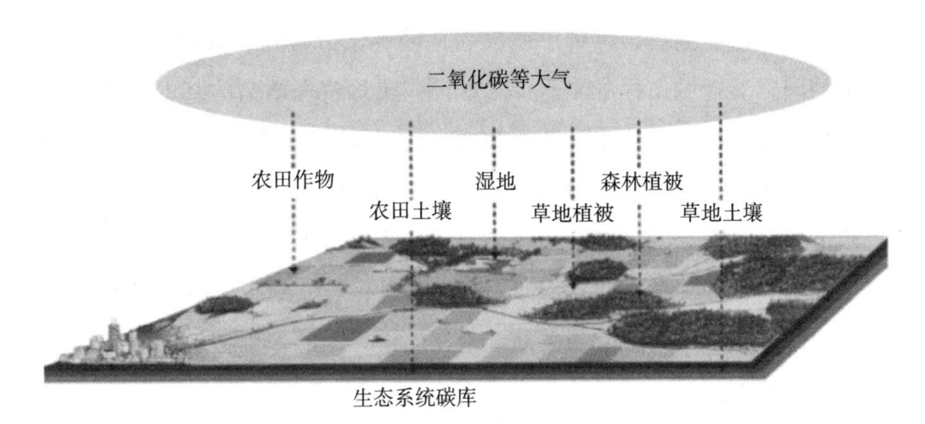

图 13　生态系统碳汇模型组成

题，精准落实“谁利用、谁保护，谁污染、谁治理”，实现“三水同治”。

优化湿地资源，以湘江长株潭段湿地资源整体建设为主体，拓展到支流与湖泊、河塘。发挥湿地固碳作用，加强湿地区域的保护和合理利用，更好地发挥湿地的生态价值。依托长沙松雅湖国家湿地公园、千龙湖国家湿地公园和株洲万丰湖湿地公园，以及湘潭仰天湖、木鱼湖、红旗水库、东风水库等湿地公园，提高湿地固碳量与固碳效率。长沙优化浏阳河、捞刀河、沩水河、靳江河、龙王港、沙河“一港五河”绿色生态屏障；株洲是全国唯一以“洲”命名的城市，境内河川纵横，溪沟密布，水系发达，重点建设湘江、渌水、洣水等“一江两水八港”以及万丰湖、东阳湖、酒埠江、大京水库的湿地；湘潭基于涟水河、易俗河、涓水河进行湿地资源优化、环境改善、生态治理，实施水清岸绿、人水和谐、景色宜人的高标准美丽河湖项目，融众多乡级“样板”河流湿地到湘江板块。长株潭都市圈应统筹安排，推进水系绿化、植树造林以及退耕还湿等项目的实施，强化对森林和湿地的保护工作。通过这些措施，充分发挥森林、湿地及其植被在水源涵养、水质净化、空气吸附及污染物降解等方面的作用，致力于打造全国知名的“山水洲城”特色都市圈。

积极申请被认证成为国际湿地城市。目前全球共有 43 个城市获得了这一称号，其中中国已有常德、常熟、东营、哈尔滨、海口、银川、合肥、济宁、重庆梁平区、南昌、盘锦、武汉和盐城等城市入列。依据《湿地公约》所规定的国际湿地城市标准来看，长株潭三市均符合申请的基本要求，特别是在长沙，其优势尤为突出。截至 2023 年，长沙市拥有大约 4.45 万公顷的湿地，其市区范围内湿地覆盖率为 11.66%，而湿地保护率则高达 80.36%，并且该市还包含数个国家级湿地公园。为加强湿地保护与管理工作，需要实施科学规划和合理分布，建立一个以自然保护区、湿地公园及关键湿地区域为核心的保护体系，并且应当关注湿地在碳汇方面的作用，从而加速长沙建成国际湿地城市。

（五）推进都市圈碳汇产业发展，启动长沙市碳交易试点城市申报工作

评估并储备碳汇资产，加强对长株潭地区的大绿心、湿地公园及森林资源等碳汇资源的保护与评价工作。积极推进全省首批林业碳汇开发项目（浏阳）的建设，完成碳汇资产的开发与注册流程，积极参与全国碳排放交易市场建设。

积极争取世界银行、全球环境基金以及德国复兴信贷银行等国际组织对林业援助项目的支持。依据现行的国内外碳汇计算与监测标准，设立一个专注于长株潭都市圈的林业碳汇计算与监测评估中心，该中心将负责碳汇量化的监测和评估工作。同时，推动将新发展的林业碳汇项目整合进国家碳市场体系，加速实现林业碳汇项目的经济价值转换。

为了稳步推进长沙申请成为碳交易试点城市的工作，可以借鉴以往的政策进展。2021 年 10 月，国家发展改革委办公厅发布文件，宣布在北京、上海、天津、重庆、湖北、广东以及深圳 7 个地区开展碳排放权交易试点项目，这标志着全国性碳排放权交易市场的启动。截至 2024 年初，全国碳排放权交易市场已经成功走过第三个履约周期。在此过程中，相邻的广东和湖北两省在碳交易量与交易金额上均取得了令人瞩目的成绩。这些成就促进了湖南国际低碳技术交易中心的发展，将会助力长沙成为低碳技术交流与创新的重要中心。

长株潭都市圈已经具备良好的低碳发展基础，应当参考国内外成功碳交易城市的实践经验，引进并学习先进的技术与方法。在此基础上，推进必要的体制改革，促进各行各业加强专业队伍的建设，特别是在碳排放核算、碳交易操作以及碳数据管理等领域。通过培养一批精通碳市场运作机制和熟练使用碳交易工具的专业人才，实现优势互补、巩固发展根基，并加速推进长沙成为碳交易试点城市的申报进程。

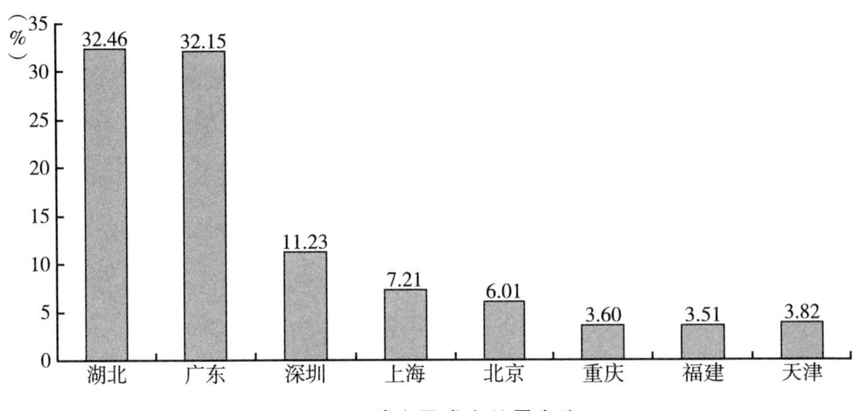

图 14a　碳交易成交总量占比

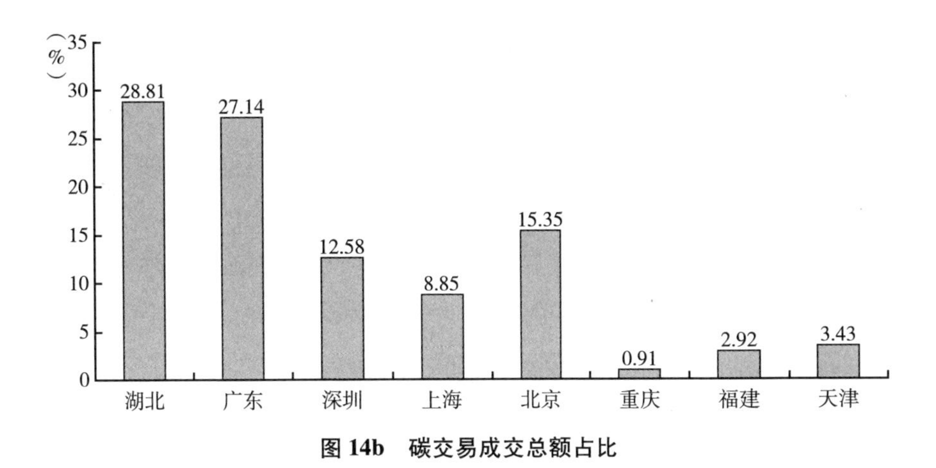

图 14b　碳交易成交总额占比

人与自然和谐共生，保护环境就是保护我们自身的未来。低碳发展模式已经成为引领全球经济转型的新趋势，积极主动拥抱这一变化的地区将在未来的区域竞争中占据更有利的位置。构建长株潭“双碳”示范都市圈不仅契合国家经济结构调整及“三高四新”战略的需求，同时也响应了湖南省追求高质量发展的目标，必须加快这一进程。通过创建“双碳”示范都市圈，可以切实提升长株潭地区的生态环境质量，降低其对高碳能源的依赖，增强地区能源安全性，同时也为湖南省乃至全国的低碳化转型树立典范。

B.10

洞庭湖生态经济区水生态环境治理研究

徐华亮*

摘　要： 洞庭湖生态经济区是湖南江湖协同治理引领区，扎实推进洞庭湖生态经济区水环境生态治理是实现区域经济社会高质量发展的有力支撑。洞庭湖生态经济区水环境综合治理成效明显，但季节性、水质性、工程性缺水局部存在，尚未建立完善的环境治理协调机制，且存在环境治理政策有待完善等问题。基于此，应聚焦防洪、生态、补水等问题，提升水安全保障能力；聚焦重点区域重点领域，加强水生态环境治理和修复；创新湖泊生态治理模式，完善相关政策法规体系；以产业绿色低碳转型为重点，加快推动洞庭湖区高质量发展；强化政府、企业和公众责任意识，汇聚湖区水生态环境保护合力。

关键词： 生态经济区　水生态环境　洞庭湖

水是生命之源、生产之要、生态之基。洞庭湖素有“长江之肾”之称，洞庭湖生态经济区包括岳阳、常德、益阳3市，长沙市望城区和湖北省荆州市，共33个县市区，是我国水量最大的通江湖泊，是长江中下游重要水源地、湿地和农副渔业生产基地，在保障长江中下游防洪安全、供水安全、生态安全和航运安全等方面具有举足轻重的地位。习近平总书记多次深入中部省市和长江沿线考察，十分关注洞庭湖保护与治理，2018年4月，亲赴洞庭湖考察，殷切嘱托“守护好一江碧水”；2024年3月，在湖南考察时强

* 徐华亮，湖南省社会科学院（湖南省人民政府发展研究中心）区域经济与绿色发展研究所研究员，主要研究领域为科技创新与绿色发展。

调，持续深入打好污染防治攻坚战，加强大江大河和重要湖泊生态环境系统治理、综合治理、协同治理。习近平总书记重要论述为新时代洞庭湖生态经济区水生态环境治理提供了行动指南和根本遵循。

一 洞庭湖生态经济区水生态环境治理做法和成效

近年来，洞庭湖生态经济区深入贯彻习近平生态文明思想，积极践行“绿水青山就是金山银山”理念，推动水环境生态治理、保护和利用，取得了明显成效。

（一）聚焦政策赋能，不断强化生态协同治理

一是国家层面完善了长江经济带保护政策。“十四五”以来，国家层面陆续制定印发了《“十四五”长江经济带发展实施方案》《“十四五”长江经济带湿地保护修复实施方案》《关于加强长江经济带重要湖泊保护和治理的指导意见》《长江经济带发展负面清单指南（试行，2022年版）》《“十四五”长江经济带污染治理“4+1”工程实施方案》《关于加强长江经济带重要湖泊保护和治理的指导意见》等，这些政策文件为进一步加强长江经济带重要湖泊保护和治理提供了有力的制度保障。二是跨省层面建立水生态环境治理的联防联控机制。2024年3月，湖南、湖北两省联合印发《新时代洞庭湖生态经济区规划实施方案》，明确了洞庭湖生态经济区高水平保护、高质量发展的时间表和路线图。湖南与江西、湖北等周边省份建立了跨省流域上下游突发水污染事件联防联控机制、信息通报机制，10个市州、7个县（市、区）与周边省市的县（市、区）签订跨界河流联防联控协议，定期开展联合巡河、联合会商、联合治理。株洲市与江西省萍乡市共同出台全国首部跨省流域市级层面协同立法《萍水河—渌水流域协同保护条例》，协同开展立法和标准制定。三是省际层面进一步完善了水生态环境治理的硬约束机制。针对洞庭湖的重点治理区域及目标，颁布实施《湖南省洞庭湖水环境综合治理规划实施方案（2018—2025年）》《湖南省洞庭湖保护条

例》等，从规划引领和法律约束等方面，为洞庭湖水生态环境治理进一步完善了目标责任和立法约束机制。

（二）聚焦资金投入，完善财力保障体系

一是高位布局洞庭湖专项行动。2016 年，省政府启动洞庭湖区水环境综合治理五大专项行动，省财政安排 22 亿元支持开展河湖沿岸垃圾清理、重点工业污染源排查整治、沟渠塘坝清淤、畜禽养殖退养和矮围网围治理五大专项行动。2018 年，省政府启动《洞庭湖生态环境专项整治三年行动计划（2018—2020 年）》，安排约 31.7 亿元奖补资金，重点推进农业面源污染、城乡生活污染、船舶污染八大领域治理工作。2022 年，省政府启动洞庭湖总磷污染控制与削减攻坚行动计划，继续推进一批总磷削减标志性战役和重点工程项目，省财政出台了财政奖补方案。2023 年，省政府启动洞庭湖生态修复试点工程。二是积极争取中央试点支持。2018 年以来，湖南省连续两轮获批全国山水林田湖草沙试点工程，总投资 149.66 亿元，其中中央资金支持 40 亿元。2022~2023 年，湖南省洞庭湖区常德、岳阳、益阳三市成功获批中央农村黑臭水体治理试点，总投资 10.57 亿元，其中中央资金支持 5 亿元。①

（三）聚焦总磷削减，着力提升生态治理效果

一是全面推进农业面源污染防治。农业面源污染是洞庭湖区环境污染的主要污染源。从 2021 起，连续三年在湖区汨罗、湘阴、华容、桃源、石门、安乡、赫山、桃江、南县 9 个县市区开展绿色种养循环农业试点，着力培育扶持粪肥还田专业化服务，推进粪肥就地消纳就近还田，试点县每年完成试点面积 10 万亩以上，带动县域内粪污基本还田，试点县畜禽粪污资源综合利用率达到 90%以上。坚持化肥减量增效项目向湖区倾斜，2021 年全省 14 个部级化肥减量增效示范县中，湖区县占 12 个；2022 年在望城区、汉寿县等 10 个湖区县创建施肥新技术、肥料新产品、施用新机具“三新”配套示

① 湖南省财政厅调研数据。

范县；2023 年继续将望城区、汉寿县等湖区 8 个县市区列入部级化肥减量增效“三新”配套示范县名单。[①] 二是全力攻坚城镇污水处理。生活污染是洞庭湖区主要污染源，仅次于农业面源污染。湖南省在全国率先出台《湖南省城镇污水管网建设运行管理若干规定》，全面规范城镇污水管网规划、建设、运行、管理等全过程。同时，出台城乡污水、生活垃圾、建筑垃圾等多个技术类政策文件，组织专家开展关键课题研究和设施运营等级评价。2023 年，全省国考断面水质优良率为 98.6%，长江干流湖南段和湘、资、沅、澧四水干流断面水质连续 4 年全部达到或优于Ⅱ类。洞庭湖湖体总磷浓度下降为 0.054 毫克/升，与 2017 年相比，浓度下降 51.78%。西、南洞庭湖水质达到Ⅲ类，[②] 黄盖湖、南湖等部分重点内湖水质也稳定达到Ⅲ类，华容东湖、大通湖等重要内湖水质明显改善。

（四）聚焦江湖一体化建设，系统推动水生态修复

一是整体谋划推进洞庭湖生态修复工程。省水利厅于 2022 年启动城陵矶综合枢纽深化论证工作，分两个阶段推进“5+11”个专题研究。2023 年推进洞庭湖生态修复工程前期论证，明确了洞庭湖湖盆“增蓄”，四口水系“引流”，四水及汨罗江、新墙河尾闾“扩卡”，内湖水系“活水”的总体布局。同时，在南洞庭湖黑泥洲开工建设洞庭湖生态修复试点工程，同步开展监测监管及课题研究工作。二是协同推进山水林田湖草沙一体化修复。2018~2021 年实施湘江流域和洞庭湖区生态保护修复试点工程，新建截污闸截污、引水泵站补水、疏通渠道活水，在珊珀湖建设 18.9 公里环湖沟，实现了湖南省最大内湖大通湖水质从劣Ⅴ类到Ⅳ类的转变。2022 年以来全面推进洞庭湖区域山水林田湖草沙一体化保护和修复工程，实施 7 个水系连通项目，主体工程基本完成，修复生态湿地 269 公顷，增加生态补水量 3.09 亿立方米/年[③]。

---

① 湖南省土壤肥料工作站调研数据。

② 湖南省水利厅调研数据。

③ 湖南省水利厅调研数据。

二　洞庭湖水生态环境治理面临的主要困难

洞庭湖生态经济区水生态环境治理一直是湖南省在生态环境保护上面临的“老大难”问题，受制于湖泊面积大、城镇人口密度高、季节性缺水、跨省治理难等诸多因素，水生态环境治理效果距国家要求、人民期盼还有一定差距。

（一）区域性缺水问题仍然存在

一是季节性缺水局部存在。据实测资料分析，洞庭湖 12 月平均水面面积由 20 世纪 50 年代的 1030 平方千米减小至现在的 475 平方公里，减少 555 平方公里。2023 年 3 月 15 日，洞庭湖出口城陵矶站出现 2003 年三峡工程蓄水运用以来最低水位 19. 06 米，洞庭湖水面仅 306 平方公里、水量不到 5 亿立方米，仅为高洪水位时湖泊面积的 1/9、容积的 1/35。[①] 城乡供水安全受到影响，受影响人口超过 400 万人。二是水质性缺水时有发生。水质性缺水是大量排放的废污水导致淡水资源受污染而短缺的现象，如太平溪是沅江的二级支流，穿越怀化市城区，经由沅江流入洞庭湖，水质长期为劣Ⅴ类；岳阳市小港河和洞庭湖水系相通，经检测，小港河氨氮浓度为 9. 2 毫克/升，超过《地表水环境质量标准》Ⅲ类标准 8. 2 倍，属轻度黑臭。2023 年，太平溪氨氮浓度超过《地表水环境质量标准》Ⅲ类标准 3. 1 倍。[②] 三是工程性缺水仍然存在。工程性缺水，是指一些水资源总量并不短缺的地区，由于工程建设能力不足而供水不足，如：长江四口年分流量平均减少 187 亿立方米，洞庭湖枯水期提前并延长，叠加降雨时空分配不均影响，枯水期河道断流现象普遍，四口水系除松滋西河全年通流外，其他河段年均断流达

---

① 湖南省水利厅调研数据。

②《湖南省部分城市水环境基础设施问题突出　污水直排现象大量存在》，中华人民共和国生态保障部网站，2024 年 5 月 27 日，https：//www. mee. gov. cn/ywgz/zysthjbhdc/dcjl/202405/t20240527_1074168. shtml，最后检索时间：2024 年 8 月 6 日。

137~272 天①。枯水期期间，湖体大面积萎缩，后期，受极端干旱气候影响，区域缺水问题或将更为严峻。

（二）洞庭湖总磷浓度时高时低

湖区大部分断面水质超标严重，总磷浓度十分不稳定。如 2024 年第一季度，洞庭湖出口断面总磷浓度更是同比上升 38. 3%。② 一是因为生活污水治理不到位。出于历史原因，城市排水管网存在诸多欠账，影响洞庭湖水质。如岳阳县城区周边部分生活污水暂未纳入污水管网，城区雨污分流改造进度不快，导致部分生活污水直排、溢流进入雨水沟渠，影响新墙河入洞庭湖水质。二是因为农业面源污染治理难。湖区畜禽养殖大县多，养殖强度高。据统计，湖区年生猪出栏量约 1400 万头，其中规模以下养殖量占比 35%左右③，尤其是规模以下畜禽粪污处理成为“老大难”问题，处理措施需进一步完善。湖区水产养殖面积合计约 310 万亩（其中精养池塘面积占比 46%），出于高密度养殖、过度投肥投饵等原因，水产养殖尾水总磷污染比较突出④。

（三）水生态系统的完整性有待加强

一是湿地功能退化明显。受人类活动的影响，部分区域湿地景观碎片化、洲滩草甸化，植被群落单一化，生态服务功能降低。洞庭湖区芦苇面积达 133 万余亩，造纸企业退出后，目前尚未找到好的资源化利用方式，芦苇大面积弃收腐烂造成新的生态问题。二是内河生物多样性不容乐观。基于长期环境污染、生态破坏等原因，大通湖、珊珀湖、华容东湖等内湖生态系统破坏严重，水底“荒漠化”问题突出，水体自净能力差，大通湖、黄盖湖

---

① 湖南省生态环境厅调研数据。

② 《湖南省部分城市水环境基础设施问题突出　污水直排现象大量存在》，中华人民共和国生态保障部网站，2024 年 5 月 27 日，https：//www. mee. gov. cn/ywgz/zysthjbhdc/dcjl/202405/t20240527_1074168. shtml，最后检索时间：2024 年 8 月 6 日。

③ 湖南省生态环境厅调研数据。

④ 湖南省生态环境厅调研数据。

等内湖蓝藻水华现象越发明显。同时，一些内河，如五七运河、华洪运河等水葫芦、水白菜、水花生等水生生物滋生严重。

（四）水生态环境治理体制机制有待完善

一是缺乏生态治理的区域联动和部门协调机制。在洞庭湖流域开展综合整治需涉及岳阳市、益阳市、常德市三个行政区划和发改、环保、水务、市场监管、农业等多个部门，在组织专项整治、跨区域联动上存在困难。在项目、资金、政策争取方面，各部门在洞庭湖全流域保护上缺乏系统性、协同性。保护工作面临多头管理，职能交叉，造成湿地保护工作统一性不够、协调性不强、衔接性不严。二是生态治理的法律法规体系有待完善。如《常德市西洞庭湖国际重要湿地保护条例》的法律适用性和地方针对性主要适合西洞庭湖水域，对其他西洞庭湖汇水片区指导性较低，对农业、水利、国土、住建等湿地保护有关部门的综合工作而言，缺少具体的适用性。三是水生态环境保护的市场机制尚不健全。目前湖南省水生态环境保护的市场主体参与度和社会资本利用率较低。现行的水生态补偿多由地区协调商定，不能客观反映水生态环境保护的实际成本和所获得的生态效益，同时，与水生态环境治理投入相比，现有生态补偿标准较低，补偿年限设计不够科学合理，补偿资金来源单一，缺乏水生态补偿长效机制。

三　加强洞庭湖区水生态环境治理的对策建议

党的二十届三中全会指出，“必须完善生态文明制度体系，协同推进降碳、减污、扩绿、增长，积极应对气候变化，加快完善落实绿水青山就是金山银山理念的体制机制”①。这也是未来湖南省推进洞庭湖生态经济区水生态环境治理工作的根本遵循和方向引领。

① 《中共中央关于进一步全面深化改革　推进中国式现代化的决定》，《人民日报》2024 年 7 月 22 日。

（一）聚焦防洪、生态、补水等问题，提升水安全保障能力

一是加快补齐防洪工程体系短板。实施江岸整治及提质升级工程，全面提升防洪标准，针对病险水库、防洪坝、防洪陡坡、水闸及山洪沟等设施进行除险加固，消除安全隐患，全面提高养护标准，确保工程质量和运行安全。开展行洪河道清淤、清障及护坡修缮工作，规划建设大排水系统及排水渠，增加截洪沟、排涝泵站、水闸、调蓄水池等综合截蓄排渗措施。着力研发堤防管涌预警、溃口封堵等关键抢险技术，确保险情发生后的紧急高效处置。全面提升水、电、气等生命线系统基础设施、重要交通设施及地下空间的防洪能力。统筹规划增设挡水和排水设施。系统排查并优化排水管道布设及排水能力，推进雨污分流及管网升级，打通排水断头点和阻水点，确保排水防涝通道畅通。强化统筹规划，加快启动洞庭湖重要蓄滞洪区居民迁建，争取将洞庭湖区钱粮湖、共双茶、大通湖东三个蓄滞洪区居民迁建列入全国性规划，加大资金支持与政策保障支持力度。

二是分步分区推进洞庭湖生态修复工程实施。组织水利专业团队，加快推进洞庭湖生态修复总体工程的前期论证，制定具体实施方案，并上报国家相关部委积极争取对试点工程的项目资金支持。通过进一步统筹洞庭湖盆“增蓄”、四口水系“引流”、四水尾闾“扩卡”、内湖水系“活水”综合措施，分步分区推进工程实施，着力解决洞庭湖泥沙淤积问题。同时，按照“生态效益突出、示范效应明显、环境影响轻微可控”的原则，因地制宜探索适应不同地形地质条件和生态保护要求的修复作业设备及工艺。构建“互联网+智能化”的生态修复信息化系统，探索生态修复数智赋能的模式。

三是加快推进洞庭湖四口水系综合整治工程建设。洞庭湖四口水系综合整治工程此前已被纳入《“十四五”水安全保障规划》。未来，需进一步加强与湖北省的共同协商、科学论证，联合制定洞庭湖四口水系综合整治工程的可研报告并报请水利部审查。持续推进洞庭湖生态疏浚试点。加强重点水源工程建设，完善水源工程布局，推进水源功能调整和提质扩容，提升水源应急保障能力。通过新建松滋口闸，疏浚松滋河、虎渡河、藕池河、华容河

主干河道301公里，重建虎渡河南闸、华容河调弦闸，新建鲇鱼须河、陈家岭河支汊水源工程等措施，错峰长江澧水洪水，引江济湖，提升近500万人、600万亩耕地水源保障水平，改善长江与洞庭湖的关系，维护荆江河段防洪格局和江湖生态保护大局。

四是加大洞庭湖水生态环境的治理监管力度。加强水生态环境功能区、省区界缓冲区、入河排污口、饮用水源地等重点区的水量和水质动态监控，开展跨界断面水质考核和生态用水量动态监管。运用卫星遥感、大数据、物联网等手段对河湖生态流量进行跟踪监测，设置水环境监测断面，对水污染物、水污染源和水环境介质实施统一监管。强化洞庭湖区水生态环境常规监测、定点监测和实时监测，提高重要河湖生态功能区、主要江河干流和一级支流省界断面水量和水质监测覆盖率。加强水生态环境治理监控、预警及应急处置等方面的能力建设，提升水生态环境治理监管水平，形成流域与区域、产业之间互补联动的监控网络，实现监测信息共享。深入开展极端暴雨灾害预测模拟和空间风险识别研究，实现对空间风险点、风险级别和风险影响范围的精准研判，高效衔接整合资源，多维度提升预警能力。

（二）聚焦重点区域重点领域，加强水生态环境治理和修复

一是抓实重点区域水环境污染治理。推进岳阳市东洞庭湖、环湖三河、重点内湖和益阳市大通湖、常德市重点内湖5个重点区域生态环境整治，尽快出台实施重点区域（流域）攻坚方案。各地要根据《重点攻坚工作方案》要求，进一步确定工作目标、主要问题、重点任务、整治项目、责任分工和完成时限“6个清单”，确保洞庭湖水环境质量达标并长久保持。加强与部门间的统筹协调，确保方案突出重点、措施有效、项目可行，抓紧抓实各重点区域（流域）总磷达标攻坚方案的印发与实施。

二是持续推进农业面源污染防治。加快推动化肥减量增效。集成推广测土配方施肥、水肥一体化、统防统治、绿色防控等新技术、新模式，并积极培育扶持一批专业化、社会化服务组织。学习浙江、江苏等地模式，积极推广化肥农药实名购买制、定额使用制。加强畜禽粪污资源化利用。促进种养

结合，支持生猪养殖大县、粮食和蔬菜主产区等重点区域，整县开展粪肥就地消纳、就近还田奖补试点。健全畜禽养殖废弃物资源化利用制度，积极推动有机肥生产、使用奖补政策。推进水产健康养殖。以整县推进模式，积极创建国家级水产健康养殖和生态养殖示范区，集成推广循环水养殖、稻渔综合种养、大水面生态渔业等健康养殖模式，实现渔业用水循环利用、达标排放。

三是构建健康的湖泊水生态系统。系统规划土著鱼类增殖放流、沉水植物补种、底泥生境改善等水生态修复工作，科学确定增殖放流量及底泥清淤量，基于水位变化情况，合理搭配沉水植物，探索研究有效种植技术。以杨树清理迹地、大面积州滩等区域为重点，采取生态补水、微地形改造及植物恢复等措施，重塑湿地水文情势，重建湿地植被群落，加快恢复湿地生物多样性。大力研究、推广与水安全需求适配的生态化整治技术。如借助生态沟渠、植物隔离条带、净化塘、地表径流集蓄池等设施，减缓农田氮磷流失，减轻农田退水对水体的污染。大量种植菖蒲、水葱、莲荷等水生植物，营造丰富的乡土植物群落景观。大力推广生态护坡，尽可能采用杉木桩、透水砖、直立块石、绿化植物等护坡形式，以保持良好的河道生态环境。

（三）创新湖泊生态治理模式，完善相关政策法规体系

一是建立全流域一体化司法保护机制。长江经济带的环境污染和生态破坏案件经常出现污染发生地与损害结果发生地不一致的情况。鉴于流域环境问题的复杂性和司法机关衔接和协调不足的现实情况，可设立长江生态法院，探索跨行政区域集中管辖涉及长江经济带生态保护案件，避免司法权地方化，确保裁判标准统一。加快出台长江流域综合管理配套制度，完善综合执法体系。解决长江流域协调机制的组织形式、启动及协调方式、协调程序等问题，明确不服从协调、怠于协调或协调不当的法律后果，切实解决长江保护中的部门分割、地区分割等问题。

二是加强水安全保障的法规制度建设。探索制定《湖南省水安全管理条例》《湖南省供排水条例》《湖南省防洪管理规定》等，推动水资源节约

利用、河湖管理、防洪调度、生态水量管控等立法协同，依法增强流域区域治水合力。修订和完善水环境管理的相关地方法规，尤其要突出在同一流域不同城市之间跨行政区域合作的强制性，使上下游城市之间协调联动机制成为刚性约束。如加快修订《湖南省湿地保护条例》，大力推进湿地生态效益补偿机制建设。尽快对长江保护法涉及的立法问题进行梳理，明确“支流”等界定不清晰的法律概念。同时，研究制定长江保护法行政处罚自由裁量权基准，细化行政处罚裁量权，统一执法标准和尺度。

三是探索多元化基层河湖管护模式。对于财政资金保障程度较高的地区、城区、人口相对密集区、旅游区、城市度假区河段（湖），在已经设立村级河长的地区，以县乡为主体，可采取政府购买服务的方式；在未设立村级河长地区，可采取由县级政府或有关部门聘用巡河员（护河员），由乡（镇）、村负责监督的方式。对于江河源头区域以及财政资金保障相对不足的中小河流、乡村河段（湖）所在地，可采用聘用低收入人群兼职巡河员（护河员）、护林员等方式，实行一人多岗。基层巡河管护资金来源以县级财政为主、省级财政及时补助、乡级财政配套，其间所构成的比例关系按照实际情况来定。

四是探索跨区域生态环境协同治理新机制。建议由湖南、湖北两省省级领导亲自挂帅，共同设立“洞庭湖流域环境治理与保护办公室”，建立跨省和跨市区断面监测考核；指导和支持湖南、湖北、重庆、贵州围绕武陵山区，湖南、江西围绕罗霄—幕阜山脉，湖南、广东、广西围绕南岭山地，联合申报生态保护修复国家项目。探索设立省域间生态环境保护合作发展专项资金，重点投向合作区生态保护、环境治理、产业合作、公共服务等领域，进一步提高财政支出力度和精准度。完善联防联治联席工作机制，强化河长制、湖长制、“幸福河湖”等制度建设，形成管理合力，构建水安全绩效考评体系。

（四）以产业绿色低碳转型为重点，加快推动洞庭湖区高质量发展

一是优化湖区农业生产结构。大力发展节水精细农业，鼓励实行清洁生产，建设生态农业示范区。大力发展“生态+”农业。结合现代农业科技发

展趋势，在洞庭湖区推广和发展玉米大豆间作、稻鱼共生系统、种养循环生态温室、规模化生态农场以及生态型室内垂直农场等新型智慧生态农业。培育特色水产产业带。科学布局养殖功能区域，开展国家级水产健康养殖示范场建设，探索“水草+”多种生态种养模式。培育壮大以农业龙头企业、农民专业合作社、行业协会等为重点的农业品牌经营主体，加大湖区农产品区域公共品牌的整合力度。

二是提质洞庭湖生态文旅业。大力发展滨水休闲度假旅游，同时融入其他历史文化资源，如农耕文化、屈子文化等。开发四季专题景观旅游线路，如冬季湿地观鸟、春季观桃花、夏季观荷、中秋赏桂等。加强各市县旅游开发联动，培育形成一批洞庭湖系水资源旅游品牌，如岳阳南湖、常德柳叶湖、湘阴洋沙湖、益阳皇家湖、汉寿清水湖、沅江胭脂湖等。积极引入市场主体一体化规划，打造洞庭湖流域生态文旅联合体，推广资源优势、生态保护与文旅产业融合的“两山”转化模式，如常德穿紫河综合治理与开发、“四节连四季，热游在君山”、益阳大通湖“洞庭之心”种草疗伤促三产融合，以及环湖马拉松赛事等，做活“水文章”。

三是大力推进产业园区绿色发展。加大岳阳、益阳、常德及县级产业园区整合力度，协同建设产业公共服务平台，提升承接产业转移层次和水平，规范园区产业集群发展，加快形成主导产业集群和聚集区，构建绿色化工、生物医药、电子信息等特色鲜明的滨水产业体系。制定环湖区产业指导目录，提高环境准入标准和行业准入条件，严控高能耗、高排放、高污染产业发展。制定环湖区重点企业绿色低碳技术提升计划，推进湖区石化、矿业、有色金属等重点行业清洁生产技术改造，加快轻工、纺织、建材、食品加工等产业向高技术、低能耗、少污染转型升级。以己内酰胺产业链搬迁为重点，重构石化产业新链条，推进长江湖南段163公里岸线及腹地经济绿色高质量发展。

四是大力发展循环经济。积极建设固废综合利用示范基地、低碳示范基地，分层培育行业领军企业、专精特新“小巨人”企业，深入推进洞庭湖流域有机固体废物减量化、资源化、无害化。推动农业生产绿色发展，推动洞庭湖流域秸秆、农药包装、农膜、畜禽粪、生活垃圾等废弃物的高效利用，实现“资源利用—污染治理—生产生活”的绿色循环，实现生态大循环。加大对汨罗循环经济产业园的试点支持力度，探索循环经济发展新模式，以石化产业和再生资源行业循环链条为核心，打造“企业小循环、园区中循环、行业大循环”的循环经济格局。

（五）强化政府、企业和公众责任意识，凝聚湖区水生态环境保护合力

一是进一步强化党委、政府的责任和担当。牢牢牵住责任制这个“牛鼻子”，坚决落实生态文明建设目标评价考核、污染防治攻坚战成效考核、领导干部自然资源资产离任审计、河湖长制、林长制、生态环境损害责任终身追究、生态环境损害赔偿等制度，严格落实生态环境保护“党政同责”、“一岗双责”和“管发展必须管环保、管生产必须管环保、管行业必须管环保”要求。按照“分级管理、属地为主，党政同责、一岗双责、失职追责”的原则，全面建立省、市、县三级责任体系。各级党委、政府需切实担负起环保问题整改整治的政治责任，强化统筹协调、加强督促检查、层层传导压力，力促形成齐抓共管的工作新格局。

二是压实企业在生态环保中的主体责任。建立健全环境保护信用评价、信息强制性披露等制度，将企业环境信用信息纳入信用信息共享平台和公示系统，构建守信激励与失信惩戒机制，优先支持循环经济、污水处理等企业贷款，严格限制环境违法企业贷款。可通过举办一系列生态环境保护专题培训班，组织湖区排污企业进行轮训，不断增强区域内企业环保意识，压实企业主体责任，提高企业环境管理水平。引导企业在“双碳”目标下，积极构建绿色技术体系，拓展绿色新型产业，以此为企业高标准履行社会责任的主攻方向。

三是强化社会公众的环保参与意识。加大生态环境保护宣传力度，充分发挥媒体作用，强化全社会水资源保护意识，呼吁全社会珍惜和保护水环境。增强社区、乡村等自主管理环境事务的意识和能力，形成全社会共同参

与湖区水资源保护和节水行动的良好氛围。鼓励成立环保志愿者协会，汇聚各行各业热爱环保人士，开展生态环境志愿服务。鼓励各湿地保护区开展生态旅游环境教育，如采取讲座的形式为社区居民讲解人与自然和谐相处、生态与生存、开发与保护、服务意识等知识，使居民认识到保护对于发展的重要性，增强保护生态旅游资源的积极性。可设计导游图、路牌、宣传标语，建设游客中心、生态博物馆、生态旅游科学解说系统和开展各种活动，多渠道、多途径地增强生态旅游者的环境意识。

专题篇

B.11 湖南建立健全生态产品价值实现机制研究

刘敏 马美英 刘黎辉*

摘 要： 当前湖南在生态产品价值实现机制建设中仍存在机制建设缺乏统筹规划，生态产品价值核算 GEP、VEP 评价与应用不足，生态产品价值实现模式与路径比较单一，生态金融创新性供给不足四大现实难点。建议完善全省各市县区生态产品价值实现规划体系，强化生态产品价值实现的政策配套和部门联动，积极探索符合本省省情的生态产品价值核算方法，探索跨流域跨区域横向生态补偿多元方式，实施“生态+”发展战略，促进生态产品价值增长，完善重点生态功能区转移支付资金分配机制，加大对生态资源权益交易市场的扶持力度，构建多渠道生态项目投融资机制，创新发展特定地域“生态资产权益抵押+项目贷”模式。

* 刘敏，经济学博士，湖南省社会科学院（湖南省人民政府发展研究中心）区域经济与绿色发展研究所副所长、研究员，主要研究领域为区域经济学、消费经济学；马美英，湖南省社会科学院（湖南省人民政府发展研究中心）科研部副部长、副研究员，主要研究领域为产业经济学；刘黎辉，湖南省社会科学院（湖南省人民政府发展研究中心）区域经济与绿色发展研究所副研究员，主要研究领域为区域经济学。

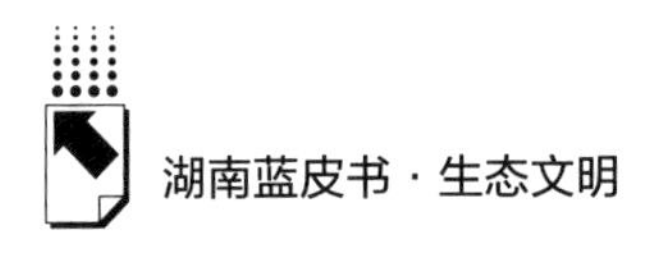

关键词： 湖南　生态产品　价值实现

2021年4月，中共中央办公厅、国务院办公厅联合印发《关于建立健全生态产品价值实现机制的意见》，从国家层面明确了完善生态产品价值实现机制对推动“两山”转化的重大意义。2022年10月，党的二十大报告进一步强调要“建立生态产品价值实现机制，完善生态保护补偿制度”。2024年3月20日，习近平总书记在湖南省长沙市主持召开新时代推动中部地区崛起座谈会时指出，要“完善流域横向生态保护补偿机制和生态产品价值实现机制，推进产业生态化和生态产业化”①。本文梳理湖南生态产品价值实现机制建设试点进展，分析存在的问题和困难，找到针对性解决办法，对湖南深入贯彻习近平生态文明思想、更好落实中央政策部署、推进美丽湖南建设具有重要意义。

一　湖南建设生态产品价值实现机制的基本情况

近年来，为推动湖南省建立健全生态产品价值实现机制，省委、省政府强化统筹协调，发改、财政、统计、自然资源等部门联合印发《湖南省建立健全生态产品价值实现机制实施方案》，同时在生态产品调查监测、生态产品价值评价、生态产品经营开发、生态保护补偿机制建设等方面开展了大量工作。

（一）生态产品调查监测机制方面

一是深入推进自然资源本底调查。编制《自然保护地确权登记技术规范》等5项地方标准，印发《湖南省自然资源统一确权登记总体工作方案》，明确自然资源确权登记责任主体，逐步实现自然资源确权登记全覆

① 《奋力谱写中部地区崛起新篇章》，《人民日报》2024年5月30日。

盖。完成第三次国土调查和年度变更调查，整合森林、草原、湿地、水资源等各类专项调查成果。圆满完成宅基地和集体建设用地使用权的“农村房地一体”确权登记工作，成为全国典型。在浏阳、澧县、芷江推进以行政区单元，在南山国家公园推进以生态系统单元为对象的自然资源确权国家级试点。在浏阳、汨罗、宁远、凤凰开展农村宅基地制度改革国家级试点，在洪江、浏阳开展集体林地“三权分置”省级试点，长沙市率先完成全民所有自然资源资产清查。

二是开展自然生态系统碳汇监测核算。立足“卫星云遥”服务平台，采用遥感智能解译技术，实现了全省遥感影像的时间、空间历史追溯和地物的智能识别。建成铁塔视频监测站点2万余个，实现覆盖90%左右全省集中连片耕地。[①] 联合中国航天科技集团508所、武汉大学等科研院所，组建“湖南省自然生态系统碳汇监测研究室”。基于“天空地”一体化立体监测数据，完成长株潭绿心中央公园、郴州资兴市和怀化靖州县生态系统碳储量本底调查和碳汇监测，编制《湖南省自然生态系统碳汇监测技术指南》，形成了“天空地”自然生态系统碳汇监测技术路线。编制了《湖南省生态系统碳汇能力巩固提升行动方案》和《湖南省自然生态系统碳汇监测（2023~2025年）实施方案》。

（二）生态产品价值评价机制方面

一是完成湖南省全民所有自然资源资产清查试点和资产负债表编制。构建全民所有农用地、建设用地、矿产、森林、草原等自然资源资产省级价格体系，初步摸清了全省全民所有自然资源资产数量、质量、用途、分布及经济价值状况，为生态产品实物量统计、价值量核算及变化趋势统计提供了重要依据。

二是试点开展生态产品价值核算。按照《生态产品总值核算规范（试

---

① 陈张书、邓骅：《珍爱土地　湖南行动丨2万“铁塔哨兵”守护湖南绿色家园》，《潇湘晨报》2024年6月24日。

行）》要求，开发生态系统生产总值（以下简称“GEP”）核算系统，核算了2022年度长株潭绿心中央公园GEP的功能量和价值量，包括物质供给、调节服务和文化服务三个类别。集成碳汇核算总值及GEP各指标核算成果，搭建了碳汇及GEP数字化服务平台，编制了《湖南省生态系统碳汇价值实现思路》报告。2022年5月，长沙县在全省率先发布采用生态环境部技术标准核算的2020年县域GEP。9月10日，怀化市发布2020年市域GEP和《怀化市生态产品总值核算规范（试行）》，这是国内完成的首个地市级核算结果。平江县立足长江中游三省“通平修”绿色发展先行区建设、作为岳阳市生态产品价值实现机制试点县，于2022年8月正式启动了GEP核算以及制度建设。

（三）生态产品经营开发机制方面

一是探索多元化生态产品价值转化途径。重点聚焦盘活资产、拓展路径、共享收益，不断创新生态产品经营开发机制。长沙市湘江欢乐城利用矿坑整治项目进行旅游开发，与贵州天眼、上海世茂深坑酒店并称为“中国三大深坑奇迹”。湘江欢乐城项目从2020年开门迎客起，就一跃成为网红打卡地。截至2023年4月，累计接待游客超200万人次，营业收入超2亿元。[①] 怀化市中方县黄岩旅游度假区，采用飞地模式、依托鹤城区的优势平台代管开发，吸引旅游策划公司、农业公司、村集体入股共建，摸索出扶贫开发和旅游开发相结合的乡村旅游扶贫新模式；郴州市利用东江湖优质水资源发展冷水产业、生态旅游和水权交易，实现一库清水的高价值综合利用；岳阳市积极探索芦苇资源化利用等产业发展路径。省级层面出台《湖南省主要污染物排污权有偿使用和交易管理办法》，建成国家技术标准创新基地（长株潭）生态环境标准创新中心、长沙市排污权网上交易平台等。

二是大力发展生态旅游产业。生态旅游资源是湖南省的优势生态产品，也是湖南省生态产品经营开发的重点方向。《关于加快建设世界旅游目的地

① 陈焕明：《祝贺！长沙这个新地标获詹天佑奖》，《长沙晚报》2023年4月17日。

的意见》（湘发〔2022〕16号）中，明确提出要大力发展生态旅游等融合发展旅游业态。省文旅厅编制了《湖南生态旅游发展规划》，以规划引导生态旅游产品建设、引领生态旅游业态发展和市场趋向；出台了《湖南省“两型”景区建设标准》，以标准引领景区建设、规范行业管理、引导游客出行；并先后推介洋湖湿地公园、南岳衡山旅游区、长沙市岳麓山—橘子洲旅游区等生态旅游样板景区，发挥了典型的引领带动作用。目前，湖南省生态旅游已基本形成“四区一带”的空间格局。

（四）生态保护补偿机制建设方面

一是省域内流域横向生态保护补偿机制已基本建立。2019年，湖南省出台《湖南省流域生态保护补偿机制实施方案（试行）》（湘财资环〔2019〕1号），建立水质水量奖罚和流域横向生态补偿机制。截至2023年底，全省14个市州全部签订协议，122个县市区已有95个签订协议，覆盖率78%，形成了共抓大保护的格局。[①] 省财政已安排流域横向生态保护补偿资金7.88亿元，市县间兑现补偿资金1.07亿元。[②] 推动建立健全国家和地方公益林补偿标准动态调整机制，逐步提高国家级、省级公益林的补偿标准。目前，长株潭生态绿心林地补偿标准已达90元/亩，远高于全国平均约10元/亩的标准。省内各市（州）全部出台生态环境损害赔偿制度实施方案，近年来，全省共启动办理生态环境损害赔偿案件2500余件，涉案金额3亿多元。[③]

二是跨省流域横向生态保护补偿机制建设取得突破。2019年7月，湘赣两省签订《渌水流域横向生态保护补偿协议》，明确上下游的职责和义务，双方约定以交界处断面水质为依据，如果当月水质类别达到或优于国家考核目标Ⅲ类，由湖南补偿江西100万元，反之，则由江西补偿湖南，协议

① 汤建军：《如何实现洞庭湖的生态产品价值》，《新湖南》2024年6月4日。
② 《为“潇湘画卷”增绿添彩——湖南财政持续推进美丽湖南建设》，湖南省财政厅网站，2024年1月22日。
③ 《湖南办理生态环境损害赔偿案2500余件，涉案金额3亿多元》，《湖南日报》2023年6月18日。

有效期为3年。2022年7月，赣湘两省“三年之约”到期后，鉴于“对赌”模式形成生态保护多方共赢，再次签订《渌水流域上下游横向生态补偿协议》，有效期至2025年12月底。2023年1月，经与湖北省多轮沟通协商，在全国流域横向生态保护补偿机制建设推进会上，成功签订了湖南省首个长江干流横向生态保护补偿协议。协议以位于洞庭湖的两个跨省界断面荆江口、城陵矶（右岸）水质为依据，核算横向生态保护补偿资金。

（五）生态产品价值实现保障机制方面

一是探索绿色金融支持新模式。2022年12月，湖南省出台了《湖南省环境权益抵质押融资试点工作方案》，建立了环境权益抵质押融资贷款风险补偿机制，首批次确定湘潭市、郴州市、长沙县成为试点区。2024年上半年全省金融机构获得两项减碳工具217.2亿元。在多个市州开展环境权益抵质押融资试点，5月末，全省环境权益抵质押融资同比增长46%；6月末，全省绿色贷款同比增长34%。[①] 积极探索生态资产权益抵押贷款、固定资产抵押贷款新模式。如怀化市会同县创新建立县林投公司参与抵押、放贷的“三方机制”，搭建林权交易、流转、拍卖、评估四大平台，设置了林农、林企回购制度。积极争取国家级EOD试点项目，目前生态环境部两批试点名单上，湖南省共占2个；在争取的国家EOD试点项目6个，总投资近460亿元，银行授信124亿元，已发放贷款50亿元。[②]

二是加强生态产品价值评估的技术支持。开展“湖南省自然资源领域推进碳达峰碳中和重大技术研究”等4项科研课题攻关，推动自然资源领域减碳、固碳和碳汇基础理论、基础方法研究。自主构建随机森林模型、土壤智能模拟模型和多源遥感数据的生态系统碳汇核算模型，计算生态系统碳储量和碳汇量。运用国产生态系统碳监测卫星“句芒号”的数据，估算郴州资兴市植被碳储量。

① 《湖南省召开2024年上半年全省金融运行形势新闻发布会》，http：//changsha.pbc.gov.cn/changsha/2927606/5419741/index.html，最后检索时间：2024年7月31日。

② 数据来自2024年上半年课题组从湖南省生态环境厅获得的调研资料。

二 湖南建设生态产品价值实现机制面临的主要困难

生态产品价值实现是我国政府提出的一项创新性战略措施和任务，是一项涉及经济、社会、政治等相关领域的系统性工程，在世界范围内还没有在任何一个国家形成成熟的可推广的经验和模式。近些年，湖南虽然在生态产品价值实现机制建设上开展了一些有益的试点探索，总结了一些成功经验，但与浙江、江西、贵州等省的试点工作相比，还有较大差距，还面临一些困难。

（一）生态产品价值实现机制建设缺乏统筹规划

一是缺乏生态产品开发的系统性谋划。生态产品主要包括物质供给、调节服务和文化服务三类，涉及山水林田草沙等多种生态资源。目前湖南省各市州县对于行政区域内的生态产品底数不清、利用方式不明，更多的是探索性、尝试性开发，生态资源的系统性开发意识不足，难以将生态产品的经济价值实现最大化。整体上看，尚未形成贯穿生态产品生产、分配、交换、消费全过程的宏观机制，难以实现生态空间各要素有机组合和高效利用。

二是基层政府推动生态产品价值实现的动力不足。对各市州县的调研也发现，大多数市州县对于生态产品价值实现机制建设很茫然，不知道怎么去推进，或者是处于观望状态，主动性积极性难以充分调动。对部分地方政府而言，生态产品价值实现是新兴事物，对如何界定生态产品、怎样开发生态产品、如何有效将生态产品价值转化为经济价值缺少深刻认知和实现路径，且由于生态产品开发前期投入大、地方政府财力有限等客观因素，各县域在探索推进生态产品价值实现时存在畏难情绪和被动心态，难以激发内生动力。

三是缺乏相关政府部门间的规划协同与政策配套。生态产品价值实现机制建设涉及发改、环保、自然资源、农业农村、水利等职能部门。从各市州县试点实际情况看，亟须加强各部门在生态产品价值实现机制建设上的思想统一和规划协同。如某县就反映国土空间规划仍然缺乏生态产品价值实现理念的整体性嵌入，目标引领性和导向性不够，生态建设中经营性用地指标难以落实，生态产业发展与耕地保护“争地”现象突出。此外，目前土地、矿产及森林、草原、湿地、水等生态资源隶属于不同部门管理，相关政策难以实现有效整合和衔接，自然资源组合供应的政策缺失制约了生态产品价值实现。

（二）生态产品价值核算的 GEP、VEP 评价与应用不足

一是生态产品价值核算体系不健全。目前，我国生态产品价值核算有两个评价体系，一个是“GEP”，是基于行政区域单元生态产品总值核算；另一个是“VEP”，是基于特定地域单元的生态产品价值核算。2022 年国家发改委、国家统计局联合印发的《生态产品总值核算规范（试行）》，只是统一了 GEP 核算的指标体系、具体算法、数据来源和统计口径。而基于特定地域单元的生态产品价值核算规范（VEP）还没有统一，各地都在各自探索，导致各地区的评估体系和测算方式难以实现统一和标准化，难以推进市场化、多元化的生态产品经营开发。

二是生态产品价值核算专业机构和人才缺乏。尽管生态产品价值核算的 GEP 评价体系，国家有统一的规范，VEP 更需要各地自行探索，但要在地方层面真正操作起来却很难，需要专业的数据统计、核算人才，需要有专门的核算机构，还需要根据不同类型的生态资源进行地方参考系数确定，需要运用到专业的核算方法。目前湖南省大多数地方这方面的专业机构和人才很缺乏，大部分干部连生态产品价值实现机制建设基本内容都还不了解，对于 GEP 和 VEP 评价体系更是无从知晓。

三是生态产品价值核算的结果缺乏可应用性。推动生态产品价值核算结果应用，是生态产品价值实现的必然要求，但各市州县在生态产品价值的具体核算过程中，核算指标、模型方法、统计口径、技术手段、人员素质的不一致，导致核算结果的科学性和准确性受到直接影响，对经营单位的实际应用十分有限，往往被弃置一旁。如近些年平江县发布的生态环境指数仅与民

俗酒店价格挂钩，应用范围较小；2022 年长沙县率先开展的 GEP 核算结果仍没有纳入政府的综合决策程序。

（三）生态产品价值实现模式与路径比较单一

一是生态补偿机制市场化运作有限。湖南省目前签订了一些跨省和省域内重点流域的生态保护补偿协议，但基本是政府主导型，企业、集体、个人、金融担保机构等市场主体角色弱化。从各地对待生态产品价值实现的现实情况看，存在“重政府供给、轻市场运作”的现象，过度依赖纵向生态补偿，生态修复资金主要依赖财政支出。如在几个市县的民主监督调研中，反映诉求最多的就是希望政府能多拨付生态保护项目资金。此外，湖南省生态环境治理的局部不平衡问题突出，有些湖泊水生态环境至今未达标，湘江支流重金属指标仍有反弹，农业面源污染带来的总磷超标治理难等，影响了社会资本进入生态领域的信心。

二是生态资源权益的市场交易规模小。从湖南省公共资源交易中心的数据看，2023 年全省交易金额 6828.59 亿元，累计节约资金 156.37 亿元，增收资金 54.22 亿元。其中，探矿权交易最高增值率达 8661.54%，工程建设项目招投标节约资金 56.7 亿元，医药采购节约资金支出 131.9 亿元，政府采购图书类平均优惠率达 40%左右[①]。工程建设项目、政府采购、土地使用权和矿业权出让等占据大头，而如林权、森林碳汇、湿地水权等生态权益所占比重较小。在排污权交易方面，因缺乏国家层面明确的法律法规支持，排污权的资产属性尚不明确，核定排污权缺乏统一标准，对交易核算有制约，排污监管手段缺乏，导致交易进展较慢，仍处于个别市县试点阶段，没有广泛推开。即便如某些市县开展的水权交易、排污权交易，也只是以履约为目的撮合交易，并非真正意义上的市场化交易。

三是生态产品经营开发模式比较单一。湖南省生态产品经营开发主要是

① 《数据亮眼，举措有力！湖南公共资源交易交出“新答卷”》，https：//ggzy.hunan.gov.cn/ggzy/xxgk/xxgkml/gzdt/202402/t20240205_32783299.html，最后检索时间：2024 年 8 月 3 日。

生态农产品和生态旅游开发，而生态调节服务如矿山修复、水生态治理类产品开发很不足。如湖南省油茶开发基本都是初加工，据省油茶办介绍，湖南省每年茶油总产量的70%左右是被小作坊、农户自身压榨、消耗掉，能够被加工企业加工的30%，也基本是茶油，油茶系列衍生产品开发较少。生态旅游同质化竞争严重，如洞庭湖生态区的同类旅游产品过多，导致生态产品的溢价空间被压缩；环湖各市仍在局部、分割地做文章，缺乏整体性环洞庭湖旅游的大谋划。关于矿山修复产品的经营开发，虽然各市县都在积极探索引入社会资本，但进展较慢，如郴州市桂阳荷叶利用煤矸石、苏仙茅栗坪利用废弃石料进行矿山修复产品开发，在可复制性上存在较大问题。

（四）生态产品价值实现的生态金融创新性供给不足

一是生态金融产品供给结构与形式不优。湖南省生态金融仍然是以短期的绿色信贷为主要形式，且占比不高。湖南省鲜有符合中长期发展需求的生态债券、生态股票、生态彩票、生态保险、生态基金等金融产品，缺乏相应制度引导和规范，无法满足生态产品价值实现的多样化需求。相关的绿色信用评级、环境风险评估等专业中介服务机构尚处于早期培育阶段，这也导致湖南省涉及生态产品预期收益权，以茶商、农商交易授信的经营性贷款，以农资溯源的区块链信贷模式的生态金融创新较少。

二是发展生态金融的优惠政策激励不足。近年来，湖南省以及各市州县地方政府颁布了多项生态金融的规划和实施方案，但多为宏观要求，作用主要体现在政策导向上，并未对各金融机构开展生态金融业务提供优惠政策和补贴等。由于绿色生态产业资金投资周期长，回报率不高，部分从事生态产业的企业刚刚起步，缺乏有效的担保物和规范的财务标准，激励机制的不足影响了金融机构积极性，抑制了生态金融服务的供给。

三是金融支持生态产业发展的风险保障不足。生态产业项目前期环保投入大、成本高，如果没有地方财政资金的带动，往往很难吸引到社会资金。如郴州市反映，因缺少绿色贷款的政府性担保基金或风险补偿基金支持，绿色生态产业可持续发展能力十分有限。大多数绿色生态小微企业和新型农村经营主体贷款抵押物不足，难以达到银行贷款投放的风险管控门槛。由于生态产品价值核算结果不被广泛认可，生态权益无法成为标的物进行抵（质）押，生态产业领域因缺乏担保物而无法获得贷款的现象仍然存在。

三　加快湖南生态产品价值实现机制建设的对策建议

党的二十届三中全会针对“深化生态文明体制改革”的重要任务强调“健全生态产品价值实现机制。深化自然资源有偿使用制度改革。推进生态综合补偿，健全横向生态保护补偿机制，统筹推进生态环境损害赔偿”[①]。未来，湖南需全面贯彻落实党的二十届三中全会精神，加快推进生态产品价值实现机制建设，真正将三湘四水的生态优势转化为经济优势，统筹推进高水平保护与高质量发展。

（一）加强生态产品价值实现机制的顶层设计

一是完善全省各市县生态产品价值实现规划体系。全面贯彻落实《湖南省建立健全生态产品价值实现机制实施方案》，给各市县提供宏观规划指导。督促各市县制定生态产品价值实现机制建设的详细方案，尽快完成各类生态资源的底数摸排，科学编制生态资产负债表，形成生态资源底图，并根据区域差异性情况，编制市县级生态产品价值实现的详细规划和实施方案。充分发挥市县各级政府的主导作用，将生态产品价值实现理念和要义有机融入各级政府的国民经济和社会发展规划、国土空间规划、林业发展规划等重要实施规划中。

二是强化生态产品价值实现的政策配套和部门联动。建议围绕各类用地指标、绿色标识、资金投入、人才建设、技术支撑、生态补偿等内容，由省发改委发挥牵头抓总作用，联合自然资源、林草、生态环境、农业农村、文化旅游、财政等有关部门制定并出台生态产品综合性政策工具，着力改进要

① 孙金龙：《深化生态文明体制改革》，《人民日报》2024 年 8 月 30 日。

素供给政策和保障性政策。结合生态产品开发利用制度建设需求，从规划布局、土地供应、用地政策等方面建立生态产品价值实现的政策体系。充分发挥国土空间规划的引领作用，探索建立国土空间规划和生态产品价值实现统筹协调、高效联动的运行机制。统筹建立多部门联席会议机制，强化部门间协同配合，形成推进湖南省生态产品价值实现的整体合力。

三是加强对各市县生态产品价值实现的专业指导。建议由省发改委牵头组织对各市县生态产品价值实现机制建设提供专业性指导，定期开设生态产品价值实现的理论和方法培训班。积极引入第三方智库研究机构，针对湖南省生态产品价值实现机制建设的试点市县所面临的突出问题进行深入研讨，帮助科学制定实施方案。组织各级政府负责生态产品价值实现工作的专干赴省外学习交流，借鉴省外先进经验，积极探索适合本地的生态产品价值实现模式。

（二）不断完善生态产品价值核算和评价机制

一是科学厘清生态产品价值核算对象和核算内容。探索建立湖南省生态产品分级分类目录指引和规范，对生态产品实物量统计账户、成本统计账户以及价值量统计报表等内容加以明确，推动生态资源资产负债表编制相关工作，为将生态产品价值核算纳入国民经济核算体系创造条件。

二是积极探索符合湖南省省情的生态产品价值核算方法。在借鉴我国生态系统服务价值评估相关方法的基础上，根据湖南省不同区域特点和生态产品类型，按照“可靠指标、成熟方法、有效数据”的原则，综合考虑实用性、连续性和基层可推广性，研究制定生态产品价值核算方法，探索在国家公园、洞庭湖生态经济区等重点区域构建工程化实施的价值核算体系。结合当前正在实施的自然资源调查监测评价和统一确权登记，探索研究将自然资源调查与生态产品信息普查相衔接的技术方法。

三是促进生态产品价值核算应用和绩效评价有效衔接。建立健全湖南省生态产品评级机构考核制度，以价值核算为基础，全面评价生态产品供给能力和实现程度，规范相应的价值评估程序，以此加强生态产品价值核算在政府绩效考核方面的应用。结合领导干部自然资源资产离任审计制度，探索反映生态产品实现程度的绩效考核机制，明确激励和约束条件，将生态产品价值实现列入政府主要工作之一，强化各地政府实施的主动性和创造性。

（三）积极探索多元化的生态产品价值实现模式和路径

一是探索多种跨流域跨区域横向生态补偿方式。以长沙、岳阳、郴州、怀化等生态产品价值实现试点基础较好的地区为重点，以湘江流域、洞庭湖区为范围，积极探索构建市场化补偿、生态产业发展补偿、公民收益补偿等制度，允许生态获益区通过资金补偿、飞地经济、人才和产业扶持等多元方式对生态扩散区进行补偿。探索构建“湖南+湖北”洞庭湖流域、长江经济带上下游省份间横向生态补偿机制，以政府购买生态产品或发行生态环保专项债等方式，推进洞庭湖流域生态产品价值实现；探索构建“洞庭湖生态绿色指数”，统筹省际生态环保财政转移支付分配制度，用于水资源环境修复等。

二是实施“生态+”发展战略促进生态产品价值增值。建议依托湖南省丰富的自然生态资源，大力发展生态康养、生态民宿、医疗保健、健康膳食等生态旅游产业。充分发掘废弃矿山、工业遗址、古旧村落等历史资源，积极引进社会资本，推进教育文化旅游开发。抢抓湖南省发展十大优势特色千亿农业产业集群的政策机遇，深入实施生态农产品精深加工行动，大力推进农产品区域公用品牌建设、保护和提升；鼓励依托不同地区独特的自然禀赋条件，推广人放天养、自繁自养等原生态种养方式。鼓励有生态环境优势的地区，适度发展数字经济、洁净医药、电子元器件、精密仪器等环境敏感型产业，如加快郴州资兴市东江湖大数据产业园的规划建设。

三是完善重点生态功能区转移支付资金分配机制。湖南目前有 19 个县域被纳入国家重点生态功能区，每年中央财政都拨付一批转移支付资金。在湖南省 GEP 核算尚未完善的现实条件下，可将所有的转移支付资金分为“达标资金池”和“激励资金池”，采取“达标+激励”的方式，有效激励开展生态产品价值实现工作的地区比学赶超，提升生态功能重点地区生态保护的积极性。后续可以在完善各地 GEP 核算标准的基础上，进一步探索与生态产品价值核算结果相挂钩的转移支付分配机制。

四是加大对生态资源权益交易市场的扶持力度。依托省联合产权交易所，加快建立全国碳市场能力建设（长沙）中心，破除地方碳市场与全国碳市场衔接障碍，构建公开透明、开放竞争的湖南省环境权益交易平台。推动更多发电行业重点排放单位进入碳排放权交易市场，提升湖南省制造业企业的碳资产管理水平及碳市场参与度。在有条件的地区，试点探索构建排污权、用能权、用水权、森林碳汇等交易机制，如依据《新时代洞庭湖生态经济区规划》的要求，推进资源环境权益交易市场建设，开展水权、碳汇权益交易试点，逐渐形成可推广的交易模式。

（四）不断创新生态产品价值实现的金融支持方式

一是充分调动金融机构放贷积极性。统筹产业政策、环保政策、财政政策、金融政策，建立激励引导机制，优化各类政策支持效果，引导企业加大绿色投资，激励金融机构加大绿色金融支持力度。制定和优化湖南省税收优惠、财政贴息、融资担保以及风险补偿等一系列生态金融政策，降低信贷风险和投融资成本，撬动金融机构加大信贷资金支持力度，形成“贷得出和收得回”的闭环管理机制。引导湖南省商业银行围绕生态产品重点领域制定个性化的行业信贷准则，具体细化经济资本占用、信贷授权以及贷款定价等措施。积极培育生态产品的第三方认证机构，构建面向市场的生态信用评价机制，逐步建立生态信用档案。

二是构建多渠道生态项目投融资机制。广泛探索政府投资和市场化投资合作（PPP）、生态环境导向开发（EOD）、特许经营、政府购买服务等多元化模式，引导社会资本有序进入；设立区域性生态产品投资基金，发行生态证券，完善银团贷款和生态保险制度，促进政银协同。落实《湖南省环境权益抵质押融资试点工作方案》要求，明确将林权等生态权益纳入抵（质）押对象和范畴，围绕其开发和设计金融衍生品，构建生态金融产品体系。加大对生态风投项目的支持力度，积极争取国家 EOD 项目，适度开发省级 EOD 项目。为“生态+”企业上市开辟绿色通道，在依法依规的前提下适当放宽上市条件，推进生态产品资产证券化。

三是创新发展特定地域“生态资产权益抵押+项目贷”模式。围绕特定地域单元内的核心生态要素，如洞庭湖的水、林，东江湖的山、水等，同时搭配一定量的古村落、建设用地等非生态资产，将归属生态要素的生态保护补偿资金、林权、碳汇等资产打包划入负责特定地域单元开发的项目公司，作为其资本金，并为非生态资产优选业态适宜、扰动最小的产业项目，探索生态产品加工园区、古村落民宿及生态文化旅游、废旧矿山改造与综合开发、农田绿色开发等模式。

B.12

湖南推进"碳达峰""碳中和"试点研究*

刘 晓**

摘 要： "碳达峰""碳中和"目标是我国基于当前环境问题和能源危机提出的重大战略决策。本报告主要对湖南省面向碳达峰碳中和战略目标的试点示范基础进行梳理和总结，在此基础上识别湖南打造碳达峰碳中和试点示范存在的困难与障碍，提出以碳达峰碳中和试点示范建设为切入点，先行先试，打造"五个试点示范"：做好顶层设计，打造世界级低碳试点示范；做好建设"减法"和生态"加法"，打造绿色韧性试点示范；推进产业生态化和生态产业化，建设低碳智慧试点示范；探索符合产业发展需求的碳金融体系，建设绿色金融试点示范；加快形成低碳生活方式，建设绿色繁荣试点示范。

关键词： 湖南 碳达峰 碳中和

党的二十届三中全会提出"必须完善生态文明制度体系，协同推进降碳、减污、扩绿、增长，积极应对气候变化""健全绿色低碳发展机制"，为我国进一步推动生态文明制度改革，实现"力争2030年实现碳达峰、2060年前实现碳中和"目标指明了方向。地方政府作为地方经济社会发展的政策制定方、推动者，以及引领政策和机制改革的关键力量，开展碳达峰碳中和试点示范创建，是深入贯彻党的二十届三中全会精神、落实党中央关

* 本研究为湖南省自然科学基金项目（2022JJ40231）"面向碳中和目标的长江经济带区域协同碳治理研究"的阶段性成果。

** 刘晓，博士，湖南省社会科学院（湖南省人民政府发展研究中心）区域经济与绿色发展研究所副研究员，主要研究方向为区域经济、低碳经济。

于碳达峰碳中和重大战略决策的具体体现。湖南省通过开展碳达峰碳中和试点示范创建，探索一条具有地域特色的绿色低碳转型之路，是推动湖南经济结构优化升级、增强经济发展内生动力的需要，同时为国家加快推进碳达峰碳中和建设、实现“双碳”目标提供有益借鉴。

一　碳达峰碳中和试点示范创建的基础

2010 年以来，我国已经开展 6 个低碳省（区）和 81 个低碳城市、51 个低碳工业园区、400 余个低碳社区和 8 个低碳城（镇）试点，涵盖了不同地区、不同发展水平、不同资源禀赋和工作基础的城市（区、县），形成了全方位、多层次的试点体系①，积累了一系列低碳发展经验和做法，涌现出一批绿色发展的新理念、新模式，为湖南打造碳达峰碳中和试点示范提供了重要参考和支撑。

（一）绿色转型成为共识，国内外已形成一批典型案例

国际上，已有数百个城市在研究或已提出净零碳排放目标及愿景并开展实践，形成了一批典型经验。其中欧美国家在零碳城市和零碳园区建设领域引领了全球行动，如欧盟的减碳政策以领先技术、制定标准影响全球供应链为特点，并在清洁能源创新、工业转型及低碳建筑和智能交通等方面实现了关键技术突破和商业示范；德国柏林欧瑞府能源科技园基本做到了能源供应、建筑和交通等近零碳排放；日本的减碳政策以开发利用新能源、创新减排技术、发展绿色产业为主线，利用税收、财政补贴等手段引导地方政府积极参与碳减排工作。在国内，青岛中德生态园围绕生态标准的制定和应用、低碳产业的配置和发展、绿色生态城市建设与推广“三大领域”，建立零碳试验区指标体系，形成可复制、可推广的产城融合型零碳社区建设模式；上

① 《我国已初步形成全方位多层次低碳试点体系》，https：//www.rmzxb.com.cn/c/2020-09-29/2680124.shtml。

海桃浦智创城依托大数据与人工智能技术，以数字化转型为主，能源转型为辅，共同引领园区经济绿色低碳循环高质量发展；紫光萧山智能制造园结合自身数字平台构建园区双碳数据底座，提供覆盖园区数据流、信息流、碳流的“多流”全链条服务，打造了国内领先的工业 4.0 样板[①]。这些典型案例为湖南推进碳达峰碳中和试点示范建设，在顶层设计、产业示范、能源技术创新、数字赋能、碳金融政策、低碳生活方式等领域提供了重要借鉴和参考。

（二）转型目标更具体，先行先试路径进一步清晰

推动区域产业结构升级和产业低碳绿色转型，构建单位产值低碳、低能耗、低资源消耗的产业结构，是区域“双碳”战略的重要目标。目前，各地正构建全新的低碳产业体系，并驱动未来能源变革朝“五化”转向：能源供给侧，在电力零碳化、燃料零碳化趋势下，以光伏、风能、氢能产业为代表的清洁能源绿色产业将迎来蓬勃发展，煤炭、冶炼、石化等高耗能高污染传统能源产业面临落后产能淘汰退出或者绿色转型压力；能源需求侧，在能源利用高效化、再电气化、智慧化趋势下，工业、建筑、交通等领域将迎来电气化改造和绿色节能提效的技术改进。以巴黎协定的 1.5 度路径下的减排目标为基准，我国未来将重点在能源、工业、交通、建筑、农业与土地利用五大关键板块加大转型力度，减少碳排放，其中，建筑和农业与土地利用板块是减排重点领域，需要减排幅度在 100%或以上；其次是工业板块，减排幅度须达到 80%~85%，而能源和交通板块需要减排幅度在 65%~70%[②]（见图 1）。

以上减排领域中，为落实宏观目标，需要以具体区域为载体，开展试点示范，通过发挥小范围资源集中和政策的灵活性较强的优势，发现及解决低碳治理中的典型问题。特别是在能源变革“五化”转向趋势下，试点可根据

① 全国信标委智慧城市标准工作组：《零碳智慧园区白皮书（2022 版）》，2022 年。

② 联合国人类住区规划署：《未来城市与新经济绿色创新驱动碳中和》，2023 年。

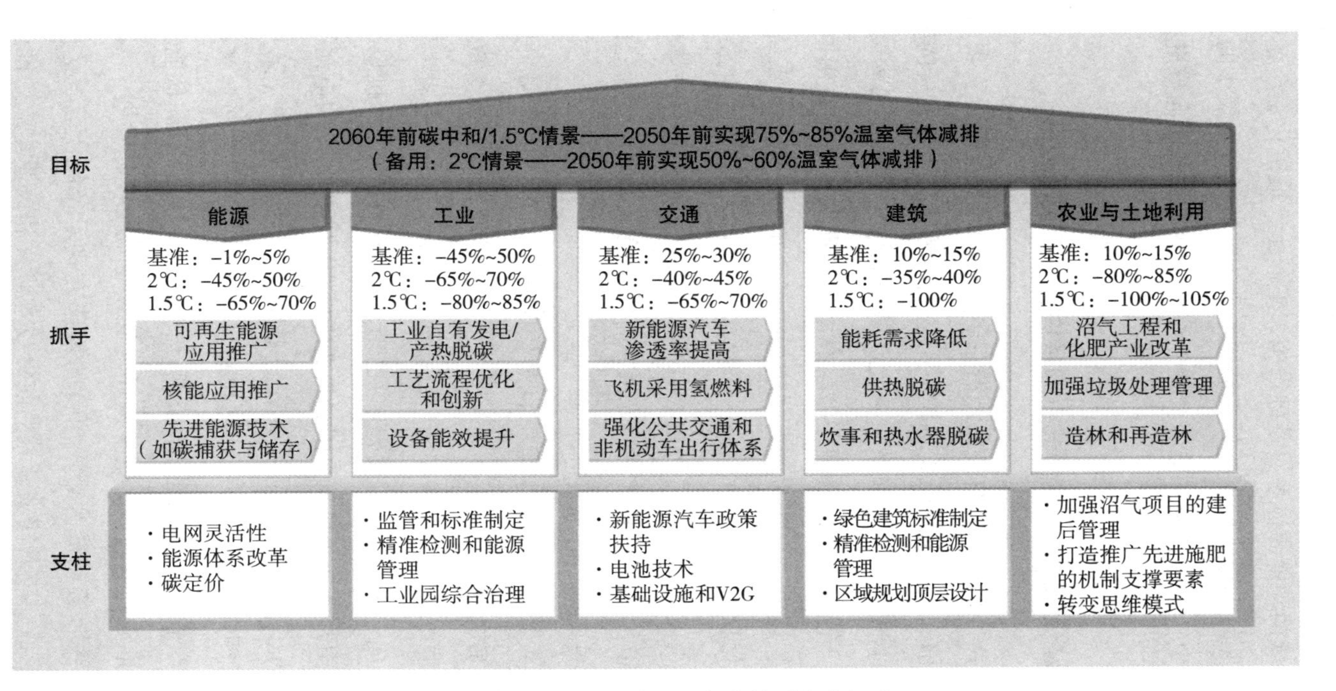

图 1　碳中和目标下中国需加大转型力度领域

资料来源：陈白平、陆怡等：《中国气候路径报告：承前继后、坚定前行》，波士顿咨询公司，2020 年 10 月。

注：所有比例均是 2050 年与 2019 年现状相比。

各区域产业发展的基础和特点，形成一系列发展尖端零碳技术、零碳制造和零碳服务体系，为区域推动能源体系、基础设施、工业化、城镇化、金融体系、技术创新等各个领域的重大转型提供典型样本，为区域低碳发展中的顶层设计、监管标准制定、精准监测和能源管理、综合治理等方面双向推进积累经验。

（三）低碳科技广泛赋能，湖南试点的条件更加成熟

加快发展低碳科技，是区域在日益激烈的竞争中占据先发优势、实现新突破的必然选择。目前，一批前沿低碳科技应用已成为区域高质量发展的突破口，将其优先应用于试点，可为未来在更大区域全面推广提供经验参考。如在试点打造全要素、智能化零碳管理平台，有助于实现城市对建筑用电、绿色交通智能化、市政用电、可再生能源供应、碳汇系统、新型电力系统、物资循环系统等零碳城区建设要素的全面监测与综合调控；构建“建筑—社区—区域”三级新型电力网络，可形成多层级的“源网荷储调”一体化技术应用示范；创新应用水蓄冷系统消纳光伏，有助于验证未来城市新能源消纳和建筑新型能源系统设计的重要方向。

湖南汇聚了中南大学、湖南大学等一批高校院所，涵盖有色金属采选冶、精深加工、电池制造以及资源循环利用全产业技术领域，可有效支撑产业绿色升级改造、能源绿色低碳发展和绿色低碳科技创新。目前，全省发展方式从“增量扩张”向“减量约束”转变中已形成部分标杆，长沙机场绿色能源示范项目和湖南邦普循环科技有限公司实施的10万吨/年动力电池循环利用示范项目入选了国家《绿色低碳先进技术示范项目清单（第一批）》。另外，在能源供给侧，省会长沙已初步形成1谷、1个基地、多点支撑的先进储能材料产业格局；在能源消费侧，一批项目正在进行超低能耗建筑试点示范建设，推动超低能耗、近零能耗、低碳建筑规模化发展；“抬脚上公交、出门坐地铁”逐步成为市民出行的首选方式，绿色货运配送的“产业生态圈”加速形成。随着固碳领域的前沿技术研发和商业化应用推广加速，全省各地构建以新能源为主体、低碳科技为保障的未来清洁零碳、安

全高效能源体系及相关产业链条将迎来重大机遇和广阔前景。碳达峰碳中和试点作为探索城市建成区绿色降碳改造问题的微观模型，也成为区域绿色降碳的重要突破点，将在湖南建设中国“双碳”样板和世界品牌中发挥重要示范作用。

（四）各地加紧部署，湖南低碳转型已初具基础

2021 年 10 月，国务院发布《2030 年前碳达峰行动方案》，要求各省级政府“按照国家总体部署，结合本地区资源环境禀赋、产业布局、发展阶段等，坚持全国一盘棋，不抢跑，科学制定本地区碳达峰行动方案”。行动方案作为碳达峰碳中和“1+N”政策体系中“N 之首”，明确了中国低碳转型的基准情景和路径，各省级政府也表现出了转型雄心和行动力。目前，已有约 15 个省份正式印发了碳达峰实施方案，包括北京、上海、天津、江苏、湖南等省份。

湖南全省正按照“路线图”和“时间表”，积极稳妥推进“双碳”工作。一是创新了工作机制，成立省委书记、省长担任双组长的领导小组，高位推动“双碳”工作，成立院士牵头的专家咨询委员会，指导和参与全省绿色低碳循环发展重大问题基础研究、科技创新和技术推广应用，为“双碳”工作提供“最强大脑”。二是加强了顶层设计，湖南省在 2022 年 3 月发布了《中共湖南省委　湖南省人民政府关于完整准确全面贯彻新发展理念　做好碳达峰碳中和工作的实施意见》。该意见不仅提出了湖南省在 2025 年、2030 年和 2060 年具体的“双碳”目标（见表 1），而且明确指出“支持长株潭城市群等有条件的地方率先碳达峰”。目前，全省能源、科技等 12 个行业领域实施方案和保障措施已出台，制定了数字化绿色化协同转型、循环经济发展、城镇污水垃圾处理等行动计划。三是绿色金融迈上新台阶。湖南省政府办公厅在 2021 年印发《关于深化长株潭金融改革的实施方案（2021~2023 年）》，重点强调从创新实施绿色金融行动和深入实施碳普惠金融行动两大方面着手推进长株潭绿色金融创建和改革。四是聚焦工业、住建、交通、能源等重点领域和关键环节，全省推进绿色低碳高质量发展成绩

亮眼，绿色低碳产业加快布局，钢铁、石化等重点行业企业实施节能减污降碳改造成效明显。2017年长沙、株洲、湘潭和郴州获批为第三批国家低碳城市试点，并分阶段分别确立了创新重点（见表2）。湘潭高新区、岳阳绿色化工产业园、益阳高新区3个园区被纳入国家级低碳工业园区试点，长沙、湘潭2个城市入选全国首批碳达峰试点城市，常德、岳阳入选国家气候适应型城市建设试点。截至2023年，累计创建省级绿色工厂535家、绿色园区60家。全省绿色公交占比95.9%，高速公路服务区充电基础设施覆盖率66.6%，高质量发展“含绿量”不断增加[①]。

表1　湖南省分阶段“双碳”目标重点

2025年	2030年	2060年
全省绿色低碳循环发展经济体系初步建成； 单位GDP能耗比2020年下降14%； 单位GDP碳排放下降率完成国家目标任务； 非化石能源消费占比达22% 森林蓄积量达到7.1亿立方米	全省经济社会发展全面绿色转型取得显著成效； 单位GDP能耗和碳排放下降率完成国家目标任务； 非化石能源消费占比达25%，太阳能发电总装机容量达4000万千瓦； 森林蓄积面积达到8.45亿立方米； 二氧化碳排放量达到峰值并实现稳中有降	全省绿色低碳循环发展的经济体系和清洁低碳安全高效的能源体系全面建立； 非化石能源消费比重达80%以上； 碳中和目标顺利实现

表2　湖南省“国家低碳城市试点”峰值年及创新重点

城市	峰值年	创新重点
长沙	2025年	推进试点“三协同”发展机制 建立碳积分制度
株洲	2025年	推进城区老工业基地低碳转型 创新城市低碳智慧交通体系
湘潭	2028年	探索老工业基地城市低碳转型示范
郴州	2027年	开展近零碳园区（企业）、低碳社区、减污降碳协同、碳排放影响评价等四大试点示范项目

① 《低碳湖南：持续开展低碳试点示范　应对气候变化工作成效显著》，https://www.163.com/dy/article/GMC37QO10514EV7Q，2021年10月15日。

二 湖南推进碳达峰碳中和试点示范建设面临的挑战

碳达峰碳中和试点示范的建设目标主要是以较低能源增速支撑快速发展，对比国内外低碳发展相关趋势及低碳城市建设相关经验，湖南建设碳达峰碳中和试点示范仍存在能源消费需求增大、减排机制不够明确、技术指导方式有待创新、碳金融能力有待完善等障碍。

（一）能源消费需求增加，减排压力较大

2018~2023 年全省能源消费总量从约 1.56 亿吨标准煤上升到约 1.75 亿吨标准煤，年均增长率 2.32%。从能源结构看，2022 年全省火力发电量占比 61.39%，水力发电量占比 27.28%，风力发电量占比 9.8%，太阳能发电量占比 1.54%①。2024 年上半年，湖南非工业重点耗能单位（年耗在 1 万吨标准煤及以上的企业）能源消费量为 61.22 万吨标准煤，同比增长 2.0%，从能耗品种来看，柴油消费量同比增长 18.0%，电力消费 23.76 亿千瓦时，下降 3.0%；天然气消费 451.42 万立方米，下降 41.2%。其次为交通运输、仓储和邮政业，信息传输、软件和信息技术服务业，分别占全部非工业主要耗能单位能源消费量的 24.7%、17.6%。从能源消费品种结构来看，电力和柴油消费占比较大，其中电力能耗占比为 38.9%，柴油消费量占比为 29.3%②。由此可以看出，湖南省能源消费量持续缓慢上升，虽然在推动能源结构优化和节能减排方面取得了一定进展，但化石能源依然占主导地位，建筑业、交通运输业等行业存在较大减排压力。

（二）建设框架尚不成熟，低碳发展和管理机制有待完善

碳达峰碳中和试点示范是近年才出现的新概念，各方仍处于摸索阶

① 湖南省统计局等编《湖南统计年鉴 2023》，中国统计出版社，2023。

② 《上半年湖南非工业重点耗能单位能源消费量增长 2.0%》，湖南省统计局-湖南统计信息网，http：//tjj.hunan.gov.cn/hntj/tjfx/jmxx/2024sjjd/202407/t20240729_33366796.html，2024 年 7 月 29 日。

段，评价体系及建设思路还不够成熟，国内外相关建设的成功案例以产业园区为主，关于碳达峰碳中和试点的多元融合建设的框架仍有待完善。湖南省碳达峰碳中和试点仍处于规划建设阶段，如何突出试点的生态和产业特色，打造小尺度、智慧性、生态性、综合性和系统性的碳达峰碳中和试点示范的相关机制仍有待探索。从企业角度看，国内外相关低碳、零碳方面的建设主要以产业园区为依托，但当前全省主要产业园区的节能低碳服务机构和企业组织多为智能制造科创产业、公共建筑等服务主体，缺少低碳化建设经验，为区域低碳化建设提供的支持有限。从政府管理角度看，作为建设主体，试点示范的创建须依托政府管理机构，其本身并不具备专业的碳达峰碳中和改造和项目管理经验，而且双碳试点示范的建设涉及面广，在项目流程上涉及设计、建设/改造、运营、维护等不同阶段，管理者和运营方对接难度较高，急需一套完整的低碳转型解决方案和整体服务商，承接一站式的低碳建设。另外，以5G、人工智能、大数据和工业互联网等数字化智慧化手段对区域管理效率、区域服务等方面进行迭代升级已成大趋势，如何利用数字化智慧化手段，有效结合国家和其他省市的“双碳”目标，参考产业园区不同试点示范建设模式（见表3），着手当下对现有产业园区进行低碳改造，是湖南省碳达峰碳中和试点示范建设和管理的关键所在。

表3　我国产业园区低碳示范类型

产业园区类型	概念	侧重方向	发展状况	类型	推动主体	支持政策
循环化改造示范试点园区	以循环经济“减量化、再利用、资源化”为原则和优先序，转变经济发展方式，达到经济持续发展、资源高效利用、环境优美清洁、生态良性循环的效果	实现资源高效利用、废物“零排放”	121家园区被列为国家循环改造示范试点园区	过程导向	国家发改委、财政部	专项资金支持

续表

产业园区类型	概念	侧重方向	发展状况	类型	推动主体	支持政策
生态工业园区	通过物质、能量、信息等交流形成各成员相互受益的网络。使园区对外界的废物排放趋于零,最终实现经济、社会和环境的协调共进	注重环境保护,园区主要产业形成集聚效应,具备较为显著的工业生态链条	93个园区开展了国家生态工业示范园区建设工作,其中55个园区通过考核	过程导向	原国家环保总局	鼓励各园区设立国家生态工业示范园区建设专项资金
低碳工业园区	以降低碳排放强度为目标,以产业低碳化、能源低碳化、基础设施低碳化和管理低碳化为发展路径,以低碳技术创新与推广应用为支撑,以增强园区碳管理能力为手段的一种可持续的园区发展模式	以温室气体排放强度和总量为核心管理目标	67家园区入选低碳工业园区试点名单	过程导向	工业和信息化部、国家发改委	鼓励所在地工信发改部门对园区相关资金、政策、项目等给予倾斜
绿色园区	企业绿色制造、园区智慧管理、环境宜业宜居的产业集聚区	侧重产业生态链接和服务平台建设	111家园区入选绿色园区试点名单	过程导向	工业和信息化部	资金补助
近零碳排放示范区	在经济高质量发展、生态文明高水平建设的同时,实现区域内碳排放趋近于零,经济增长由新兴低碳产业驱动,能源消费由先进净零碳能源供给,建筑交通需求由智慧低碳技术满足,最终实现源与汇的平衡	实现区域内碳排放趋近于零	处于概念设计与规划建设阶段	结果导向	国务院	统筹资金、人员、政策等对试点区域进行支持

(三)能源路径依赖较强,低碳技术推广有待探索

现阶段,湖南省主要城市的大部分产业和能源基础设施对传统化石能源

仍高度依赖，清洁能源受到技术和成本等方面的因素制约尚且无法大规模普及使用，电力作为主要产业用能，其背后的能源供应现阶段仍以煤炭等化石能源为主，能源结构的优化转型还需要加强技术和政策支持。长沙市提出“到 2025 年电能占终端能源消费比重提升到 22%，电能替代量达到 35 亿千瓦时，2025 年前全市煤炭消费总量达峰并逐步下降，2030 年前煤炭消费量进一步压减，煤炭消费基本集中在发电、建材等少数重点企业”[①]，其他各市州也提出了相应的减排目标，各地在目标约束下，如何在提高能源利用效率的同时促进区域稳定发展是碳达峰碳中和试点示范建设的一大难题。CCUS 相关技术可对产业用能排放的二氧化碳进行捕集、封存和利用，消纳不可避免的温室气体排放，是实现零碳转型的重要技术手段，但我国 CCUS 还缺乏系统性的政策支持和标准体系，该技术仍处于探索验证阶段，安全性和经济性都有待观察。

（四）碳金融支持不足，执行落地面临诸多挑战

从国内经验看，碳达峰碳中和试点示范建设要实现能源清洁化、管理智慧化等零碳转型建设所需的资金投入远远高于普通区域，面临着基础设施低碳建设难、绿色新兴企业引入难、传统产业低碳转型难、绿色智慧化运营管理难等一系列问题。目前，根据政策激励，零碳转型可通过气候投融资和绿色低碳园区碳排放交易体系（ETS）等新型投融资模式满足资金需求，但当前绿色投融资仍处于起步阶段，绿色融资模式尚不成熟，投资者需有较强能力承担基础设施建设和后续运营风险。另外，全省碳金融行业机构较为匮乏，本土的一些关于碳金融服务的机构，如清洁发展机制（CDM）项目的风险分析和评级机构、碳排放量第三方核算机构、碳排放权交易的中介机构、环境效益评估机构以及涉及碳金融业务的会计师事务所、律师事务所等自身发展还不成熟，难以有效支持碳金融发展应用。

---

① 《关于印发〈长沙市电能替代工作实施方案（2023—2025 年）〉的通知》，长沙市人民政府网，http://www.changsha.gov.cn/szf/ztzl/2023csszwgkgzydztzl/shzdlyxxgk/dhfzlz/dhyhfzhjcjz/202310/t20231011_11246922.html，2023 年 6 月 12 日。

三　湖南省打造碳达峰碳中和试点示范的思路与建议

通过先行先试推进湖南碳达峰碳中和试点示范建设，重点从顶层设计、能源结构、产业结构、基础设施、政策体制等入手，推进“双碳”战略落地。

（一）做好顶层设计，打造世界级低碳试点示范

全省推进碳达峰碳中和试点示范建设的规划要做到“顶天立地”。“顶天”，规划理念需顺应绿色低碳发展潮流，符合2030年联合国可持续发展目标，符合国家和省（区、市）的政策导向，在顶层设计方面倡导绿色低碳规划设计理念，强调“数字融汇赋能”，落脚点为“高品质发展”，强调创新成长、绿色高效和以人为本，兼顾绿色与发展、兼顾生产和生态的全面规划。“立地”，将碳中和理念全面贯彻至国土空间规划、土地出让、方案设计、建设施工等全过程，使工作有抓手，项目能落地，绩效能显现，有特色、有亮点。以低冲击开发和环境控制为前提，营造出山水相融、功能空间布局合理的总体格局。

在建设策略上，应树立“绿水青山就是金山银山”的生态理念，以城市、园区为主要载体，积极推进能源结构、产业结构的绿色低碳化转型发展，加快浅层地热能建筑规模化应用试点建设，加强生态修复，使试点人居环境和公共服务水平得到跃迁，全域自然生态优势更加明显，从而实现职住平衡，成为辐射区域、引领全国、具有世界影响力的低碳发展样本。

（二）做好建设“减法”和生态“加法”，打造绿色韧性试点示范

将碳达峰碳中和试点示范看成一个整体，在建设过程中对试点区域产业规划、空间布局、基础设施、生态环境、运行管理等进行系统性考虑，并将零碳理念落实到试点区主要的碳排放场景中，统筹考虑企业生产、楼宇建筑、交通等各个方面的直接或间接碳排放，全面推动零碳生产、零碳建筑、零碳交通等应用场景转型，做好建设“减法”和生态“加法”，增强绿色韧性。

在建设“减法”方面，一是根据各市州《碳达峰实施方案》，完善试点空间布局，加强低碳基础设施建设，对试点内用水、用电、用气等基础设施建设实施低碳化、智能化改造。一方面，推广新能源和可再生能源使用，鼓励在建筑、生活设施中使用可再生能源利用设施，包括如分布式光伏发电系统、风光互补路灯、智能充电桩等。另一方面，对试点采暖、空调、热水供应、照明、电器等基础设施进行节能改造，提高能源利用效率。此外，加强试点数字化改造，建设碳监测体系，建立能源消耗和碳排放统计监测平台，加强对工业、建筑、交通、电力等基础数据的统计，建立并完善企业碳排放数据管理和分析系统，支撑管理者科学规划、精准部署。

二是大力推广新能源汽车，构建绿色低碳交通体系。支持和促进电动汽车推广应用，率先在公共服务领域推广应用新能源车辆。在公交车、出租车等城市客运以及环卫、物流、公安巡逻等领域加大新能源汽车推广应用力度。优化公共充电桩等基础设施布局，提高绿色出行率。

三是积极响应国家大力发展装配式建筑的倡导，推进装配式建筑和智能建造融合发展，加快推进工程建设全过程绿色建造，鼓励新建房屋建筑和市政基础设施工程推广绿色化、工业化、信息化、集约化和产业化等新型建造方式，实现全过程绿色效益最大化。

在生态“加法”方面，优化布局体系，提升生态质量，打造开放共享、多彩可及的高品质生态空间，持续增强生态系统碳汇能力。一是推进试点增绿。科学规划布局绿环绿廊绿楔绿道，按照居民出行“推门见园、开窗见绿”的感官体验标准，通过串联自然生态资源，建设一批骑行绿道、街头绿地、充满人文活力的高品质公共空间带。二是推进零碳、负碳技术系统化规模化应用，将生态固碳与人工降碳相结合，结合国家核证自愿减排量（CCER）等手段，实现试点动态零碳。

（三）推进产业生态化和生态产业化，建设低碳智慧试点示范

产业是双碳试点示范建设的重点，一是推进产业生态化。在能源消费侧，禁止新建燃煤锅炉，按要求限期改造完现有的燃煤锅炉，将能源结构调

整为以天然气和电能为主，实现能源总量和强度双控、降低高耗能制造业碳排放量、推进“绿色制造”，主要途径包括：通过优化产业链布局提升集群内循环效率，以区域能源系统大循环视角进行产业链的聚集；通过产业集群内企业的生态共生，实现跨企业、跨行业的统筹规划和梯级利用；通过工艺优化提升能源产出效率，积极推动工艺创新，针对不同行业的特点，加快低碳工艺的研发和推广应用；通过推广太阳能光伏产业、智能电网、分布式能源站、风力发电、水源及地热源热泵、冷热电三联供等清洁能源供应设施，推广生物质等清洁替代能源，进一步缓解能源压力和污染排放状况。

二是推进生态产业化。推行环境污染第三方治理，引导重点行业和重要领域绿色化改造，探索生态环境导向的开发模式。发展壮大节能环保产业，引导重点行业和重要领域绿色化改造。培育碳追踪、碳减排领域综合服务商和绿色制造系统解决方案服务商，提升行业绿色低碳发展基础能力。鼓励专业节能服务机构为制造业企业实施专项节能诊断，鼓励第三方专业企业为高耗水企业提供节水咨询、技术改造、水平衡测试和用水绩效评价、合同节水管理等节水服务。遴选优质专业服务机构，面向规模以上制造业企业提供绿色诊断评估服务，挖掘绿色发展潜力。围绕法规政策标准宣贯、先进技术装备产品推广、检验检测、核算评估、绿色金融等方面，鼓励行业机构、大型企业建设产业融通、资源共享、效益共赢的绿色制造公共服务平台。

（四）探索符合产业发展需求的碳金融体系，建设绿色金融试点示范

一是在试点内政府支持设立绿色技术与金融支持平台，将该平台打造成“绿色技术库”和“资源汇聚平台”，集聚全球技术、资本、人才、管理等要素，创新绿色技术转移转化新机制。创建“绿色技术金融平台”，促进绿色科技与绿色金融对接，创建“创新服务平台”，提供从研发、转化到产业化“一站式”服务，实现群体技术产业化。同时应在监管法规方面进行引导，在产业端应出台限制性环保法规，督促入驻企业减少碳排放，通过建立披露机制来督促企业披露绿色数据。对金融机构在绿色信贷标准、绿色金融产品设计与发行、绿色金融风险管理、定期信息披露以及合规审查方面进行

规范，同时在资金端建立专业配置标准并进行引导。

二是构建强有力的以净零碳排放为导向的绿色金融激励机制、产品和服务支持体系。争取国家和省市在应对气候变化和低碳政策等更多方面出台资金政策，建立零碳发展专项资金。围绕三星级绿色建筑、近零碳排放建筑、可再生能源规模化利用，开展绿色建筑融资创新试点，探索贴标产品创新，积极落实各项绿色金融改革创新任务（见表4）。重点可在产业端通过贴息等扶持政策降低入驻绿色产业企业的融资成本。在金融机构方面通过资本要求、自持和风险计提等扶持政策来降低绿色金融业务的资金成本。积极与国家金融监管部门沟通，推动发展能效信贷、绿色信贷资产证券化、绿色债券、绿色股权投融资等措施。在资金引入方面，鼓励保险资管和社保基金积极参与，引导境内外投资者向绿色金融机构进行有效配置。探索引进或新设以零碳为导向的绿色发展基金，以多种形式有效撬动社会资本，鼓励发展绿色低碳产业，推动绿色技术创新政策和投资项目的落地。在基础设施方面，构建绿色资产交易通道和绿色金融资产流通平台，制定与国际统一/互认的绿色行业和绿色资产标准，推动绿色认证和评级以及金融科技与数据技术的应用。

三是创新发展绿色金融产品。完善绿色金融协同工作机制，引导银行机构持续创新推广燃气贷、排污贷、绿碳贷、蓝天环保贷等专属绿色金融产品，大力创新绿色金融服务。将符合条件的绿色企业纳入上市后备企业资源库，加强支持培育。鼓励引导金融机构加强绿色发展项目对接，动态跟踪绿色项目融资对接支持情况，全力保障绿色项目融资需求，全面促进绿色金融加快发展。

（五）加快形成低碳生活方式，建设绿色繁荣试点示范

一是深入实施绿色低碳全民行动。扩大节能环保汽车、节能家电、高效照明等绿色产品供给。开展以“绿色”为主题的创建行动。推广节能低碳节水用品和环保再生产品，减少一次性消费品和包装用材消耗。有序推广低碳标签，开展绿色低碳产品、碳足迹认证和应用。扩大政府绿色采购覆盖范围，引导企业深入执行绿色采购指南。

表 4　绿色基础设施和绿色建筑典型投融资模式

领域	可选案例	描述	典型投融资模式	示范效应
污染治理与生态修复	生态治理	总投资额大，公益性强，对社会资本吸引力不大	财政资金+国开行银行贷款+商业银行贷款	传统政府自建自营模式，直接有效，政府压力大、国开行作用大
			PPP（政府购买服务）+周边开发	创新模式，以开发周边所产生的经济效益为吸引点，撬动社会资本参与生态治理
资源节约高效利用	地下管廊	投资规模巨大，城市水、电、煤气供应、灾害防护系统等均要放到地下，建成后可产生稳定的入廊费和维护费	PPP（政府购买服务、特许经营组合）+绿色企业债	利用 PPP（1）通过稳定的“使用者付费+可行性缺口补助”，提高经济效应，撬动社会资本；（2）利用社会资本参与及运作高效的优势，实现规模融资，提升效率；（3）较大程度增强政府治理和服务能力，并提高城市系统服务能力。地方政府发行绿色企业债，进一步满足巨大资金需求
	污水、固废处理	资金需求规模较大；项目具有可经营性，属于准经营性项目，资产运营有着收费机制，收费机制具有长期稳定性	PPP（政府购买服务+特许经营组合）+绿色 ABS	盘活了存量资产，社会资本方负责融资工作可以大大减轻财政压力，政府仅需对项目进行适当补贴；多元化 PPP 融资渠道，为资本提供了流动性，进行二次融资降低成本；收益权质押融资成为可能
绿色智能交通	城市公交	建设资金规模小，运营期略短；可经营性低，票款收入占总现金流的绝对主要比例；经营依赖政府补贴	绿色项目收益债	有助于获取长期低成本的资金；隔离项目和主体公司间的风险，从而降低融资门槛和融资成本

续表

领域	可选案例	描述	典型投融资模式	示范效应
绿色能源	地热电站建设	资金需求规模大，仅地热开发利用就在百亿元规模，建设周期长，回款较慢；工程具有阶段性，建成后有稳定收入来源	绿色债券+绿色信贷	通过发行绿色债券募集到较大规模资金；银行提供再融资支持，其利益与项目建成情况挂钩
	小型屋顶分布式光伏	融资规模太小，小型屋顶分布式项目只有几百千瓦，融资额在几十万元到一百万元之间，规模太小难以得到传统金融机构支持；更好的售电价格	绿色融资租赁	吸引一些创新型的金融服务采用直接租赁模式解决电站融资难问题，直接租赁
绿色建筑	试点示范区、园区新建建筑	大量新建绿色公房，资金规模巨大；目前绿色建筑的评价体系存在严重缺陷，绿色建筑评价标识不能反映实际运行的绿色性能，社会资本很少介入	绿色信贷+绿色建筑保险增信	通过引入保险机制和第三方评价机构，给高星级绿色建筑进行增信；开发商购买高星级绿色建筑保单，保证开发绿建，否则保险公司理赔。开发商出具绿色建筑保单则可获得贴息贷款；消费者购买绿色建筑，可获得银行贴息贷款；政府使用财政补贴资金对实践承诺的开发商进行定期保费补贴，不用担心补贴错位

二是加强低碳文化宣传。加强试点基础宣传设施建设，设置专题展板、报栏、电子屏、横幅等宣传低碳文化，增强居民低碳意识。结合跳蚤市场、世界环境日、全国低碳日、无车日、地球日等低碳环保主题，开展大型主题宣传活动，倡导低碳生活模式。支持通过购买服务的形式，与专业低碳组织合作，结合青少年、上班族、离退休人员等不同类型居民的群体特点，制定有针对性的差异化宣传策略。探索“碳普惠制”，引导居民争做“低碳生活”的实践者、“减碳发展”的推动者。积极开展“低碳家庭”评选活动，形成示范，引导居民践行低碳生活方式。

三是倡导“无废”理念。从源头减少废物的产生，建立一套社会治理制度，明确居民、政府和企业在垃圾分类和减量中各自应尽的责任，促进居民做好垃圾减量和分类。

B.13
以法治方式推进湖南农业面源污染治理研究[*]

周亚兰[**]

摘 要： 法治是推进农业面源污染治理的重要方式和保障。湖南农业面源污染治理存在诸多法治短板，亟待完善精准治污、科学治污、依法治污制度机制，从立法、执法、司法等方面完善农业面源污染治理体系。建议进一步理顺农业面源污染治理思路、鼓励开展"小切口"立法、尽快厘清监管职责、强化标准化治理、积极引入环境保护公益诉讼。

关键词： 湖南 农业面源污染 法治

党的十八大以来，习近平总书记多次对农业面源污染防治作出了重要指示和要求，强调要加强农业面源污染治理，推进农村人居环境整治，改善农村生产生活条件。湖南始终牢记总书记的殷殷嘱托，将农业面源污染治理纳入污染防治攻坚战，统筹推进乡村生态振兴和农村人居环境整治，有力地防治农业面源污染。2024 年，中共湖南省委、湖南省人民政府发布《关于全面推进美丽湖南建设的实施意见》，将"强化农业面源污染防治"列入"建设美丽乡村""打造美丽中国建设湖南样板"的重点任务。加强农业面源污染治理是美丽湖南建设的重要内容，也是保障粮食安全、推动农业绿色发展

* 本文系 2023 年湖南省社会科学基金项目"湖南农业面源污染治理法治化研究"（项目编号：23YBA354）的阶段性成果。

** 周亚兰，湖南省社会科学院（湖南省人民政府发展研究中心）公共管理与政策评估所研究人员，主要研究方向为法治、生态文明建设、公共政策评估。

的重要支撑。湖南应继续保持战略定力，出台更具体、更具操作性的举措，以法治方式推进农业面源污染治理。

一　湖南农业面源污染治理面临的基本形势

农业面源污染是指在农业生产过程中由于化肥、农药、地膜等化学投入品的不合理使用，以及畜禽水产养殖废弃物、农作物秸秆等处理不及时或不当，所产生的氮、磷、有机质等营养物质，在降雨和地形的共同驱动下，以地表、地下径流和土壤侵蚀为载体，在土壤中过量累积或进入受纳水体，对生态环境造成的污染[①]。湖南是全国农业大省和重要农产品供给基地，高强度的农业生产活动给湖南农业面源污染防治带来了巨大的挑战。

（一）农业面源污染防治形势依然严峻

1. 农业源污染物排放量大、占比高

习近平总书记2020年12月28日在中央农村工作会议上的讲话提出，“目前，治理农业面源污染、改善农村生态环境还处在治存量、遏增量的关口，正是吃劲的时候，松一篙，退千寻。”[②] 相比于工业、城市污染治理，农业面源污染防治工作起步晚、历史欠账多，面临着既要还旧账、又不欠新账的双重压力，农业面源污染防治工作的形势依然严峻[③]。根据湖南省生态环境厅于2024年8月发布的《2022年湖南省生态环境统计年报》[④]，2022年，湖

① 生态环境部：《生态环境部、农业农村部有关司局负责同志就〈农业面源污染治理与监督指导实施方案（试行）〉答记者问》，https://www.mee.gov.cn/xxgk2018/xxgk/xxgk15/202103/t20210326_826213.html，最后检索时间：2024年6月23日。

② 习近平：《坚持把解决好“三农”问题作为全党工作重中之重　举全党全社会之力推动乡村振兴》，《求是》2022年第7期。

③ 生态环境部：《生态环境部、农业农村部有关司局负责同志就《农业面源污染治理与监督指导实施方案（试行）》答记者问》，https://www.mee.gov.cn/xxgk2018/xxgk/xxgk15/202103/t20210326_826213.html，最后检索时间：2024年6月23日。

④ 湖南省生态环境厅：《2022年湖南省生态环境统计年报》，http://sthjt.hunan.gov.cn/sthjt/xxgk/zdly/hjjc/hjtj/202408/t20240806_33422531.html，最后检索时间：2024年11月1日。

南省废水污染物排放中（包括工业源、农业源、生活源、集中式污染治理设施四类排放源），化学需氧量排放总量159.38万吨、氨氮排放总量5.72万吨、总氮排放总量20.00万吨、总磷排放总量2.61万吨，其中农业源排放化学需氧量123.16万吨、氨氮2.53万吨、总氮12.81万吨、总磷2.16万吨（见表1），占全省废水化学需氧量排放总量、氨氮排放总量、总氮排放总量、总磷排放总量的比重分别为77.27%、44.23%、64.05%、82.76%。从农业源水污染物排放占比变化来看，2022年全省废水中农业源排放化学需氧量、氨氮、总氮、总磷的占比较2021年（2021年全省废水中农业源化学需氧量、氨氮、总氮、总磷排放占比分别为74.57%、42.61%、62.27%、80.32%①）分别上升了2.7、1.62、1.78、2.44个百分点。

表1　2022年湖南省废水污染物排放情况

单位：万吨

污染物	排放总量	工业源	农业源	生活源	集中式
化学需氧量	159.38	1.09	123.16	35.11	0.02
氨氮	5.72	0.05	2.53	3.14	0.004
总氮	20.00	0.22	12.81	6.96	0.008
总磷	2.61	0.009	2.16	0.44	0.0003

数据来源：《2022年湖南省生态环境统计年报》。

2. 农业面源污染治理存在诸多薄弱领域

农业面源污染来源主要包括肥料、农药及包装废弃物、农膜、畜禽养殖粪污、水产养殖尾水等。近年来，湖南持续将农业面源污染治理纳入污染防治攻坚战“夏季攻势”重要任务，推进农业面源污染治理取得积极进展。2023年，全省畜禽粪污综合利用率达83%以上，秸秆综合利用率达88.9%

① 湖南省生态环境厅：《2021年湖南省生态环境统计年报》，http://sthjt.hunan.gov.cn/sthjt/xxgk/zdly/hjjc/hjtj/202302/t20230213_29244813.html，最后检索时间：2024年6月23日。

以上，农膜回收率达84%以上，农村生活污水治理率达36.7%[①]。然而，湖南农业面源污染防治仍面临诸多挑战。主要表现为：化肥农药使用量连续保持负增长，但由于农作物复种指数高，主要农作物化肥使用量基本回落到合理区间，化肥农药持续减量压力大，需通过进一步完善技术、提升肥效来巩固减量成效；畜禽养殖粪污综合利用率、规模养殖场粪污处理设施设备配套率均高出全国平均水平，但实现种养匹配和平衡仍存在一定差距，粪污资源化利用长效机制有待健全，数量多、分布广、变化大的畜禽散养户仍是监管盲区；水产养殖池塘面积广、分布分散，养殖尾水的水质监测和达标排放难以监管到位；秸秆、农药包装物、农膜等废弃物因收集利用成本高，多被作为生活垃圾处理，资源化利用水平有待提升。

（二）农业面源污染防治法规政策体系初步形成

1. 从农业绿色生产和污染防治两个维度构建了规制体系

农业面源污染防治相关规定零星分布于农业生产、乡村振兴、生态环境保护等法律法规中（见表2），形成了两大规制体系。一是在推进农业绿色生产、保障农产品质量安全等立法中注重防治污染。《中华人民共和国清洁生产促进法》《中华人民共和国农业法》《中华人民共和国渔业法》《中华人民共和国农产品安全质量法》等法律围绕科学使用农业投入品和科学处置农业废弃物等作出规定，提出要“合理使用化肥、农药、农用薄膜等农业投入品”“科学确定养殖密度，合理投饵、施肥、使用药物”“科学处置农用薄膜、农作物秸秆等农业废弃物”。二是在生态环境保护和污染治理一般性立法中强调农业面源污染防治。《中华人民共和国环境保护法》规定，要加强农村环境保护、防治生态破坏，合理使用农药、化肥等农业投入品；《中华人民共和国大气污染防治法》明确规定，要减少肥料、

① 畜禽粪污综合利用率、秸秆综合利用率、农膜回收率最终数据以农业农村部审核通过的数据为准。资料来源：湖南省生态环境厅《2023年湖南省生态环境状况公报》，http://sthjt.hunan.gov.cn/sthjt/xxgk/zdly/hjjc/hjzl/202407/t20240724_33363060.html，最后检索时间：2024年8月2日。

农药大气污染以及畜禽养殖排放恶臭气体，推进秸秆综合利用、禁止露天焚烧秸秆；《中华人民共和国水污染防治法》规定，要科学合理使用化肥和农药，防止畜禽养殖场、养殖小区、水产养殖、农田灌溉等污染水环境；《中华人民共和国土壤污染防治法》列举了农业生产者防控土壤污染应采取的措施；《中华人民共和国固体废弃物污染防治法》强调要指导和鼓励建设秸秆、废弃农用薄膜、农药包装废弃物等农业固体废物回收利用体系。

表2　有关农业面源污染防治的国家法规政策

形式	名称	主要条文
法律	中华人民共和国清洁生产促进法	第22条
	中华人民共和国农业法	第58条、第65条等规定
	中华人民共和国渔业法	第19条、第20条规定
	中华人民共和国畜牧法	第6条、第39条、第46条
	中华人民共和国农产品质量安全法	第22条、第23条、第67条
	中华人民共和国环境保护法	第33条、第49~51条、第63条
	中华人民共和国水污染防治法	第3条、52~58条、第91条
	中华人民共和国大气污染防治法	第2条、第73~77条、第119条
	中华人民共和国土壤污染防治法	第28条、第29条、第30条、第88条
	中华人民共和国固体废物污染环境防治法	第63条、65条、107条
	中华人民共和国长江保护法	第48条
	中华人民共和国乡村振兴促进法	第35条、第39条、第40条
行政法规	农田水利条例	第30条
	农药管理条例	包括农药登记、生产、经营、使用、监督管理及法律责任
	基本农田保护条例	第19条规定
	畜禽规模养殖污染防治条例	第43条规定
规范性文件	生态环境部、农业农村部联合印发《农业面源污染治理与监督指导实施方案（试行）》（环办土壤〔2021〕8号，2021年3月）	明确了"十四五"及2035年农业面源污染防治的总体要求、工作目标和主要任务等
	国务院印发《空气质量持续改善行动计划》（国发〔2023〕24号，2023年12月）	第20条明确，加强秸秆综合利用和禁烧

2. 地方立法是农业面源污染治理的重要依据

据不完全统计，全国绝大多数省份[①]出台了农业环境保护条例（也有称农业环境保护管理条例）。2018 年国务院机构改革将原农业部监督指导农业面源污染治理的职能划给新组建的生态环境部。之后，以农业农村部门主导制定的“农业环境保护条例”被废止。其中，湖南省人大常委会于 2002 年制定的《湖南省农业环境保护条例》于 2023 年 5 月被废止。下一步该如何进行农业环境保护地方立法值得思考。部分省市的地方立法探索值得借鉴。如湖北省荆门市、十堰市先后出台了《荆门市农业面源污染防治条例》[②]《十堰市农业面源污染防治条例》[③]，江苏省泰州市出台了《泰州市农业面源污染防治条例》[④]；湖南娄底、衡阳、益阳、株洲等地探索了畜禽水产养殖、秸秆禁烧和综合利用等“小切口”立法（见表 3）。

表 3　湖南农业面源污染防治地方法规政策

类型	名称及制定、修正(订)情况
地方性法规	《湖南省环境保护条例》(1994 年制定,1997 年第一次修正,2002 年第二次修正,2013 年第三次修正,2019 年修订)
	《湖南省农业环境保护条例》(2002 年制定,2013 年修正,2022 年废止)
	《湖南省实施〈中华人民共和国清洁生产促进法〉办法》(2009 年)
	《湖南省大气污染防治条例》(2017 年制定,2020 年修正)
	《湖南省实施〈中华人民共和国固体废物污染环境防治法〉办法》(2018 年制定,2020 年修正)
	《湖南省实施〈中华人民共和国土壤污染防治法〉办法》(2020 年制定)

① 据不完全统计，有山西（1991 年）、黑龙江（1993 年）、山东（1994 年）、吉林（1994 年）、广西（1995 年）、内蒙古（1995 年）、辽宁（1996 年）、云南（1997 年）、广东（1998 年）、江苏（1998 年）、安徽（1999 年）、福建（2002 年）、湖南（2002 年）、湖北（2006 年）、甘肃（2007 年）等省份均出台了农业环境保护条例（也有称农业环境保护管理条例），通过国家法律法规数据库（npc. gov. cn）检索，最后检索时间：2024 年 6 月 12 日。

② 由荆门市第九届人民代表大会常务委员会第二十九次会议于 2020 年 6 月 23 日通过，经湖北省第十三届人民代表大会常务委员会第十七次会议于 2020 年 7 月 24 日批准。

③ 由十堰市第六届人民代表大会常务委员会第十二次会议于 2023 年 10 月 18 日通过，经湖北省第十四届人民代表大会常务委员会第六次会议于 2023 年 12 月 1 日批准。

④ 由泰州市第六届人民代表大会常务委员会第十次会议于 2023 年 6 月 26 日通过，经江苏省第十四届人民代表大会常务委员会第四次会议于 2023 年 7 月 27 日批准。

续表

类型	名称及制定、修正(订)情况
(设区的市)地方性法规	《益阳市畜禽水产养殖污染防治条例》(2019 年)
	《株洲市畜禽养殖污染防治条例》(2019 年)
	《衡阳市农作物秸秆露天禁烧和综合利用管理条例》(2021 年)
	《娄底市农村人居环境治理条例》(2022 年)
规范性文件	《湖南省水产养殖尾水污染物排放标准》(自 2021 年 2 月 27 日起实施)
	《湖南省畜禽规模养殖污染防治规定》(湘政办发〔2022〕46 号)
	《湖南省畜禽养殖污染防治规划(2021 年~2025 年)》(湘环发〔2022〕21 号)
	《湖南省"十四五"长江经济带农业面源污染综合治理实施方案》(2022 年)

二　湖南农业面源污染治理存在的法治堵点

坚持精准科学、依法治污，是持续深入打好农业面源污染防治攻坚战的基本原则。调研发现，湖南农业面源污染治理仍面临诸多法治短板，与实现精准治污、科学治污、依法治污目标存在一定差距。

（一）农业面源污染治理面临“无法可依”问题

国家层面暂未出台关于农业面源污染治理的专门性立法规定，现行农业面源污染防治立法分布分散，多为原则性规定，可操作性有待增强，尤其是关于农业面源污染治理的法律责任体系尚不健全，诸多污染行为的法律责任追究处于“无法可依”的状况。部分地方对规模以下尤其是 10 头以下畜禽散养户的污染防治、秸秆禁烧的例外情形、水产养殖尾水排放标准等进行了一些有益探索，但因缺乏权威、统一的上位法规定，有的治理举措难以发挥作用。如《衡阳市农作物秸秆露天禁烧和综合利用管理条例》第 8 条规定“禁止露天焚烧秸秆，但经检疫确需焚烧的病虫害秸秆除外”，虽然避免了“一刀切”禁烧，但对“检疫确需焚烧”缺乏具体规定，并未真正实施。

（二）农业面源污染监管职责划分存在明显偏差

2018年机构改革后，省级层面关于农业面源污染治理和监督指导的部门职责已基本明确，但市、县层面并未设立专门的农业环境保护机构，且农业农村、生态环境等部门之间的部分职责存在交叉重叠，容易造成部门推诿扯皮。如规模以下畜禽养殖污染防治监管职责，究竟由生态环境部门还是农业农村部门负责，在实践中存在较大争议。又如秸秆禁烧监管职责分配问题，《中华人民共和国大气污染防治法》第119条明确由县级以上地方人民政府确定的监督管理部门对露天焚烧秸秆等违法行为责令改正并可处罚款；《湖南省大气污染防治条例》第25条规定“县级以上人民政府农业主管部门应当建立健全禁止露天焚烧秸秆监管机制”。从立法条文来看，湖南秸秆禁烧监管职责应由农业农村部门负责，然而实践中做法并未统一。湖南部分地市是由生态环境部门牵头或者由农业农村与生态环境部门共同牵头。此外，值得一提的是，县级生态环境部门作为市生态环境局分局，不属于县级政府部门，难以被确定为监督管理部门。

（三）部分治理措施难以实现“精准治污”“科学治污”

部分治理措施照搬工业点源污染治理思维，过于强调“一刀切”考核和治理，实施效果与群众期盼之间存在落差。如农业化肥减量化考核指标未全面考量种植结构、地域、气候等差异，多采用整齐划一的考核指标，容易衍生数据减量的冲动；畜禽养殖粪污处理强调“上污染处理设施”，治理成本过高，出现难以为继的情形；秸秆禁烧管控政策实施以来，基层普遍反映农作物病虫害增加，杀虫剂、除草剂等农药使用量增加，不利于农业生产，并造成新的土壤环境污染，且秸秆离田综合利用成本高，农民对秸秆禁烧存在抵触情绪。又如大力推广的“三池两坝”水产养殖尾水治理模式，由于项目设施用地面积占比大，又无占地补偿政策支持，设施建设成本高，养殖户反映该模式难以复制推广，出现争取到中央、省级渔业尾水治理项目却难以落地的现象。

三　以法治方式推进湖南农业面源污染治理的建议

党的二十届三中全会提出，深化生态文明体制改革，健全生态环境治理体系，推进生态环境治理责任体系、监管体系、市场体系、生态环境法律法规体系建设，完善精准治污、科学治污、依法治污制度机制。为此，湖南持续深入推进农业面源污染治理必须坚持改革创新，以法治思维和法治方式，从立法、执法、司法等领域不断完善农业面源污染治理体系。

（一）理顺思路：避免盲目照搬工业治污模式

一是准确认识农业面源污染区别于工业点源污染的特征。从污染物来源来看，农业农村是开放系统，农业面源污染涉及农业生产生活全方面，主要污染物来自种植业、养殖业等多个领域，具有污染分散、点多面广、成因复杂的特征，难以完整监测污染物的区域消纳和迁徙变化等情况。工业点源污染防治从污染物产生、监测、收集、处理等方面均形成了完整封闭的管控体系。从污染物属性来看，工业污染物主要是废气、废水、废渣“三废”，属于工业消极附属品，强调末端治理、达标排放；农业面源污染物多为氮、磷等营养物质，污染物的资源属性明显，农业生产经营者主观上缺乏排污动机。从惩治措施来看，工业污染治理不理想，可以采取“罚款”“关闭”等刚性执法措施。农业面源污染防治关系粮食安全、“保供给”等公共利益，不能简单适用“责令停产”“关闭”等强制措施。

二是确立以环境质量目标为导向的治理模式。农业面源污染统计、调查、评估和监测等标准规范尚不健全，难以证明污染源与污染结果之间存在因果关系，故难以追究污染环境的法律责任。综合考虑农民的弱势地位、农业生产“保供给”的公共属性以及污染因果关系的不确定性、单个违法行为广泛发生但情节轻微的特殊性等因素，农业面源污染治理不应局限于法律对个体的硬约束，不能直接套用“谁污染、谁治理”一般归责原则，而更应关注对个体行为聚合后的总行为防控，重点从农业环境质量目标控制着手，构建以政府为主导的“环境质量目标”考核评价机制，从“前端预防”“过程拦截”“末端治理”等全过程细化污染治理的总目标，并重点配套相应的支持和激励措施。

（二）完善立法：鼓励地方开展“小切口”立法

一是尽快出台“秸秆综合利用和禁止露天焚烧管理”规定。进一步理顺秸秆禁烧监管职责，确定秸秆禁烧由生态环境部门牵头负责，秸秆资源化利用由农业农村部门牵头负责，并明确乡镇（街道）对秸秆禁烧管控的监督执法职责。坚持疏堵结合，协调推动秸秆禁烧管控和资源化利用。全面落实国务院发布的《空气质量持续改善行动计划》第 20 条规定[①]，结合实际精准划分秸秆禁烧范围，将秸秆禁烧区分为全时禁烧区和限时禁烧区；优化秸秆禁烧管控方式，明确在限时禁烧区内的禁烧时段，根据秸秆产生量、综合利用量、剩余量情况，制定秸秆限时禁烧区以及病虫害焚烧方案，编制焚烧计划，明确审批备案程序，实现动态错峰焚烧管理。

二是分类实施养殖污染防治监管。分类实施养殖污染防控措施。建议将规范性文件《湖南省畜禽规模养殖污染防治规定》升级为地方性法规，强化落实规模养殖场污染防治的主体责任；明确散养户污染监管职责，支持养殖污染治理社会化服务全覆盖。分类加强水产养殖尾水治理监管，持续规范设置养殖尾水排放口，优化渔业养殖尾水治理项目设施用地调节方案等支持举措。

三是适时出台“农业面源污染防治条例”。统筹涉农环境保护领域立法，借鉴湖北省荆门市、十堰市以及江苏省泰州市出台“农业面源污染防治条例”的做法，适时推动设区的市（州）出台农业面源污染防治条例。

---

① 2023 年国务院印发的《空气质量持续改善行动计划》（国发〔2023〕24 号）第 20 条规定，加强秸秆综合利用和禁烧。提高秸秆还田标准化、规范化水平。健全秸秆收储运服务体系，提升产业化能力，提高离田效能。全国秸秆综合利用率稳定在 86%以上。各地要结合实际对秸秆禁烧范围等作出具体规定，进行精准划分。重点区域禁止露天焚烧秸秆。综合运用卫星遥感、高清视频监控、无人机等手段，提高秸秆焚烧火点监测精准度。完善网格化监管体系，充分发挥基层组织作用，开展秸秆焚烧重点时段专项巡查。

进一步明确农业农村、生态环境等部门以及乡镇（街道）职责，以完善污染防治标准、细化环境质量目标为导向，配套细化控制指标的行动方案，进一步强化执法者的监管责任，推动形成农业环境保护齐抓共管大格局。

（三）规范执法：汇聚农业面源污染监管合力

一是统筹推动涉农环境保护的目标和举措协同。习近平总书记2023年7月17日在全国生态环境保护大会上指出，要"统筹推动乡村生态振兴、农村人居环境整治，有力防治农业面源污染，建设美丽乡村"。[①] 加强农业面源污染防治，亟待推动农村生态文明建设各个领域关于农业面源污染防治的目标、责任和措施等协同发力。县级以上政府将农业面源污染防治工作纳入国民经济和社会发展规划、生态环境保护规划、农业发展规划等有关规划，编制农业面源污染防治专项规划；将农业面源污染防治任务纳入乡村生态振兴、农村人居环境整治、污染防治攻坚战、饮用水水源地保护等重点工作，统筹农业面源污染防治的主要目标、重点任务及举措、责任落实。

二是厘清生态环境、农业农村等部门职责。2020年3月4日，中共中央办公厅、国务院办公厅印发《中央和国家机关有关部门生态环境保护责任清单》，其中有关"中央有关部门生态环境保护指导监督责任"规定明确了由生态环境部门负责环境污染防治的监督管理，包括"指导协调和监督农村生态环境保护，监督指导农业面源污染治理工作"；农业农村部门负责指导农业清洁生产。加快构建部门衔接协调机制，农业部门作为农业清洁生产牵头部门，要提高"管行业必须管环保，管生产必须管环保"的思想和行动自觉，生态环境部门作为农业面源污染防治监督指导部门，要加强污染监测预警，提升精准治污、科学治污能力。

三是赋权乡镇（街道）监管执法。2019年湖南省人民政府办公厅下发乡镇（街道）权责清单和经济社会管理权限赋权指导目录，将畜禽养殖污染防治的监管执法、对辖区内秸秆等生物质焚烧的监管执法分别以服务前

① 习近平：《以美丽中国建设全面推进人与自然和谐共生的现代化》，《求是》2023年第15期。

移、直接赋权方式下放乡镇（街道）。然而，因部门不敢放、乡镇不愿接，乡镇（街道）赋权未完全到位。由于乡镇缺乏法定的监督执法权，县级综合执法队员接到举报线索后赶赴现场，违法行为人早已离开，客观造成“管得着的看不见、看得见的却管不着”现象。因此，要深化乡镇综合执法改革，理顺县、乡综合行政执法机构的关系，将行政执法事项赋权乡镇工作纳入法治政府建设考评体系。全面梳理现行法律规定的生态环境监督执法事项，采取省人大直接立法授权方式，明确乡镇（街道）的执法权限和方式。或仍由湖南省人民政府根据集中行政处罚权和强制权的规定，更新发布“赋予乡镇（街道）经济社会管理权限指导目录”，明确将乡镇（街道）能够承担的监督执法事项，分批分类赋权给乡镇（街道）。加强农业生态环境监管执法业务指导、人才培训，提升乡镇（街道）综合执法能力，打通生态环境监管执法“最后一公里”，让农业生态环境保护问题能被“看得见、管得着”。

（四）强化标准化治理：抓住“标准化”牛鼻子

一是健全农业面源污染防治、农业清洁生产标准体系。习近平总书记2013年12月在中央农村工作会议上指出，“我国千家万户的小规模农业生产，光靠看是看不住的，要把农民组织起来，通过供销合作社、农民专业合作社、龙头企业等新的经营组织形式和农业社会化服务，再加上政策引导，把一家一户的生产纳入标准化轨道”①。农业面源污染治理应以标准化体系建设为抓手，因地制宜从源头预防、过程控制、末端利用全链条完善标准化治理措施体系，全面构建农业清洁生产、农业面源污染防治标准体系，推动污染防治从粗放向精细、从分散向集约转变。重点完善农业投入品科学使用、养殖污染防治配套设施建设和运营、农业废弃物资源化利用等领域的技术标准或治理规程。如积极探索氮肥分区定额控制、分类制定施肥用药指南、粪肥堆肥设施建设标准等。集中力量攻克一批高效能、低成本的农业面

---

① 习近平：《论“三农”工作》，中央文献出版社，2022。

源污染治理关键技术、重要产品和核心装备。以小流域或区域治理为示范，整合资源，菜单式集成适用一批先进技术和工程建设治理措施。

二是推进系统标准的农业面源污染监测。农业面源污染相关统计数据分散，有关种植、畜禽养殖、水产养殖等生产和污染负荷排放现状不清，难以为农业面源污染负荷评估和治理绩效考核提供数据支撑，也导致对水质超标断面的农业面源污染贡献占比无法形成统一认识。建议统筹推动农业污染源普查、生态环境统计、畜禽粪污综合利用信息、排污许可管理平台等工作对接、信息共享，推动构建农业面源污染监测“一张网”，形成集数据采集、分析、展示、决策于一体的农业面源污染决策支持平台。推动整合农业部门的农田氮磷流失监测、水产养殖尾水监测、生态环境部门的地表水生态环境质量监测、大气污染联防联控等数据，建立农业面源污染贡献核算方法，摸清农业面源污染底数。综合运用卫星遥感、高清视频监控、无人机等手段以及网格化监管体系，加强对重点地区畜禽养殖、高密度水产养殖尾水污染、农区大气、连片10万亩以上灌溉水质等的监测，提升农业面源污染监测预警能力。

（五）能动司法：积极引入环境保护公益诉讼

一是优化环境公益诉讼机制。环境公益诉讼是应对环境污染风险、维护环境公益的重要司法规制手段，但在农业面源污染防治领域较少提起。建议从适格原告主体、被追诉对象、请求事项等方面，拓展农业面源污染环境公益诉讼的适用范围。从原告主体来看，除检察机关、适格环保社会组织之外，支持如村级集体经济组织等更多主体作为原告提起农业面源污染环境公益诉讼。从被追诉主体来看，被追诉对象主要是指“不依法履行职责”的行政主体，如因农业投入品、畜禽和水产养殖、秸秆禁烧与综合利用等农业面源污染防治目标未实现而损害社会公共利益的直接行政主体。同时也支持对规模以上畜禽养殖、水产养殖等污染直接责任者提起民事公益诉讼。推动司法机关与生态环境、农业农村等行政部门在监测信息共享、线索和案件移送、联合调查、评估鉴定、案情通报等方面建立有效衔接机制。探索建立以村干部、新乡贤等为代表的基层“公益诉讼联络员”制度，推动农业面源污染防治社会化综合治理。

二是创新责任承担机制。分类适用多元化的责任方式，在行政公益诉讼案件中，除了要确认行政机关未依法履行污染防治监管职责构成违法，继而推动继续履职的请求之外，还应明确具体的防治举措；在民事公益诉讼中，综合运用消除影响、赔偿损失、赔礼道歉、生态修复、公益劳动等多样化的责任措施，全面提升农业面源污染治理的责任意识。创新公益诉讼资金支持机制，落实生态环境损害赔偿制度，拓展多元化赔偿资金来源。出台“湖南省生态环境损害赔偿金管理办法”，将赔偿金统一上缴国库管理，实行专款专用；设立农业面源污染环境公益基金，将农业企业环保税、违法罚款金、财政收入、信托基金收益、社会捐赠等资金注入，支持农业面源污染治理项目及生态修复工作；通过补贴保费等方式，鼓励和引导农业生产者投保环境污染责任保险，分散污染治理风险。

B.14

湖南县域绿色低碳发展的实践路径研究

——岳阳君山“四法”节能降碳的探索与启示

湖南省社会科学院（湖南省人民政府发展研究中心）课题组*

摘 要： 湖南省岳阳市君山区直面区县节能降碳五大难题，通过探索“加大节能降碳投入、加速推进湿地碳汇、加快生态价值转化”的“加法”，“推动重点领域降低碳排量，大力消减‘碳源’，促进绿色低碳发展”的“减法”，“推动科技创新，加快成熟低碳技术推广应用，推动生态融合发展”的“乘法”，“深化改革，破除体制机制、意识提升、核算度量等障碍”的“除法”，在节能降碳方面取得了显著成效。形成了在思想上坚持系统思维、久久为功，在思路上坚持深化改革、绿色转型，在方法上坚持全面推进、重点突破，在路径上坚持科技引领、创新驱动，在理念上坚持政府引导、全社会参与的经验启示，值得各地借鉴和推广。

关键词： 岳阳君山 碳达峰 碳中和 节能降碳

习近平总书记强调，实现碳达峰、碳中和，等不得也急不得，不可能毕其功于一役，必须坚持稳中求进、逐步实现①。为贯彻落实习近平总书记关

---

* 课题组组长：李晖，湖南省社会科学院（湖南省人民政府发展研究中心）经济研究所所长、研究员，主要研究方向为经济学、区域发展战略与政策等。课题组成员：许安明，湖南省社会科学院（湖南省人民政府发展研究中心）经济研究所助理研究员，主要研究方向为大数据分析、经济学等；高立龙，湖南省社会科学院（湖南省人民政府发展研究中心）区域经济与绿色发展研究所助理研究员，主要研究方向为区域经济、生态文明建设等；杨顺顺，湖南省社会科学院（湖南省人民政府发展研究中心）经济研究所副所长、研究员，主要研究方向为环境经济学、环境管理学等。

① 习近平：《推进生态文明建设需要处理好几个重大关系》，《求是》2023年第22期。

于推进“双碳”工作的重要指示精神，湖南省岳阳市君山区自觉扛牢首倡地的政治责任，直面节能降碳难题，创新性地探索区县节能降碳“加减乘除”四法举措，走出了一条符合区情实际、彰显君山特色的低碳发展路子。从环境生态看，空气质量优良率从 2018 年的 78.6% 上升到 2023 年的 85.8%。从荣誉表彰看，君山入选第四批国家农业绿色发展先行区创建名单，获评全国绿化模范先进县市区、中国最具特色生态旅游示范县（区）等荣誉称号。

一　县域节能降碳的“五大”难题

县域是推进节能降碳的关键节点，也是落实绿色发展的主要载体。但长期以来，县域节能降碳面临着经济转型发展压力大、政府财政压力难承担、生态价值难以转化、节能降碳技术难落地、公众参与度不高等问题，使得县域节能降碳任重而道远。

（一）节能降碳难度量

计量是科学决策、成效评估和市场化交易的关键，但县域测量节能降碳困难重重。一是节能降碳底数难测量。县域节能降碳涉及工业、农业、建筑、森林、绿地、湿地、人类生活等多个领域，且需要监测二氧化碳、氧化亚氮、甲烷、六氟化硫、三氟化氮、氟利昂等浓度值，是一个比较复杂的系统工程。二是县域碳核算方法难选择。尽管理论上已形成诸多计量方法，但在实践中尚不具有广泛可操作性[①]。湖南省碳排放核算及碳计量标准制定仍在探索期，县域碳排放计量尚无权威的参考标准。三是测量服务体系比较缺乏。县域普遍存在缺乏碳计量技术机构、科研院所、重点实验室、工程技术中心等服务平台，难以进行常态化监测评估。

① 姜晓亭：《生态价值的实现和转化有路可循》，《中国环境报》2020 年 6 月 12 日。

（二）财政压力难承受

持续稳定的财政投入是推进县域节能降碳的基本保障，但县域财政大多实力不强，有些甚至是“吃饭”财政。生态保护修复、基础设施建设等节能降碳项目，需要大量启动资金。市场机制无法解决巨大的公益性、基础性投入问题，经费往往主要由政府承担，但湖南省县域政府负债处于较高水平，无力承担如此之大的投入。以君山为例，油菜秸秆收集成本1000元/吨，收购价为600元/吨，有400元/吨的成本差，全区约有18万亩油菜，一般收成是0.1吨/亩，那么，秸秆共1.8万吨，资金缺口达720万元，再加上其他作物秸秆，全年回收总价差估计3000万元以上。此外，县域绿色金融产品相对缺乏。生态信用建设面临着相关信息有限、缺乏数据支持等困境，这使得金融机构难以对生态价值进行有效研判，加上生态资源产权不明晰等原因，造成绿色金融贷款担保难、抵押难。

（三）生态价值难转化

习近平总书记高度重视生态产品价值实现工作，将建立健全生态产品价值实现机制作为中央重大改革任务加以部署推进，但生态产品“难度量、难抵押、难交易”等问题尚未得到实质性破解，导致“绿水青山”难以变成“金山银山”。一方面，生态产品价值难核算。生态产品有什么、有多少、值多少等缺少权威认证，导致生态产品价值核算及价值实现无法高效开展。另一方面，市场化机制滞后。当前生态产品价值转换仍以政府路径为主，生态产品交易流转、价值评估等方面的政策和市场建设不够健全，缺乏全国或区域的统一市场，导致缺乏流动性、价值实现模式不丰富。

（四）低碳技术难落地

县域节能降碳的根本出路在于低碳技术的创新和落地应用，虽然我国低碳技术创新力度较大，但由于大城市的虹吸效应和自身基础不足，适用于县域的技术研发难，县域的绿色技术应用和产品市场占有情况仍相对滞后。同时，技术成果落地推广难。县域资源环境禀赋差距较大、开发条件错综复杂，现有技术条件与商业开发模式无法满足多样化的开发需求，在技术应用层面仍沿用传统能源开发标准体系，技术标准、施工标准、运维标准等尚未形成县域通用标准。在商业模式层面，先进信息技术、先进能源技术尚未进一步下沉，能源网与政务网、社群网之间并未建立有效融合，县域能源数据价值并未得有效发掘。

（五）企业公众难动员

县域节能降碳不是政府唱“独角戏”，而是要充分调动企业和公众的积极性，形成各界共同参与的“大舞台”。但企业节能降碳和转型发展需要大量的资金投入，县域企业为了在激烈的市场竞争中存活，只能将短期利益作为自身发展的最大驱动力。加之不少企业在节能降碳技术创新方面存在根基薄弱问题，相关的激励政策尚未建立健全，导致企业动员较难。目前县域结合本地实际提出的碳达峰行动方案中，对于推动低碳生活方式普及的工作涉及较少，且缺乏针对具体场景的明确细致的指导，导致公众动员能力不强。

二　岳阳君山“加减乘除”节能降碳解题法与成效

面对县域节能降碳难题，岳阳君山深入贯彻习近平生态文明思想，坚决扛牢“守护好一江碧水”首倡地的政治责任，始终坚持生态优先、绿色低碳发展，扎实做好节能降碳“加减乘除”解题法，取得了良好效果。

（一）“加法”：加大节能降碳投入，加速推进湿地碳汇，推动生态价值转化

面对资金需求量大和财政紧张的现实困境，君山积极拓展多条渠道筹措资金，以财政“小投入”撬动金融“大杠杆”，加快推进湿地碳汇和碳排放权市场化交易，推动湿地生态优势向生态价值转化。

1. 增加节能降碳财政投入，带动社会资本投入

君山高度重视节能降碳工作，建立绿色专项财政机制，强化资金统筹，促进经济社会绿色化转型。一方面，加大节能降碳财政投入力度。君山将节能降碳工程纳入“守护好一江碧水，建设好精致君山”的主要建设内容，积极筹措节能降碳专项建设资金，确保工程高标准、高质量、高效率实施。与此同时，对节能降碳资金实施全方位、全过程、全覆盖的绩效管理，有序推进预算管理一体化建设，并委托第三方进行评价，提高节能降碳资金使用效率。另一方面，积极引入社会资本。君山采用市场化机制推进园区厂房、公共建筑、居民房屋等屋顶光伏项目，即政府不搞大包大揽，而是做好配电网升级改造和接网等服务，屋顶产权单位自主确定开发企业，投入、运营、收益由企业承担。

2. 加大节能降碳融资力度，放大绿色金融杠杆效应

君山引导金融资金流向节能减碳领域，推动传统产业绿色转型升级、助力构建绿色低碳循环经济体系。一是抢抓金融政策机遇。君山充分用好世界银行等国际金融组织支持长江流域生态保护修复，积极组织申报贷赠款项目，贷赠款规模继续保持在全省前列。二是建立健全节能降碳风补基金。科学构建风险补偿基金支持生态企业名录，集中向金融机构进行推荐，截至2023年底，已向10余家生态企业发放信用贷款超过2000万元。三是做优金融服务。与农发行、建行等银行签订额度80亿元的绿色金融授信协议，开发绿色金融产品15个，为生态企业贷款融资提供多样选择。与国银金融租赁股份有限公司签订战略合作协议，为全区推进屋顶分布式光伏产业提供全流程资金支持与技术服务。

3. 加快推进全球首个湿地碳汇，促进生态优势向生态价值转化

湿地碳汇是指湿地生态系统从大气中清除二氧化碳的过程、活动或机制。君山立足湿地生态资源禀赋，实施全球首个湿地碳汇项目。一方面，加强湿地保护和修复。君山严禁擅自改变草地、湿地用途和性质，建立健全定期巡查长效机制，打击违法破坏湿地、违法占用湿地、倾倒污染物、违规采砂等违规违法行为。截至2023年底，累积修复湿地生态近4万亩，清退欧

美黑杨 30674. 2 亩，岸线码头复绿达 100%，湿地保护率稳定在 95%，洞庭湖生态修复被国家林业和草原局确定为长江经济带生态修复的成功典范。另一方面，启动建设全球首个淡水湿地修复碳汇项目。与中国科技大学合作，推进的湿地碳汇开发项目已获国际核证减排计划（VCS）官方技术审核并公示，成为世界首个达到国际核证减排计划标准并挂牌公示的淡水湿地修复项目[①]，并推动了中国科技大学湿地碳汇研究中心落户君山。统筹推进农业林业湿地开发，预计首次最高可产生综合效益 9000 万元。

（二）“减法”：推动重点领域降低碳排量，大力消减“碳源”，促进绿色低碳发展

降低重点领域碳排量是节能降碳工作的重中之重。君山深入推进能源、工业、交通等重点领域节能降碳，在存量里找“减量”，持续降低了单位产出能源消费和碳排放水平。

1. 以天然气、分布式光伏为核心推进绿色能源替代

君山全面推进天然气、分布式光伏等非化石能源替代，《君山区碳达峰实施方案》提出到 2025 年，非化石能源消费比重提升至 65%左右。依托“气化湖南”君山天然气管网建设，全面推广天然气消费应用，中心城区 1. 7 万户居民中 1. 2 万户已开通天然气，成片小区基本开发到位。选取工业厂房、立面屋顶等资源较优区域，采取“项目公司+融资主体+EPC 联合体+专业运营公司”的四方合作模式推进分布式屋顶光伏发电项目，项目运行期内年平均发电量 6189 万 kWh，每年节约标煤 18963. 15 吨，减少二氧化碳排放 51863. 97 吨。选取钱粮湖、良心堡等地开展农光互补、林光互补、渔光互补建设。

2. 以新能源产业为核心打造零碳园区

君山以工业集中区和清洁能源产业园为主体，建设锂电池封装及核心零部件制造板块，完善正负极材料、隔膜、电解液等产业环节，打造新能源与

---

① 李德春等：《三招并发　笑傲江湖》，《岳阳日报》2023 年 8 月 4 日。

节能产业集群。采取节能技改、合同能源管理等方式挖掘企业内部节能潜力，新宏食品、南博装配等 8 家企业完成申报自愿性清洁生产企业。按照“三线一单”中的产业定位要求，坚决遏制高耗能、高污染企业和项目落地，2023 年对 73 个政府性投资项目和 14 个企业投资项目落实节能承诺制管理，明确规定新建项目主要用能设备原则上要达到能效二级以上水平，将能效指标作为重要的技术指标列入设备招标文件和采购合同。

3. 以低碳物流为核心构建绿色交通体系

君山开展“绿色公路”和“绿色码头”项目建设，建立非法码头清理台账，采取有力措施开展全区 39 处非法码头整治和复绿，优化全区公交线路，合理调整运力，2023 年新增了 4 条公交线路。发展绿色低碳物流，最大力度开发运营好荆江门码头资源，推动荆江门绿色物流园建设，打造“一港一基地一中心”（城陵矶港配套的铁公水联运中转枢纽港，大宗粮油食品加工、贸易全生命周期基地和区域农产品交易集散中心）。推进绿色环保运输工具迭代，鼓励城市公交车、出租车等优先使用清洁能源车辆，推动政府机关、企事业单位公务用车逐步向新能源汽车迭代，加快长途客运大巴逐步向清洁能源汽车迭代，城乡客运实现纯电动公交车全覆盖。

（三）“乘法”：推动科技创新，加快成熟低碳技术推广与应用，推动生态元素的多业态融合

科技创新是推进绿色低碳高质量发展的关键支撑。君山通过提升低碳产业科技创新能力，加快成熟低碳技术推广应用，有效发挥技术创新协同效应、技术推广倍增效应、产业培育链式反应，推动了生态元素的多业态融合。

1. 以产业技术联盟为重点发挥技术创新协同效应

君山围绕新能源等低碳产业，加快组建产业技术联盟和新型研发机构，组织参与实施了一批市级重大科技专项，开展关键共性技术的合作研发。加快生态环境保护、资源高效利用等绿色低碳技术的研发和应用推广，国泰食品酱腌菜绿色高效精深加工技术研发等 6 个市级项目已通过评审。通过实施

科技型中小企业成长工程，推动中小微企业高质量发展、“绿色”发展。截至2023年11月，新洺瀚食品等18家企业被纳入省科技型中小企业库，鑫鹏新能源等3家企业被纳入省创新型中小企业库，全区省级专精特新中小企业达到10家，金联星特种材料成功申报并被认定为国家级专精特新“小巨人”企业，实现了零的突破。

2. 以绿色建筑建材为重点形成技术推广倍增效应

君山积极推广应用绿色建材技术产品，推进城乡绿色住房建设，逐步提高城镇新建住房中绿色建筑标准强制执行比例，通过合同能源管理模式推动既有居住建筑、公共建筑和市政基础设施节能降碳改造，2023年全区单位建筑面积能耗下降5.87%，单位建筑面积碳排放下降1.8%。稳妥推进装配式住房试点项目，在政府投资的保障性住房等建设项目中优先推广应用装配式住房，优先采购绿色节能建材。积极推广装配化装修，推行整体卫浴和厨房等模块化部品应用技术，实现部品部件可拆改、可循环使用①。

3. 以“生态+”模式为重点引导产业培育链式反应

君山坚持将生态元素深度融入经济社会发展各方面和全链条，不断将生态优势转化为发展胜势。推动生态与文旅相融合，重点推进江豚湾4A级景区等生态文旅项目建设，打造“春游踏青、赏荷避暑、秋水飞花”景观，被评为中国最具特色生态旅游示范县（区）。推动生态与工业相融合，大力推进文旅、食品加工等优势产业链延链补链强链，积极引进一批带动性和引领性强的环保节能、绿色低碳项目，新兴优势产业链更具规模。推动生态与农业相融合，创新发展“农业+艺术”“农业+创意”新兴农旅融合业态，打造农耕体验休闲旅游目的地，促进低碳农业发展。

（四）“除法”：破除绿色低碳发展障碍，激发绿色低碳发展各要素活力，凝聚节能降碳共识

发挥政府指挥棒的作用，深化相关领域改革，破除体制机制、意识提

---

① 杨仕超：《“双碳”战略下夏热冬暖地区住宅建设标准探讨》，《工程建设标准化》2022年第9期。

升、核算度量等障碍，激发各类要素活力，让绿色低碳理念深入人心、落地生根。

1. 破除体制机制障碍，形成节能降碳合力

君山以改革为抓手，推动体制机制创新，形成节能降碳合力。一是采取高位推动。君山成立了君山区生态环境保护委员会，由党政主要领导任主任和副主任，发挥组织领导和统筹协调推进、督促检查等职责作用，部门单位全面落实“党政同责、一岗双责”“三管三必须”要求，明确相关部门和镇（街道）的具体职责和目标任务，构建“共管、共治、共赢”的节能降碳长效机制。二是实施规划引领战略。高标准编制《君山区建设长江经济带绿色发展示范区实施方案》《君山区“十四五”生态环境保护规划》《君山区碳达峰碳中和实施意见》等文件，有序推进全区节能降碳工作。三是推动绿色低碳改革。君山实施生态环境保护“一证式”排污许可制度等改革提升服务效率，减轻企业负担，并通过规范环境执法，减少自由裁量权，依证执法。

2. 破除意识提升障碍，推动全民自觉节能降碳

围绕“科普宣传、低碳生活、绿色环保”主题，君山创新宣传模式和途径，不断培育厚植“绿色文化”，让绿色、低碳、循环的发展理念渗透到人们日常生活细节中，转化为自觉行动。一是善于运用场景式宣传教育平台。君山打造了“守护好一江碧水”首倡地展陈馆，组织开展“4·22 地球日”“绿色健康跑”等主题活动，开设生态文明保护精品课，直接或间接受教党员干部群众达 40 余万人次。同时，将华龙码头“守护好一江碧水”首倡地打造成为“生态文明建设”示范基地、“党员教育”基地、人民群众享受大自然的打卡地。二是推动公共机构率先示范。君山率先在公共机构推行节约型机关创建、绿色办公、生活垃圾分类、绿色出行、节约型食堂建设等行动。2022 年，君山党政机关节约型机关创建比例达到 100%，公共机构人均综合能耗下降 1.5%。三是推行“企业碳报告制度”。君山建设“双碳”服务平台，定期公布企业碳排放信息，要求重点用能单位梳理核算自身碳排放情况，制定碳达峰专项工作方案。

3. 破除核算度量障碍，加强节能降碳技术支撑

核算度量是开展节能降碳活动的前置条件，也是推动生态产品价值实现的基础。君山积极探索碳排放核算方法，推动与第三方专业化服务机构合作，破解节能降碳核算度量难题。一是积极探索 GEP（生态系统生产总值）核算。GEP 可定义为生态系统在特定时间内，为人类福祉和经济社会提供的最终产品与服务价值的总和①。君山启动试点乡镇、村和相关区域的 GEP 核算工作，并添加了湿地资源价值量和人居环境生态价值，制定全省首个以河湖地区生态系统为基础的核算技术规范。二是探索农田农业碳排放监测方法。君山区农垦集团与中联农科深化合作，建立健全监测指标和方法，构建高标准农田农业碳排放监测体系，深入研究减排潜力和影响因素，摸清农业碳排放量底数和增量。三是构建低碳社区测量体系。景明社区通过光伏能源引入、采用节能建筑、低碳道路、零碳农业种植等措施打造低碳社区，据上海市节能减排中心测算，小区改造前 CO_2 年排放为 818 吨，改造后为 333 吨，降幅为 59.29%。

三　经验与启示

君山坚持协同推进、深化改革、重点突破、科技应用、共识凝聚，坚定不移走生态优先、绿色发展之路，以更高站位、更实举措、更硬作风稳妥推进节能降碳工作。

（一）必须坚持系统思维、久久为功，持之以恒协同推进节能降碳工作

坚持把“绿色发展”作为一项不可动摇的政治任务和一份不可推卸的历史责任，久久为功推进节能降碳工作。一是坚持系统思维，全面推进生态

① 孙永康等：《森林生态产品价值核算指标体系构建研究》，《林业与生态科学》2023 年第 3 期。

环境修复，协同推动节能降碳。统筹防范与治理、城市与农村、一域与全局的关系，形成“源头查”“全域治”“联合管”的统筹共治新格局，促进林地、河湖、岸线、湿地生态功能整体恢复，同时，协同推进治企、控车、降尘、遏制露天秸秆焚烧等治理行动。二是以问题为导向，推动问题整改，精准推进节能降碳。坚持问题导向、目标导向、结果导向，聚焦中央和省级层面交办问题，严格实行一个问题、一名市领导牵头、一套整改方案、一张责任清单、一抓到底“五个一”工作机制，强力推进节能降碳。三是强化源头管控，强力推进污染防治攻坚，持之以恒抓实生态治理。聚焦治理的深层次问题，构建污染防治长效监管机制，推进产业结构调整、污染治理、应对气候变化。

（二）必须坚持深化改革、绿色转型，推动能耗双控逐步转向碳排放双控

推动能耗双控逐步转向碳排放双控，是锚定碳达峰碳中和目标、与时俱进推动工作的必然要求。君山立足自身现状，将发展与减排统一起来，利用能耗双控打下的坚实基础，平稳有序过渡到碳排放双控。一是持续深化相关制度改革。落实好省市已出台的能耗双控优化政策，研究进一步细化完善的工作举措，为碳排放双控夯实制度基础。编制《君山区碳达峰实施方案》，完善相关配套制度，加强财税金融政策支持，加快健全统一规范的碳排放统计核算体系，探索用好碳市场、碳税等碳定价机制，推进“碳交易”工作。二是加快发展方式绿色转型。坚持降碳、减污、扩绿、增长协同推进，积极推动产业结构优化升级，建设绿色产业集群，推动企业节能减排、污水集中处理、废弃物综合利用，打造低碳零碳园区，构建资源循环利用、能源梯级转换、环境充分保护的发展新格局。

（三）必须坚持全面推进、重点突破，深化重点行业领域节能挖潜增效

坚持生产、生活、生态全面减排降碳，深化能源、产业、交通等重点领

域节能挖潜增效，才能取得实效。一是推进生产、生活、生态全面减排降碳。以工业园区为主要载体，严格控制高污染、高耗能、高排放企业入驻，大力发展绿色低碳产业。积极倡导绿色生活，广泛开展绿色机关、绿色学校、绿色家庭、绿色社区创建，推动垃圾分类和资源化利用，加快形成绿色低碳的生活方式。加强“三线一单”管控，严格项目环保准入，以生态绿带动产业强，以生态优带动全域旺。二是深化重点行业领域节能挖潜增效。在能源领域，以LNG、光伏发电项目为重点，大力发展清洁能源，稳步推进绿色能源替代。在工业领域，深挖节能潜力，围绕重点行业开展节能改造，支持企业实施清洁生产。在交通领域，围绕公路、港口等开展绿色化改造，加强充换电等基础设施建设，积极发展绿色低碳交通。

（四）必须坚持科技引领、创新驱动，加快节能降碳先进技术研发和推广应用

发挥科技创新的支撑引领作用，加快节能降碳先进技术研发和推广应用，降低经济发展的“含碳量”，提升“含绿量”。一是加快节能降碳先进技术研发创新。加快低碳产业创新型企业培育，引导各类创新资源加速向企业集聚。围绕新能源等产业，加快组建产业技术联盟和新型研发机构，组织参与实施重大科技专项，开展关键共性技术的合作研发。二是加快节能降碳技术产品推广应用。积极引导各类用能单位在新建或改造项目中更多应用节能降碳绿色技术产品。支持骨干龙头企业发挥示范带动作用，积极采用节能降碳先进技术，结合实际开展既有设备规模化更新改造。推动绿色建筑、超低能耗建筑和交通基础设施等使用能效先进技术产品①。通过设置产品专区、突出显示专有标识等方式，引导消费者优先选购能效先进的产品、设备。

① 赵峰：《低碳理念在建筑设计中的体现研究》，《城市建设理论研究》（电子版）2024年第15期。

（五）必须坚持政府引导、全社会参与，凝聚起推进节能降碳共识与合力

节能降碳是一项长期、系统性工程，必须引导全社会广泛参与，自觉践行绿色生产生活理念。而全民参与绿色低碳发展，关键在于意识的转变与提升，根本在于宣传教育。君山通过举办各类活动等方式，凝聚绿色发展共识，提升全民生态文明素养。一是将节能降碳纳入发展目标，促进融合公众的工作和生活。坚持将生态环保理念作为全区发展定位的核心元素，将生态环保作为一项基础性的长期工作来抓，“守护好一江碧水”已经成为君山全体干群的共识和行动。二是广泛开展节能降碳活动，搭建公众参与平台。通过举办国际摄影展、“守护好一江碧水”高峰论坛、岳阳·君山最美长江岸线马拉松赛等方式，全方位、多形式、多渠道、多角度凝聚社会共识，提升公众参与度。三是做好节能降碳宣传，营造浓厚氛围。借助电视、标语、广播、短视频、微信公众号等媒介，打造场景式教育基地，深入推广践行简约适度、绿色低碳的生活方式，营造全社会节能降碳的浓厚氛围。

（六）必须坚持制度创新、模式突破，探索节能降碳新模式新机制

君山在生态环境保护考核机制、监管机制、生态产品价值实现机制、群众动员机制等制度创新方面，形成了一些可推广可复制的经验和模式。一是建立考核评价机制。将“守护好一江碧水”“农文旅体融合发展”等指标纳入区绩效考核，严格细化、量化指标，强化督查问效，形成推动生态环境保护的强大动力。二是建立长效监管机制。结合河（湖）林长制，积极构建生态环境监管机制和风险防范机制，推行“发现-反馈-交办-整改-督查”管理制度，落实生态环境监测数据和大数据应用管理，从机制上确保生态环境质量持续改善。三是探索生态产品价值实现机制。成立“一江碧水”生态资源运营公司，通过市场化运作，加快湿地、林地碳汇项目开发和碳排放

权市场化交易，将生态资源转化为兼具经济价值和社会效益的生态产品。四是试点群众动员机制。君山设立居民个人碳积分账户，社区居民注册碳账户后，可以通过绿色行为在碳账户获取碳积分，碳积分可以兑换商品或交易，以此激励居民践行零碳生活。

案例篇

B.15

做好“四水”文章　建设美丽湖泊*

——郴州东江湖推进水资源综合利用的实践探索

摘　要：　2001年，湖南省发布《湖南省东江湖水环境保护条例》，郴州市成立市委、市政府一把手为主任的东江湖环境保护和治理委员会，高强度推进“退、禁、治、护、管”等治理措施，成功实现了从“治湖泊”到“治流域”的转变。近年来，治理委员会深入贯彻落实党的二十大精神和习近平生态文明思想，成效显著。2019年至今，东江湖头山、白廊断面年均值稳定保持在地表水Ⅰ类，水体营养指数为贫营养，水质优良，真正实现了“水更清”的目标。水量充足，可确保干旱年份（如2022年）大坝下游湘江生态用水保障率100%。

关键词：　东江湖　水环境　区域共治　郴州东江湖

---

* 案例资料收集和写作：陈漫涛，湖南省社会科学院区域经济与绿色发展研究所助理研究员，研究领域为区域经济学。

东江湖位于湖南省郴州市资兴市境内，湘江水系耒水支流的上游，是20世纪80年代初建设国家“六五”重点能源工程“东江水电站”拦河蓄水而成的淡水湖泊。东江湖流域涉及郴州市汝城县（习近平总书记亲自视察过的半条被子故事发生地）、桂东县（中国工农红军第一军规颁布地）、宜章县和资兴市共三县一市，流域总面积4719平方公里，水面面积160平方公里，正常库容81.2亿立方米，是全国仅有的蓄水量超过50亿立方米的水库中2个水质为Ⅰ类的水库之一。东江湖养育了资兴人民，而且枯水期平均可为湘江流域补水15亿立方米/年，是湖南省战略水源地、重要饮用水水源地。在东江湖保护的实践中，郴州市委市政府以习近平生态文明思想为指导，有效治理影响生态发展的突出问题，走出了一条大中型人工水库生态环境保护的成功之路。

一　在生态文明建设方面取得的成效

（一）区域共治有力有效

郴州市及流域内三县一市同心协力，成功实现了从“治湖泊”到“治流域”的转变。建立起了一套市、县、乡、村联动，从管理到考核的保护和治理的机制体制。

（二）系统治理成效斐然

坚持山水林田湖草系统治理，实现荒山荒地造林、低产改造及补植补造林21万亩，新增水源涵养林面积17.56万亩，有效增加林地面积3270亩，修复湖滨河滨湿地4550亩；消落带治理初见成效，自然岸线保有率达98.98%；流域内化肥使用量较往年减少3.6公斤/亩，化肥总量减少499.5吨，磷肥纯量减少67.5吨；生物多样性状况持续改善。据不完全统计，目前发现有野生动物244种、野生植物1246种，其中有莽山烙铁头蛇、黄腹角雉、云豹、豹、华南虎、林麝、蟒蛇、黑鹳、白颈长尾雉等9种国家一级保护野生动物，国家一级保护野生植物 6 种（中华水韭、南方红豆杉、银杉、银杏、水松、伯乐树）。主要水生动物保护对象大刺鳅、条纹二须鲃，其他保护对象如翘嘴红鲌、斑鳜、黄颡鱼及中华倒刺鲃、山瑞鳖等生长良好。2020 年以来，4 个野生植物原生境保护点因环境优越，野生兰花及野生莼菜数量明显增加，资源恢复良好。由于管控得力，东江湖内蓝藻类长胞藻，绿藻类栅藻、小球藻等尺寸小于 10μm 的小型藻类恢复正常，未发现入侵水生植物以及鳄雀鳝等外来动物物种侵害。

（三）环境质量持续提升

相较 2015 年国控白廊和头山断面、2018 年白廊断面地表水为Ⅱ类水质，2019 年至今，东江湖头山、白廊断面年均值稳定保持为地表水Ⅰ类，2023 年 1~6 月均为Ⅰ类。水体营养指数为贫营养，水质优良，真正实现了“水更清”的目标。水量充足，可确保干旱年份（如 2022 年）大坝下游湘江生态用水保障率 100%。

（四）绿色发展硕果累累

建成后的东江湖大数据中心，可提供 1.5 万个就业岗位，预计至 2025 年可实现销售收入 200 亿元，税收 12 亿元，年节约用电 50 亿度（折合标煤 177 万吨），减少二氧化碳排放 552 万吨，获评“国家绿色数据中心”称号。2021 年，“全国唯一全自然冷却数据中心示范基地——东江湖大数据产业园”案例获评“湖南省 2021 年绿色低碳典型案例”，并入选全国绿色低碳典型案例。王子苏打水等高端水产品供不应求，优质冷水三文鱼等美食声名鹊起。特色产业“一园四镇”，带动了百亿柑橘产业、百亿茶叶产业全面发展，基本实现农业产业规模化、标准化、品牌化，特色农产品如东江湖蜜橘、黄桃等远销北京等地，农产品加工企业增至 578 家；桂东县中药材产业年均产值 10.6 亿元，每年带动群众就业 5.84 万人，“桂东罗汉果”“桂东黄精”获评国家地理标志证明商标。农民收入大幅提高，2021 年库区农村人口人均纯收入达 2.63 万元。全域旅游拉动经济高质量发展，2022 年 1~9

月，东江湖景区累计接待游客 902.56 万人次，实现旅游收入 94.05 亿元，分别同比增长 15.09%、13.88%；汝城县被评定为湖南省首个挂牌“中国温泉之乡”的县。

东江湖先后获批国家生态旅游示范区、国家湿地公园、国家森林公园、国家水利风景区等称号。2019 年获评国家生态环境保护良好湖泊、国家重要饮用水水源地。同年，资兴市依托东江湖成为湖南省首个“绿水青山就是金山银山”实践创新基地。东江湖建成的湿地及配套的湿地科普馆 2022 年成功创建湖南省第一批国家生态环境科普基地。2023 年入选生态环境部美丽河湖案例。

二　主要做法和举措

（一）高站位谋划，全盘推动强保护

一是法制引领。2001 年，湖南省发布《湖南省东江湖水环境保护条例》，并于 2018、2020 年经省人大常委会两次修订，东江湖立法保护体系更加完善。二是高位推动。郴州市成立以市委、市政府一把手为主任的东江湖环境保护和治理委员会，下设办公室，办公室主任由市生态环境局局长兼任，住建、农业农村、生态环境、自然资源等部门为成员，牵头负责相关工作。并要求东江湖流域三县一市对标对表成立相应机构，抓实抓好东江湖流域生态环境保护治理工作。三是理顺机制。组建郴州市东江湖水环境保护局，负责东环委办日常工作。设立东江湖环境资源法庭、东江湖生态保护检察局等机构。编制《东江湖流域水环境保护规划》《东江湖生态环境保护总体方案》，统筹实施流域水污染防治、水系综合治理、山地林草生境恢复、生态环境监测监察能力建设。出台《东江湖流域镇村生活污水处理设施运行维护管理办法》《东江湖船舶污水收集处理管理办法》等系列管理办法。从各渠道整合资金保障运行经费，建立起项目长效运营机制。

（二）高强度推进，系统治理强生态

一是大力“退”。关闭东江湖流域内东坪金矿等10多个采矿区，实现矿山污染源“清零”；原有约42万平方米网箱、830艘渔船全部退水上岸，实现网箱污染“清零”；保护性退出沿岸所有畜禽规模养殖场共594家，实现沿岸畜牧污染源“清零”；实施流域内高污染行业有序退出，全面整顿城乡环境基础设施建设等，实现工业污染和其他污染“清零”。

二是强力“禁”。执行最严格准入制度，否决可能影响东江湖水环境的项目投资超600亿元。严格实施东江湖渔业资源10年禁捕；对东江湖流域3068.174平方公里森林实施全面禁伐。

三是全力“治”。出台《郴州市东江湖流域水环境保护考核办法》，制定《2022年郴州市东江湖流域总磷削减实施方案》，对主要入湖河流断面设置总磷考核特别限值，开展“春雷行动”全面治理消减总磷。实施东江湖铅锌矿区历史遗留冶炼废渣安全处置工程和东江湖周边五大矿区土壤治理工程，共计治理有色矿山历史遗留废渣223万吨；强力拆除逸景营地违建别墅及附属设施共111栋（共计1.2万余平方米），整治关停沿湖低端民宿、农家乐214家；全面淘汰40座以下和老旧旅游船舶172艘，船舶污水全部收集上岸处置；按水环境容量控制景区漂流游客；流域内所有乡镇全部建设污水集中处理设施，沿湖污水收集管网全覆盖；农村生活污水全部集中收集处理，所有乡村实施生活垃圾分类规范处置，实现营运船舶污染及生活污染“零入湖”；培育打造绿色种养循环发展典型，病虫害绿色防控技术集成应用2万亩，农业面源及养殖污染基本消除。

四是用心“护”。在东江湖流域内29个乡镇水域面积以外划定生态保护红线面积495.16平方公里，实施荒山荒地造林及补植补造林等增加水源涵养林面积。全面加强流域内生物多样性保护，建立了八面山国家级自然保护区、天鹅山国家森林公园、东江湖国家湿地公园等保护区。持续开展增殖放流，建立了浙水资兴段大刺鳅条纹二须鲃国家级水产种质资源保护区；先后争取建设资金1157.2万元，建设汝城县、资兴市野生兰花原生境保护点以及宜章县、桂东县野生莼菜原生境保护点等4个农业野生植物原生境保护点，保护面积2773亩。实施消落带和自然岸线治理修复系列工程，兴宁河、杭溪河等河流入湖口全部建成人工湿地，实现尾水达地表水Ⅲ类标准入湖，提升水生态系统功能。制定并下发《郴州市农业外来入侵物种普查工作方案》等文件，强化外来入侵物种管理，共清除水稻或其他水生作物及沟渠内福寿螺面积269000亩，清除加拿大一枝黄花面积1190亩。

五是加强“管”。为掌握东江湖水质动态，市生态环境局在东江湖流域设置自动监测站6个，人工考核监测点位12个（每月一次），科研趋势监测点位6个，不定期对较大入河河流水质进行摸排。市生态环境执法队加大执法力度，仅2023年以来，办理案件8件，其中移送公安的刑事案件2件。市东环委办负责突出环境问题整改交办督办，2021年以来共交办问题46个，到2022年底，基本完成整改。

（三）高标准打造，链式发展强产业

一是用“优水”发展高端食品。引进青岛啤酒股份有限公司等知名企业大力培育开发精品高端水产品及优质特色水产养殖产品。二是用“净水”培育生态农业。培育“东江湖蜜橘”“东江湖鱼”“狗脑贡茶”等国家地理标志产品，创建全国绿色食品原料标准化生产基地、桂东中药材种植及加工基地；建设国家农村产业融合发展示范园和清江柑橘、汤溪茶叶、兴宁蔬菜、八面山楠竹等“一园四镇”特色产业集群。三是用“秀水”拓展全域旅游。将汝城县沙洲村、桂东县第一军规广场等红色资源和东江湖国家级风景名胜区、八面山国家级自然保护区绿色资源有机结合，引导红色教育和文化旅游服务提升，形成“旅游+N”全域旅游发展新格局。四是用“冷水”做强大数据产业。采用东江湖深层冷水资源作为服务器散热冷源，加快东江湖优质冷水资源和大数据中心机房高效热换降温等新技术应用融合，建设东江湖大数据产业园，促进新兴生态产品开发和产品生态价值赋能。

B.16
创新“三单两图两制” 建设大美浏阳*

——浏阳市建设美丽城市的实践创新

摘 要： 近年来，浏阳坚持以习近平生态文明思想为指导，按照“五位一体”总体布局，牢固树立五大发展理念（创新、协调、绿色、开放、共享），立足生态优势，因地制宜，创新提出“三单两图两制”，协同推进新型城镇化、信息化、农业现代化和绿色化，荣获“全国农村生活治理示范县”“全国两山实践创新基地”“国家农业绿色发展先行区”称号。

关键词： 生态文明 绿色发展 浏阳

浏阳地处湘东、毗邻江西，面积5007平方公里，人口149万人，是全省人口第一、面积第二的大县，享有“千年古县”“烟花之乡”“将军之乡”“花木之乡”等美誉。这里红色底蕴深厚。在这片红土地上，走出了胡耀邦、王震等6位党和国家领导人，以及宋任穷、杨勇等30位共和国开国将军，诞生了寻淮洲、李白两位“双百人物”。这里生态环境优美。世界名河浏阳河碧波荡漾，湘东明珠大围山雄奇壮丽，全市森林覆盖率达66.6%，素有长株潭“绿肺”之称，是中国生态魅力市、美丽中国典范城市、全国“两山”实践创新基地。这里发展活力迸发。浏阳花炮璀璨全球，菊花石雕精美绝伦，千年古刹石霜寺声名远扬，电子信息、生物医药、智能装备等产业蓬勃发展，县域经济和社会综合发展跻身全国百强县第5位，获评“中

---

* 案例资料收集和写作：陈漫涛，湖南省社会科学院区域经济与绿色发展研究所助理研究员，研究领域为区域经济学。

国最具幸福感城市”“中国改革发展试点市”“国际化营商环境建设标杆市”。

近年来，浏阳坚持以习近平生态文明思想为指导，按照“五位一体”总体布局，牢固树立五大发展理念，立足生态优势，因地制宜，创新提出“三单两图两制”[①]，协同推进新型城镇化、信息化、农业现代化和绿色化，荣获“全国农村生活治理示范县”“全国两山实践创新基地”“国家农业绿色发展先行区”称号。

一 在生态文明建设方面取得的成效

（一）生态环境持续向好

深入打好“蓝天、碧水、净土”保卫战，2023 年全市空气优良率为 95.62%，$PM_{2.5}$年均浓度为 30μg/m^3，空气质量在长沙排名前列。严格落实大气水环境质量精准研判机制和重点断面水质调度响应机制，8 个国、省控断面和县级以上饮用水水源地水质达标率均为 100%，浏阳河成功获评国家级示范河湖，株树桥水库入选湖南省“美丽河湖”优秀案例，达浒镇书香村成功创建湖南省首批“水美湘村”示范村。加强土壤重点企业、重点单位监管，重点建设用地安全利用率保持在 100%。

（二）生态制度加快完善

全面落实林长制，森林覆盖率保持 65%以上，国家野生动植物、特有性指示性水生生物保护率达到 100%，连续三年获评“湖南省野生动植物保护先进集体”，林长制工作获国务院督查激励。深入推进生态制度建设，制定生态环境损害赔偿制度，2023 年办结生态环境损害赔偿案件 3 件。探索

---

① 三单：环委会九大专委会责任清单，大气水土年度项目清单，生态环境保护督察问题整改责任清单；两图：污染防治攻坚战（蓝天、碧水、净土）作战图，大气、水重点污染源分布图；两机制：大气、水环境质量精准研判响应机制，重点断面水质调度响应机制。

建立蓝天碧水保卫战责任落实长效机制、生态补偿奖罚补偿机制、渌水流域横向生态保护补偿机制，构建了多层次生态制度保障。

（三）生态空间不断优化

建立“两级三类”① 国土空间规划体系，统筹划定“三区三线”，落实耕地保有量 85.71 万亩，划定永久基本农田 76.16 万亩、生态保护红线 602.06 平方公里、城镇开发边界 142.55 平方公里。“三区三线”划定成果通过了自然资源部审核，生态空间格局、农业空间格局、城镇空间格局不断优化，为生态文明建设、可持续发展、各类开发保护建设活动提供了基本依据。

（四）生态意识深入人心

坚持做好生态文明意识提升工作，常态化通过横幅、宣传册、电视等传统媒体，公众号、自媒体等新兴媒体宣传生态保护工作，提升公众生态环境意识。经长沙市环境科学学会调查，2021 年、2022 年、2023 年公众对全市生态文明建设的满意度分别为 90.42%、92.48%、93.87%，参与度分别为 92.04%、93.03%、94.09%。

二　主要做法和举措

（一）明确目标责任，健全生态制度

1. 加强组织领导

成立生态环境保护委员会，市委、市政府多次召开专题会议、联席会议，研究部署年度环境保护和生态文明建设有关工作。将环委会办、突改办、蓝天办“三办合一”，整合优化部门职能，实现环保管理体制升级。制

① 两级三类：两级为市级、乡镇，三类为总体规划、专项规划、详细规划。

定出台《浏阳市生态环境保护工作责任规定》，将全要素、全过程的环保责任悉数分解到98个相关单位，进一步理清部门职能职责。

2. 创新制度建设

深入推进河长制，建立市、镇、村河长体系，通过河长履职常态化、巡河智能化、治河科学化，全面实现“见河长、见行动、见成效”。创新实施林长制，印发《关于全面推行林长制的实施方案》及14项林长制改革配套制度，建立市“一长四员一大队”[①] 组织体系。研发林长制巡护系统，实现全市512个责任网格全天候、不间断、无死角巡林管理，创新形成无人机巡护、党员志愿护林、乡镇（街道）森林消防队伍全覆盖、智慧林业信息平台等四个“湖南唯一、全国领先”的林长制改革品牌。创新生态制度，印发《浏阳市建立蓝天碧水保卫战负面清单制度工作方案（试行）》《浏阳市蓝天碧水保卫战责任落实长效机制》等文件，创新环境管理机制，提升环境监管水平，促进生态环境保护常治长效。

3. 强化考核问效

将环境保护、河长制、美丽乡村建设、烟花爆竹转型升级工作等生态文明相关指标纳入各乡镇（街道）年度绩效考核工作指标体系，设置特色指标，其中对淮川街道、柏加镇、涉园乡镇单独设置了个性化替代指标。出台《浏阳市一般环境问题（事件）责任追究实施办法》，对于因履职不力造成环境问题的，严格追究党政领导干部生态环境损害责任，确保守土有责、守土担责、守土尽责。

（二）细化重点举措，推进污染防治

1. 打好蓝天保卫战

实行挂图作战：污染防治攻坚战（蓝天、碧水、净土）作战图，大气、水重点污染源分布图，以“守护蓝天”攻坚行动为抓手，严格实施“六控十严禁”“五治一提”系统工程，开展涉VOCs重点企业综合整治和工业炉

---

① 一长四员一大队：林长、监管员、执法员、生态护林员、林业科技员、森林消防大队。

窑排查整治，推动70家企业完成提质改造工作。加强源头防控，建成规模1000万立方米的渣土消纳场，治理裸露黄土502.98万平方米。强化机动车排放达标监管，推动高排放柴油货车和非道路移动机械淘汰更新，非道路移动机械治理挂牌152台，挂牌率达93%，全市加油站油气回收装置安装率达100%。完成2023年重污染天气应急减排修订工作，将583家企业纳入重污染天气应急减排重点管控行业企业管理，督促落实相应措施。强化餐饮油烟等污染治理，餐饮油烟净化设施安装率达100%。

2. 打好碧水保卫战

强化水污染防治，开展污水处理提质增效两年行动，建设乡镇污水处理厂配套支管网42公里，城区新建和改造雨污水管网20.65公里，建成永安污水处理厂尾水湿地项目。强化水环境治理，完成三大干流73项综合治理任务，排查建档浏阳河、捞刀河历史遗留“四乱”问题242个，核查及整改水利部遥感交办问题1826个、省水利厅交办问题349个。健全一办两员、通报、督查、百分制考核等机制，压实各级河长责任。强化水生态保护，深入开展“渔政亮剑”专项执法行动，联合执法26次、日常巡察2048次，查办非法捕捞案件22起。加强水生生物保护，增殖放流鱼苗491.47万尾。投入300万元实施蓝藻治理工程，实现外围化拦截、机械化打捞、生物性治理，有效遏制蓝藻大面积暴发。

3. 打好净土保卫战

开展土壤污染源头防控行动，强化优先保护类耕地保护，推进受污染耕地安全利用和风险管控，对辖区内4家在产涉重金属企业进行常态化排查监管。加强受污染耕地安全利用，制定年度受污染耕地安全利用工作方案，出台污染耕地安全利用工作补贴细则，实行分类奖补，确保工作落地落实。加强重点建设用地安全利用，积极开展土壤污染状况调查，科学编制浏阳市土壤污染源调查报告，加快完成重点行业用地调查信息系统录入，依法加强重点建设用地生态环境信息化监管，有效保障建设用地安全利用。

（三）严格监管执法，防范化解风险

1. 加强行政执法

常态化开展审批服务、环境规划、蓝天碧水巡查等工作，加强对重点涉气、涉水、危废产生企业及信访投诉频繁区域进行执法检查，2023 年巡查企业 360 余次。通过湖南省固体废物管理信息平台，全流程监管危险废物，实现 1.43 万吨危险废物转移全流程追踪，完成 6 家尾矿库闭库销号。

2. 坚持科技赋能

加快建设垃圾焚烧发电项目主体工程、花炮材料制造产业基地整合提升，城区规模以上在建工地全部建成视频监控和扬尘在线监测平台，增设一批城区减尘降尘设施设备，有力地提升了污染防治能力和水平。

3. 严格排污监管

2023 年开展 123 家企业执行报告抽查，对 253 家发证企业、114 家登记企业开展排污许可证质量审核抽查，并督促完成整改。推进第三批排污权初始分配工作，完成 213 家企业排污权总量核算、65 家新改扩建企业指标交易，督促 152 家企业缴纳排污有偿使用费。开展污染物减排，全年申报减排 VOCs 365.9 吨、氮氧化物 813.12 吨。

（四）落实管控要求，优化空间格局

1. 严守生态保护红线

编制《浏阳市生态保护红线调整方案》，进行了生态保护红线优化调整，整体确保了生态保护红线生态功能不降低、面积不减少、性质不改变。强化日常监管，严格执行生态保护红线管控要求，严控生态保护红线项目审批和有限人为活动，维护生态保护红线的严肃性和权威性，确保生态安全。

2. 加强生态系统保护

树立系统思维抓生态环境保护，真正做到蓝天碧水净土一起抓、社会单位个人一起抓。全面开展生物多样性保护，率先在全省启动县级生物多样性本底资源调查，编制《浏阳市动植物资源普查及生物多样性保护规划编制工作方案》，重点对大围山国家森林公园、大围山省级自然保护区、浏阳河国家湿地公园等自然保护地及捞刀河流域部分地段进行踏勘。强化森林资源管护，高标准建设林业灾害应急指挥中心，研发林业有害生物远程监测指挥系统，完善市乡村三级测报网络，建立空天地一体化监测体系。组织编制《林业生态保护与修复规划》和自然保护地规划，以“双碳”目标为引领，深化“两山”实践创新基地建设，协同推进降碳、减污、扩绿、增长，完成营造林10万亩，建设大围山生态质量综合监测站，打造“柏加—镇头”绿色低碳发展样板区，充分彰显自然生态之美、绿色发展之美。

3. 做优国土空间规划

统筹开展全市国土空间总体规划、28个乡镇国土空间规划、290个“多规合一”实用性村庄规划、专项规划、控制性详细规划编制，建立“两级三类”国土空间规划体系，实现国土空间规划全覆盖。坚持生态优先、绿色发展，在资源环境承载能力和国土空间开发适宜性评价的基础上，科学有序统筹布局生态、农业、城镇等功能空间，构建生态廊道和生态网络，划定“三区三线”等空间管控边界，优化国土空间结构和用地布局，形成“七山一田一水一城”的国土空间格局，加快形成绿色生产生活方式，推进生态文明建设。

（五）坚持绿色发展，促进生态经济

1. 推动园区绿色发展

鼓励园区企业绿色发展，设定绿色发展奖，引导支持企业创建绿色工厂、绿色产品、绿色供应链，引导企业自发自主开展清洁生产，推进转型升级。全面推进智慧环保，在全省率先使用智慧环保应用平台，创新引入“环保管家”，统筹协调污染物减排，实现环境治理“可视、可治、可控、可管”，推动园区产业绿色升级。

2. 强化资源节约利用

推行节能降耗，狠抓工业、交通、建筑等重点行业节能，着力调整完善能源消费结构，大力推广使用天然气、电力等清洁能源，积极发展光伏发电项目，成功争取国家能源"十四五"规划的风洞口抽水蓄能电站项目落地浏阳，完成蓝思科技等15个可再生能源建筑应用示范项目建设。推动区域节水，全面提升水资源节约集约利用水平，打造高效节水灌区，实施中型灌区续建配套与节水改造1.8万亩，新增高效节水灌溉面积0.28万亩。强化土地节约集约利用，落实月清"三地两矿"要求，处置存量批而未供土地4231亩，完成"增存挂钩"闲置土地处置任务。创新节地模式，浏阳经开区入选湖南省"十大高效用地园区"，北园污水处理厂+光伏复合利用、盐津铺子"屋顶变晒场"、九典制药地上地下空间综合利用、长沙e中心产业综合体等6个节地案例入选湖南省"百个节地高效案例"。

3. 促进产业循环发展

大力发展绿色农业，开展化肥农药减量增效行动，推进绿色种养循环试点项目实施，大力发展绿肥生产。截至目前，全市共推广测土配方施肥面积229.35万亩次。推动工业转型升级，以"三线一单"为抓手，严控"两高"行业产能，加快高新产业布局，增强创新发展活力，2023年新增省级以上"专精特新"企业43家、高新技术企业129家、省市级科技创新平台26家，创成首批国家创新型县（市）。加强固废污染防治，对全市361家产废企业进行规范化管理，2023年全市一般工业固体废物综合利用率达到66.96%。协同发展农文旅，大力发展乡村旅游，举办红博会、大围山杜鹃花节、首届花木博览会、省文化旅游创新创意大赛等活动，"秋收起义会师旧址""胡耀邦故居景区"国家5A级景区创建加快推进。

（六）倡导绿色生活，建设宜居浏阳

1. 改善城乡人居环境

推进农村环境综合整治，完成改（新）建户厕2464座，无害化卫生厕所普及率达97.7%，发现并整改问题厕所7489座，全市农村垃圾分类减量行政村覆盖率达100%、减量率达60%，就"首厕过关制"经验在全国农村厕所革命现场会上作典型推介。提质优化城区环境，加速环境卫生提质，有序推进城区生活垃圾分类减量化行动，打造2个示范片区、3个示范小区、

27个试点，实现生活垃圾分类减量全覆盖。创新“分区治理、分类推进、分步实施”的城区雨污分流模式，规范管网建设，全面推动浏阳河流域水环境改善、城镇生活污水治理提质增效，2023年城市生活污水集中收集率达到50.1%。

2. 践行绿色低碳行动

倡导绿色出行，大力发展城市公共交通，完成公交公司资产资源整合，500米范围内公交站点覆盖率达85%。落实绿色交通发展政策措施，倡导绿色出行理念，2023年投放新能源出租车400台，购置纯电动公交车35台，纯电动公交车占比达73.8%，哈罗、小鱼电单车投放10225余台，日均借车量约7200台次，2023年全年绿色出行总人次达到7亿人次，全省首座光储充超级充电站投入运营。发展绿色建筑，严格执行《长沙市绿色建筑项目管理规定》，建立从立项、规划、设计、建设、验收到运营等绿色建筑全过程的监督管理机制，2023年全市新开工绿色建筑面积占新开工民用建筑面积比例为100%。

3. 强化日常宣传教育

充分利用纸媒、网媒和活动的舆论引导，全年在省、市微信公众号刊播分局特色亮点工作宣传信息共53篇，在各级媒体报道相关工作共218条，组织开展“5·22”国际生物多样性日暨增殖放流、“六五世界环境日”等特色活动，建设浏阳河国家湿地公园科普宣教中心，开展湿地自然体验课程、湿地动植物观察课外活动等，大力推进湿地自然学习和生态环境的建设，助力生态文明思想和“两山”理念的教育传承。

三　经验总结

（一）“政社协同”是提升环境质量的必修之课

构建党委领导、政府主导、企业主体、公众参与的生态环境保护共治格局，才能形成强大合力，实现长治久清。在政府层面，由市委主要领导进行统筹部署，带动各级各部门“一把手”带头抓部署、抓落实，强化日常调度、考核及督导。在社会层面，充分调动社会力量，结合党建工作发挥人民群众在环境治理工作中的作用，通过专项整治行动压实企业主体责任。

（二）“防治结合”是实现和谐共生的必然之举

注重系统性与整体性，协同推进治理，而不是简单粗暴搞“一刀切”。统筹开展大气、水、土污染防治，重点推进了挥发性有机物治理、黄土裸露治理、小水电整治、污水治理等工作，同时持续加强生态环境保护，开展水源涵养、饮用水水源地保护、自然生态地保护等，在发展中保护、在保护中发展。

（三）“两山互动”是释放生态红利的必由之路

坚持“绿水青山就是金山银山”的发展理念，以生态治理为出发点，以经济效益和社会效应为落脚点，践行生态产业化、产业生态化，发展新质生产力，推动一二三产业融合发展，使优良生态环境真正成为“幸福不动产”“绿色提款机”。

B.17
创建“五美”乡村 践行“两山”理念*

——以湘潭市黄田村为例

摘　要： 近年来，黄田村紧紧围绕习近平新时代中国特色社会主义思想，践行“绿水青山就是金山银山”理论。提出“布局美、产业美、环境美、生活美、风尚美”的要求，精心规划、全盘布局，创建绿色生态乡村，扶持生态环保产业，提升乡村环境，在打造乡村宜居宜业新风尚等方面取得卓越成效，先后获得“全国文明村镇”“全国森林村”“全国综合减灾示范社区”“湖南省美丽乡村”“湘潭市五星支部”“湘潭市创新创业带动就业示范村”“湘潭市平安村”“湘潭市两型建设先进单位”等多项荣誉称号。

关键词： 湘潭　黄田村　宜居宜业

黄田村隶属韶山乡，是由原韶峰村、黄田村两个自然村合并而设立的建制行政村。地处韶山市西南部，距市区 16 公里，紧邻韶山核心景区和毛主席外祖父母家，韶山市外环公路贯穿全境。辖区面积 5.7 平方公里，全村 18 个村民组，自然农户 642 户，人口 2538 人，其中有党员 94 人，村民收入以务工和种养业为主，人均年收入达 30000 元。

---

* 案例资料收集和写作：陈漫涛，湖南省社会科学院区域经济与绿色发展研究所助理研究员，研究领域为区域经济学。

一　在生态文明建设方面取得的成效

近年来，黄田村紧紧围绕习近平新时代中国特色社会主义思想，践行“绿水青山就是金山银山”理念。提出“布局美、产业美、环境美、生活美、风尚美”的要求，全面提升美丽乡村建设，先后荣获“全国文明村镇”“全国森林村”“全国综合减灾示范社区”“湖南省美丽乡村”“湘潭市五星支部”“湘潭市创新创业带动就业示范村”“湘潭市平安村”“湘潭市两型建设先进单位”等多项荣誉称号。

二　主要做法和举措

（一）精心规划、全盘布局，创建绿色生态乡村

为全面推进精品乡村建设，按照《湘潭市2020年美丽乡村“十百千万”创建工作方案》（潭农治组〔2020〕11号）等有关文件精神，黄田村以提升群众生活品质为核心，突出美丽乡村改造升级、提档达标，点线面结合、以点带面、连片逐步推进，严格按照尊重农民意愿、保留乡村风貌、突出地方特色、节约农村资源、保护生态环境的原则实施村庄规划，做到五规合一，真正做好村域布局规划与周边发展规划衔接。成立以乡联点负责人为组长，村党总支书记为副组长，村两委成员为成员的工作领导小组，对创建工作作出明确部署和安排，确保精品乡村创建工作行动有序、深入推进。

精品乡村创建工作计划总投资105万元，现已投入30余万元，2016年兴建污水处理中心2个、涉及农户500余户，2019年、2020年建设三级化粪池123个，户户通自来水、组组通路灯、道路硬化，全村范围内有健身广场、文化广场共10个，其中国政坪文化广场正在建设中。目前正在推进的项目有人居环境工作整治，该工作包括全村禽畜圈养、美丽庭院打造、油菜种植等工作。

（二）融合发展乡村资源，扶持生态环保产业

产业发展是精品乡村建设的一个重要组成部分，黄田村立足红色故里绿色家园，力求协调和平衡村内产业融合发展，制订了适合当地民情的村庄发展规划，不断发展壮大村级集体经济，推动村民增收致富。

一是推动农村改革。按照要求和时间节点完成农村土地和产权制度的改革任务及全村的清产核资工作，做到了土地及资产产权明确，2020 年对全村 642 户农户的房屋进行了确权登记。二是做好产业扶贫。制定产业扶贫规划，落实扶贫利益联结机制，村上成立韶山市黄田土地股份专业合作社，将扶贫资金以股份的形式注入其中，带动建档立卡户分红增收。三是发展主导产业。形成以丹农公司为主，华鑫公司、丰和公司稻花鱼养殖以及黄田村研学实践等特色产业相辅相成的黄田村产业圈，群众生活水平不断提升。通过资源整合、产业融合，黄田村村民大多在本村创业就业，外出务工人员、留守空巢人员较少，乡村休闲旅游旅居业联农带农成效显著。

（三）治理生活垃圾、生活污水，改善乡村环境

村两委在上级党委、政府的坚强领导下，大力推进人居环境整治工作。通过召开村两委会、党小组长会、村民组长会、村民代表会和村民户主大会，将人居环境整治政策、文明创建和垃圾分类具体措施宣传到户、宣传到人。2020 年召开人居环境整治工作推进会议 40 多次、发放宣传资料 1200 多份。

村委会成立人居环境治理领导小组，健全保洁机制，村上共有保洁员 6 人，采取“户分类、村收集、乡转运、市处理”的垃圾处理模式，生活垃圾得到有效治理，垃圾无害化处理率达 80%；农村生活污水处理系统有三级或五级化粪池，生活污水处理覆盖农户的比例达 75%；清除农村旱厕，卫生厕所普及率达到 100%；村内实施雨污分流工程，污水得到有效治理。

在村民代表大会上通过了新修订的《村规民约》，新纳入生态环保及社

会主义核心价值观等内容。2024 年，黄田村推行垃圾分类“付费制”和畜禽圈养制度，按 100 元/户以及 120 元/户的标准收取费用，用于全村人居环境基础设施改善、保洁工资、垃圾分类处理以及表彰奖励先进等方面，专款专用、及时公示、公开透明；村民积极主动圈养，农村人居环境得到较大的改善。村民们利用民居改造后的自家房屋开办农家乐 40 家，家居品质得到了大大提升。目前村上共有美丽屋场 3 个，为村民提供了休闲娱乐场地。同时，村上长效开展“红黑榜”评比、“党员亲帮亲，邻里户帮户”、“我是党员我带头、我是村干我先行”等活动，通过先进引领，推动全民参与，形成了你超我赶的良好氛围。

（四）加强公共设施建设，提高村民生活品质

黄田村认真贯彻落实党的路线、方针、政策，在全村人民的共同努力下，2020 年人均可支配收入达到 30000 元，村集体经济收入达到 35 万元，并呈稳步上升的态势。

一是加强基础设施建设。农村保障体系实现全村覆盖，贫困村民的最低生活保障实现应保就保，农村低保户、五保户由政府统一投保，并根据精准扶贫的要求对全村建档立卡户 34 户 107 人进行一对一、点对点帮扶，确保他们稳定脱贫。实现住房规范有序、美观实用，危旧房屋修缮率达 100%，空心房全部完成处置，基本实现违建、烂尾、乱搭乱建的清零目标。村、组主要道路完成硬化，组组通水泥路达 98%，户户通水泥路达 98% 以上。安全饮水普及率达 100%，网络入户率达 97%。“五改（改水、改厨、改厕、改浴、改栏）”到户率达 90%，全村三格式化粪池有 123 户，卫生厕所普及率达 100%。韶山外环公路从村中穿境而过，里程达 5 公里，直接惠及沿线村民小组 8 个，给全村旅游和现代农业发展提供了极大方便。

二是提升公共服务普及率。黄田村投入 300 多万元，建立 1 个集便民服务室、党员活动室、村卫生室、文化图书室、远程教育室、多媒体会议室、老年娱乐中心等于一体的综合村民服务议事中心和 8 个文化广场。村民们白天在图书室看书、上网，晚上在文化广场跳舞、打球、散步、聊天，全村一

派热闹和睦的景象。

三是繁荣社会文化事业。依照《村民委员会组织法》制定《村规民约》，内容涵盖社会治安、村民风俗、邻里关爱、敬老爱幼、婚姻家庭等方面。为丰富村民的业余文化生活，组织腰鼓队等乡土文化队伍，多次参加市乡文化汇演。建设2个标准化村级卫生服务室，组织村民参加健康教育和健康体检，检测率达90%；建立一套全村健康档案，进行家庭医生签约，确保全民健康体检。村部设有留守儿童之家，为留守儿童提供学习科学文化、红色文化教育、心理辅导等全方位的帮助。全村建立3个邻里互助式养老服务点，为全村老人提供相聚娱乐、休闲、看书的服务场地，丰富了老人晚年的精神娱乐生活。

（五）发挥党员示范作用，打造乡村宜居宜业新风尚

一是强化基层组织建设。定期开展“三会一课”，采取党支部活动、自学、集体学习等形式，提高广大党员党性修养、思想境界和对精品乡村建设水平的认识。2020年是农村人居环境整治三年行动的收官之年，党组织聚焦垃圾治理、村容村貌提升，开展人居环境整治“我是党员、我带头”活动，按网格化为每个党员设定人居环境岗，带头搞好自家的垃圾分类、房前屋后的卫生、室内房间整洁，并按责任分片包干。在脱贫攻坚决战决胜之年开展“不忘初心勇担当，脱贫攻坚亮作为”等主题党日活动，引导党员进一步增强“四个意识”、坚定“四个自信”、做到“两个维护”。为切实把承诺事项落到实处，对全体党员进行设岗定责、星级评定，并公示党员的承诺情况，让党员亮身份、明目标，真正做到“一名党员就是一面旗帜”，充分发挥党组织战斗堡垒作用和党员的先锋模范作用。定期组织开展民主生活会，集思广益，有效提高村民建设精品乡村的参与度，并通过组织团体活动增强村民团结性、提升全村凝聚力。

二是完善有效治理机制。严格执行“四议两公开”制度，调动广大党员群众主动参与村内事务。强化为民服务全程代理制度，解决群众办事难问题。修订村规民约，促进依规管理村务，理顺事务办理程序。成立老年协

会、村民议事会、村务监督委员会、红白理事会、环保理事会及道德评议会等机构，充分发挥其作用，引导村民遵纪守法、移风易俗，推动社情民风转变。靠制度管人、用制度管权、按制度办事，不断优化体制机制，为工作规范化、制度化、科学化运行奠定良好基础。

三是深入推进平安乡村建设。以“平安村”创建和民主法治村创建为契机，通过“帮、带、扶、推、教”，引导村民自觉做到学法、用法、遵法、守法，健全完善预警机制，加大纠纷调解力度，把问题化解在萌芽状态，保障乡村生活生产稳定和谐。

B.18
发展循环经济　打造绿色工业园区*
——株洲高新区建设绿色园区的实践探索

摘　要： 近年来，株洲高新区坚持以习近平新时代中国特色社会主义思想为指导，深入贯彻党的二十大精神，认真落实习近平总书记考察湖南重要讲话和指示精神，推行发展循环经济、低碳经济及建设资源节约型和环境友好型社会等措施，积极培育节能环保产业、资源循环利用产业。2023年底，株洲高新区被工信部授予国家级绿色工业园区称号，实现了株洲市国家级绿色工业园区“零”的突破。

关键词： 株洲　节能环保　绿色园区

株洲高新区成立于1992年5月，同年12月经国务院批准为国家级高新区。它坚持“一区三园”发展格局，下辖田心片区、董家塅片区和河西示范园。近年来，株洲高新区坚持以习近平新时代中国特色社会主义思想为指导，深入贯彻党的二十大精神，认真落实习近平总书记考察湖南重要讲话和指示精神，大力发展绿色低碳产业，推动能源消费低碳转型，强化绿色示范引领，完善园区基础设施建设，聚力打造现代化绿色低碳园区。2019年，株洲高新区被纳入湖南省绿色工业园区，2023年底，株洲高新区被工信部授予国家级绿色工业园区称号，实现了株洲市国家级绿色工业园区“零”的突破。

---

* 案例资料收集和写作：陈漫涛，湖南省社会科学院区域经济与绿色发展研究所助理研究员，研究领域为区域经济学。

一　在生态文明建设方面取得的成效

近年来，株洲高新区大力发展绿色低碳产业，推动能源消费低碳转型，强化绿色示范引领，完善园区基础设施建设，聚力打造现代化绿色低碳园区。2023年，株洲高新区营业收入、技工贸总收入分别达3500亿元、3300亿元，跻身全国园区高质量发展百强榜第48位、全国先进制造业百强园区第81位，在全省高新区创新发展绩效评价中排名第2位。

（一）能源利用低碳化

持续优化用能结构，实施“风光储倍增计划”，积极发展光伏、风能、生物质能等可再生能源、清洁能源，建成光伏装机容量30MW，年发电量2500万kWh，年节约1万吨标煤；清洁能源使用率高于引领值30%以上。同时，大力开展“新能源+储能”试点示范，大力推进立方新能源储能等新型能源项目建设。

（二）产业结构智造化

大力发展绿色产业，以攻坚关键技术、延伸产业链条、促进循环经济为突破，实施节能降碳技术改造，推动钻石切削、时代新材、株齿等企业绿色转型升级。实施绿色工厂星级管理，深入推动绿色工厂“提质升星”。近三年绿色产业工业增加值占规上企业增加值的比重超过70%，创建27家绿色工厂，其中国家级13家，2家国家级绿色设计示范企业及3家国家级绿色供应链管理企业。2023年实施重点节能减碳项目25个，节约标煤0.6万吨。

（三）资源利用高效化

全面推行清洁利用生产，确保固体废弃物高效循环利用，近三年园区工业固体废弃物资源综合利用率分别为92.19%、93.17%、95.56%。持续优化能源结构，提高清洁能源利用率和能源利用效率，降低企业的用能成本，园区资源产出率全面提升。2023 年，园区主要资源产出率达到 14.76 万元/吨、能源产出率达到 42.29 万元/吨、水资源产出率达到 0.72 万元/吨、土地资源产出率达到 48.17 亿元/平方公里。

（四）园区环境生态化

全面提升基础设施，构建绿色智慧管理平台，实现能源、环保、经济、企业一张图，引进园区环保管家制度，对园区大气进行实时监测预警，对工业固体废弃物实施在线监管，对重点行业企业 100%实施清洁生产审核。园区企业普遍采用先进适用的节能降耗技术，生产工艺流程进一步完善，物质和能量在各个工序间实现高效循环；主要资源的综合利用率得到较大提高，各种废渣废料得到有效的回收；高耗能、高污染企业关停退出；工业“三废”得到有效的处理，对环境的影响进一步降低。2023 年，化学需氧量、氨氮、氮氧化物、二氧化硫排放量分别降至 0.0151 万吨、0.0021 万吨、0.0605 万吨、0.00031 万吨。

（五）生产制造数字化

搭建“天元云”平台，助力园区企业数字化转型。设立全省首个工业软件园——天元工业软件园，与华为合作在全国布局第一个工业软件云工程应用创新中心，中国移动（株洲）工业互联网研究院、中国联通中南研究院工业互联网研究分院等项目相继落户。组建智能科学研究院，由中车株洲所青年科学家王彧弋博士团队领衔，依托一流的算法设计和智能系统研发能力，为全市工业智能化领域提供赋能增效服务，并由此快速形成高新区生产制造领域数字化、智能化能力。

二　主要做法和举措

近年来，株洲高新区以发展循环经济、低碳经济，建设资源节约型和环境友好型社会为指导思想，积极培育节能环保产业、资源循环利用产业，园区内企业有较强的节能减排、废物综合利用意识。2019 年，株洲高新区已被纳入湖南省绿色工业园区。

（一）加强组织制度保障

一是成立园区绿色发展领导小组。印发了《株洲高新技术产业开发区管理委员会关于成立绿色发展工作领导小组的通知》，成立了园区绿色发展工作领导小组，由管委会主任牵头负责绿色园区建设工作，园区相关部门全程参与绿色工业园区建设。二是积极响应第三方评价要求。园区管委会根据评价小组核查情况，探索不符合要求的指标的影响因素，积极制定了整改计划和措施，如针对园区可再生能源利用率相对较低，管委会迅速制定引导政策，鼓励工业企业使用可再生能源，并严格按照循环化改造方案推动清洁能源利用项目建设发展。三是引导公众积极参与。充分利用各类媒体资源，广泛宣传绿色发展的重要意义、目标任务、政策规定。广泛开展绿色低碳生活、节能减排降耗等方面的活动，提高全民参与度。引导公众在生态环境保护建言献策、污染源排放监督等方面积极参与，畅通并发挥电话热线、微信、论坛等网络平台举报投诉渠道的作用，完善公众参与绿色发展的决策和共同治理机制，促进全社会参与绿色发展的建设。

（二）持续优化空间布局

株洲高新区主动融入湖南“一核两副三带四区”区域经济格局及长株潭一体化战略，结合物流和产业关联性、区位交通、城市功能分布等因素，持续优化河西示范园、田心片区、董家塅片区区域协同、产业协作、密切联动的“一区三园”发展格局。为加强园区绿色发展工作的组织领导，2018 年，株洲高新区管委会组织编制了《株洲高新技术产业开发区绿色园区建设规划（2018—2022 年）》，提出了促进绿色园区建设的保障措施，主要包括促进绿色园区建设的组织机构、经济政策、技术保障体系、能力建设、环境管理工具以及公众参与、宣传教育等政策和措施。园区以绿色经济、低碳经济、循环经济和生态文明建设为目标，从战略的高度做好绿色园区的顶层设计，切实增强规划的前瞻性、指导性和操作性，确保绿色园区建设有章可循、有规可依。同时园区编制了《国民经济和社会发展第十四个五年规划和2035年远景目标纲要》，加快园区转型升级和创新发展。2020年，园区着手循环化改造，这期间历经十余次会审、修订，2022年确定改造方案、形成书面报告《株洲高新技术产业开发区循环化改造实施方案（2023—2025年）》。

（三）构建良好产业生态

区域发展竞争，拼土地、拼资金的时代已经过去，未来是区域产业生态的比拼。围绕构建良好产业生态，形成园区核心竞争力，我们做了整体思考，选择在四个方面发力。一是构建开放型产业体系。让企业唱主角，创新举办首届株洲高新区企业大会，全面推介高新区九大产业服务体系。持续开展新能源、新材料等系列圈层交流活动，承办中国国际轨道交通和装备制造业产业博览会、全国工业APP和信息消费大赛等行业峰会和论坛活动，推动产业链供应链协同配套、企业间合作互利共赢。二是构建高效型要素体系。聚焦影响企业效益的关键领域和薄弱环节，切实降低企业物流、用能等要素成本。开展物流专项调研，形成物流降本系统性解决方案。组建高新能源投资公司，搭建能碳管控平台和数据中心，推动“光伏+储能”进园区，降低企业用能成本。三是构建专业型服务体系。坚持市场化发展方向，构建涵盖金融服务、人力资源等的全方位生产服务体系，不断提升园区服务能级。强化金融服务，在全省首批试点知识价值信用贷，放款5亿元；优化瞪羚企业扶持办法，为58家企业发放贴息贷款1.88亿元；打造“菁樟计划”路演品牌，促成天使投资3000多万元。强化人力资源服务，建成省级人力资源产业园，构建链接“居民端+企业端+平台端”的就业服务平台，实现供需两端精准匹配，高效解决企业人才需求问题。四是构建友好型人文体系。完善园区生活、文化、娱乐、医疗等配套设施，开展“2024株洲马拉松”“CTCC中国场地汽车职业联赛”等重大赛事活动，探索性举办株洲“厂BA”，营造更具亲情味、舒适感，活跃度高，更人性化的外部发展环境。

（四）推动产业低碳转型

一是做大做强主导产业。园区抢抓轨道交通快速发展的机遇，充分发挥高新区轨道交通领域技术、人才、品牌优势，重点发展轨道交通装备及其关键系统零部件。围绕“航空发动机+通用飞机整机制造+通用航空运营+配套产业+衍生产业”的航空产业链，积极承接国家重大科技专项和产业化专项，实现关键技术突破，加快科技成果转化，形成中小型航空发动机、通用航空整机制造、通用航空运营、航空配套产业和衍生产业在内的完整产业体系。统筹强链补链延链，强化创新驱动，加快产业和企业的规模化、集聚化、集成化和品牌化建设，带动和吸引配套产业集聚，加快产业集群化发展，全力做大做强做优电力新能源与装备制造（含汽车）产业。

二是培育发展新兴产业。出台“碳达峰”实施方案，创新“碳中和”产业合作模式，联合中车株洲所时代碳行事业部打造能碳管控平台和数据中心，为企业提供定制化的碳盘查、碳足迹、碳交易、碳达峰、碳中和实施方案等服务；积极推进“风、光、氢、储”等“双碳”产业项目建设，着手打造电力新能源特色产业园，引导新能源企业集聚发展，形成集科技成果转化、创新，孵化、裂变于一体的要素功能配置齐全的电力新能源产业基地。依托天易科技城自主创业园，打造“中国芯”“中国操作系统”“中国安全网络”“中国服务器”等一批完全自主产权的计算机硬软件产品。

（五）构建循环经济产业链

园区以“减量化、再利用、资源化”原则为核心，紧紧围绕循环化改造的目标，以现有轨道交通、航空、电力新能源与装备制造（含汽车）三大支柱产业为主体，针对高新区的资源环境条件和产业结构特征，将资源节约和废物循环利用贯穿于生产、流通的各个过程中，重点构建轨道交通、航空、电力新能源与装备制造（含汽车）三条循环经济产业链，全面助推高新区循环化改造工作。近年来，园区以绿色工厂、绿色园区、绿色供应链、绿色产品为主要内容的绿色制造体系建设，助力工业领域实现碳达峰、碳中和目标。鼓励企业积极开展绿色制造体系建设，已涌现了一批优质“绿色企业”，园区现有47家绿色工厂，其中国家级25家，有2家国家级绿色设计示范企业及6家国家级绿色供应链管理企业。

（六）高效利用能源资源

一是持续优化园区能源结构。围绕碳达峰、碳中和目标，全力促进制造业领域节能减排，加大天然气、石油液化气、醇基燃料等清洁能源替代和推广力度，逐步提高高新区清洁能源使用比重，推进热电联产、集中供热和工业余热利用，控制化石能源消费总量，加快形成低碳、清洁、高效的新型能源体系。立足高新区可再生能源禀赋特性，坚持技术先进、环境友好、经济可行，积极开发太阳能、生物质能等新能源，进一步推进能源发展清洁转型。抢抓株洲市建设“全国氢能示范城市”的契机，依托淳华氢能等企业，前瞻布局发展氢能。积极探索“光伏+”应用模式，在具备条件的重点用能单位，加快发展分布式光伏等新能源项目。

二是推动废弃物资源化利用。鼓励园区企业将生产工艺中所产生的可再利用的电子废弃物、机械零部件等与凯天环保、稷维环境等园区废物回收企业进行废物交易，与园区企业形成废物循环链条，构建固废内外循环系统。鼓励装备制造企业将生产过程中产生的各种废物（如废金属、废塑料等）经废金属回收拆解加工系统、废塑料粗加工系统等统一分类处理后，出售给专业回收企业，再生成为金属、塑料等材料，作为原料提供给零配件加工企业和包装企业，从而重新加工成各种零配件、模具和包装用品。重点支持废旧金属、废旧塑料、废旧家电及电子产品的循环利用产业化，实施绿色再制造和回收利用工程，构建以再生资源回收利用为特色的资源循环利用模式。

三是全力实施节能降碳改造。加快先进成熟绿色低碳技术装备推广应用，退出落后或低效的工艺技术和生产装置，实施技术装备迭代升级改造，实现整体能效水平提升。按照能源梯级利用、系统优化原则，通过能量系统优化设计与控制、工业流程优化、系统技术集成应用等措施实施节能改造。

鼓励园区企业实施数字化改造，引导重点用能单位建立能耗在线监测企业端系统，积极开展能耗3级计量数据采集。加强重点用能单位能源计量体系建设，确保在线监测数据来源于准确可靠的能源计量器具。

（七）加强污染集中治理

一是积极开展清洁生产审核。加强对清洁生产和节能减排工作的引导，积极推进清洁生产审核工作，不断提高重点行业清洁生产水平，大幅降低污染物排放强度和能耗，切实推进重点节能减排项目建设。探索建立由政府主导、以企业为主体、产学研相结合的清洁生产技术创新与成果转化体系，建立健全清洁生产技术清单，就具有先进性、典型性、代表性的清洁生产技术开展清洁生产技术示范。加强清洁生产监督管理，以高新区内规模以上工业企业为重点，积极推进ISO14000环境管理体系认证，推动全区重点企业普遍实行清洁生产，从源头提升污染防治管理水平。

二是提质升级污水处理设施。合理优化高新区污水收集和处理设施，加强涉水企业规范化整治，全面排查企业污水管网不配套、雨污不分流、废水治理设施运行不正常、排污口不规范等问题，推进企业和高新区污水处理设施分类管理、分期升级改造，确保各片区入园企业废水分别接入所依托的城镇污水处理厂（河西示范园——河西污水处理厂，田心片区——白石港水质净化中心，董家塅片区——枫溪污水处理厂），降低湘江污染风险。持续完善高新区污水管网，实行雨污分流制和污水管网封闭运行，重点加强白石港、枫溪港流域污水管网和高新区周边区域生活污水收集管网等基础设施建设，限制田心片区、董家塅片区水型污染企业入驻。

三是提升固废综合处置能力。鼓励固废产生量大的企业加强清洁生产工艺改造，或在场内开展综合利用处置，有效减少固废源头产生量。持续强化对园区内危险废物、一般工业固体废物产生单位的日常环境监管，严厉打击违法贮存、处置危险废物及一般工业固废的不法行为，切实降低固体废物污染环境的风险。督促园区企业按照法律法规的要求，规范贮存设施、制定管理制度、建立固体废物管理台账，对危险废物必须委托有运输、处置资质的

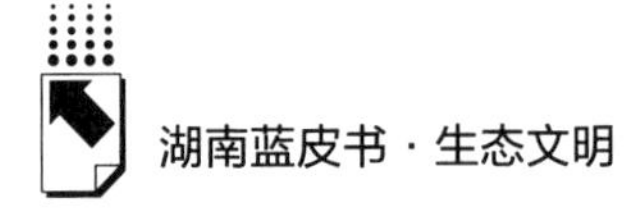

单位运输并进行无害化处置，严禁非法倾倒。加强对现有一般固废、危险废物贮存、处理处置设施的环境监管，大力推广一般固废、危险废物第三方治理模式，引入有资质的第三方治理企业进行“专人专治”，支持园区内重点产废企业与第三方治理企业合作。

四是持续强化大气污染防治。强化 $PM_{2.5}$ 和臭氧污染协同控制，加强对高新区及周边区域基础设施建设及各工地施工建设的扬尘治理，强化油烟日常监管和移动源污染管控。严格落实项目审批制度，加强废气源头监管。进一步强化工业企业生产废气收集处理，重点聚焦氮氧化物和挥发性有机物治理，完善涉废气排放监督监测，加强区域环境空气监测，及时发现问题及时处理。全面排查“散乱污”企业、涉挥发性有机物企业，深入推进“电力大数据+环境监管”模式，督促涉 VOCs 重点管控企业制定错峰生产方案，严格按要求实施错峰生产。加大联合执法力度，建立健全大气污染防治工作联防联控机制。

五是强化园区环境综合管理。优化园区生态环境管理机制，持续完善高新区重点行业清洁生产评价指标体系和有关污染控制标准，完善节水、节能、节材等资源节约标准化工作规范要求，优化高耗能、高耗水及高污染企业（项目）入园标准，以及主要用能设备及建筑能效标准、重点用水企业取水定额标准。积极宣传国家、省、市推广的循环经济技术规范和技术导向目录，探索建立和完善产品的绿色标识、强制性产品能效标识、再利用品标识、节能建筑标识审核制度。充分发挥高新区“环保管家”的作用，通过环保隐患诊断排查与整治，提升环保管理和环境治理服务，切实解决企业不懂、不会、不规范等环保痛点、堵点、难点，减少环境违法风险，提高环境管理水平。同步压实企业治污责任，落实企业“谁污染、谁治理”“谁破坏、谁修复”的主体责任，督促企业落实台账管理、自行监测、执行报告等管理制度，对污染源实施全过程管理。提升企业治污水平，督促企业切实加大污染治理投入、提高清洁生产水平、加强污染防治设施建设运营管理，严格落实环评批复要求、减少污染排放、加强污染治理、做好生态恢复。提升企业环境风险防控水平，健全企业环境风险隐患排查治理长效机制，建立环境安全台账，完善防控管理制度，落实企业环境安全主体责任。同时，加强环境应急物资储备和环境应急救援、专家、监测等队伍建设，依法做好突发环境事件的风险控制，不断提升环境应急能力。以大数据应用等信息化手段提升企业环境管理水平，重点排污企业要安装使用在线监测设备并确保正常运行，坚决杜绝治理效果和监测数据造假。

B.19

布局建设“五好”园区
探索科技引领绿色发展*

——邵阳经开区建设绿色园区的实践探索

摘　要：　近年来，邵阳经济技术开发区深入贯彻习近平生态文明思想，落实习近平总书记在湖南考察时的重要讲话和指示精神，把绿色发展理念贯穿工作始终，加强绿色技术供给、构建绿色产业体系、实施绿色制造工程、提升绿色生态环境、健全绿色发展机制，探索出了以科技创新引领绿色崛起的高质量发展路径。2023 年，园区获得国家级绿色工业园区和国家级科技企业孵化器 2 个“国字号”荣誉，成为推动产业结构变优、发展模式变绿、经济质量变高的有力证明。

关键词：　邵阳经开区　科技引领　绿色发展

邵阳经开区是邵阳市本级唯一的经开区，于 2016 年 11 月经省政府同意，整合原湖南邵阳经开区与宝庆工业集中区而成，采取“一区两园”模式管理。2021 年 6 月，邵阳市经济开发区获批成为国家级经济开发区。2023 年，园区入驻企业超过 1000 家，其中规模以上工业企业 263 家、高新技术企业 140 家，拥有国家级专精特新“小巨人”企业 6 家、省专精特新中小企业 64 家。近年来，邵阳经济技术开发区深入贯彻习近平生态文明思

* 案例资料收集和写作：陈漫涛，湖南省社会科学院区域经济与绿色发展研究所助理研究员，研究领域为区域经济学。

想，贯彻落实2024年3月习近平总书记在湖南考察时的重要讲话和指示精神，统筹推进“五位一体”总体布局、协调推进“四个全面”战略布局，全面落实创新驱动发展战略和可持续发展战略，继续做大做强先进制造业，推动产业高端化、智能化、绿色化发展，围绕建设“五好”园区目标任务，强化底线思维，把绿色发展理念贯穿工作始终，加大绿色技术供给、构建绿色产业体系、实施绿色制造工程、提升绿色生态环境、健全绿色发展机制，探索出了以科技创新引领绿色崛起的高质量发展路径。

一　在生态文明建设方面取得的成效

（一）综合实力迈上新台阶

2023年，园区获得国家级绿色工业园区和国家级科技企业孵化器2个“国字号”荣誉，这成为推动产业结构变优、发展模式变绿、经济质量变高的有力证明。打造“一件事一次办”园区升级版被评为全省政务服务改革“揭榜竞优”典型经验。获评湖南自贸试验区首批设立的协同联动区，跨境电商产业带（发制品）获得省商务厅认定，获评省级安全生产先进单位。营商环境连续两年在全省138家园区中排名第二。先后获评“国家小型微型企业创业创新示范基地”“省级特种玻璃特色产业园区”“省级绿色生态示范园区”，已成为湘中湘西南面积最大和覆盖人口最多的工业中心、邵阳沪昆百里工业走廊核心引领区、湘南湘西承接产业转移先行区。

（二）创新发展实现新突破

大力实施创新引领开放崛起战略，勇当全市创新创业排头兵。一是创新平台加快打造。建成工程研究中心、企业技术中心等省级及以上科创平台36个、省级及以上众创空间和孵化器3个。其中，湖南特种玻璃研究院、邵阳先进制造技术研究院等产业技术研发平台全面建成，华中科技大学2个国家级分中心（分室）成功落户。园区高新技术企业达 140 家。拥有省级及以上名牌产品企业 12 家、国家知识产权优势企业 16 家。二是创新动能持续增强。R&D 占 GDP 的比重达 2.5%，高于省、市平均水平。申请专利 528 件，授权专利 345 件。每万人当年新增授权发明专利数量 12 件，是全市平均水平（5.23 件/万人）的 2.29 倍。规模以上工业增加值中，高新技术产业、装备制造业、战略性新兴产业的增加值占比分别达到 77%、65.1%、25.2%。三是一流成果不断涌现。彩虹特种玻璃投产国内首条全自动化 G7.5 盖板玻璃生产线，打破了国外关键核心技术垄断；邵阳纺机特种化纤设备填补了国内空白，是国内唯一能制造高质量熔喷布生产设备的企业；拓浦精工建成国内首条可批量生产的厨电工业 4.0 柔性生产线，维克液压深海机器人产品获国家重大技术装备首台（套）奖励，一大批领先技术带动“邵阳制造”向“邵阳智造”跃升。

二　主要做法和举措

邵阳经济技术开发区积极响应国家“碳达峰、碳中和”的号召，党工委、管委会多次召开专题会议研究部署，成立由党工委、管委会一把手任双组长的绿色转型发展工作领导小组，统筹协调市发改、工信、生态环境、商务、科技、自然资源和规划等相关部门，分领域、多层面开展绿色创建。

（一）强化顶层设计，创建高端化、智能化、绿色化工业园

一是强化顶层设计。邵阳经济技术开发区在“十四五”规划中明晰了“创新驱动发展、高质量发展、绿色发展”的发展定位，坚决落实国家关于先进制造业开发区高质量发展的工作要求，坚持高端化、智能化、绿色化发展方向，以优化布局拓展空间，以创新驱动引领产业升级，以集约绿色提质增效，构建高质量发展体系。

二是明晰发展路径。根据工信部编发的《“十四五”工业绿色发展规

划》和《工业领域碳达峰实施方案》，编制了《邵阳经济技术开发区产业发展“十四五”规划（2021～2025年）》，同时实施绿色发展五年行动方案，从构建循环化产业体系和能源结构调整、探索“碳达峰、碳中和”实施路径等方面进行部署，对经济、创新、环保指标进行全面梳理和可达性分析，为绿色转型提供理论支撑。

三是优化空间布局。结合主体功能区总体布局、城市建设总体规划以及土地利用总体规划，明确开发区产业定位和发展目标，外部调格局，内部调功能，突出产业板块，优化空间布局，形成“两园、六轴、六个主体功能区”空间发展格局。

四是注重源头把控。根据产业定位和绿色发展方向，制定项目准入标准和产业准入负面清单，出台了招商引资项目准入综合评审办法，对招商引资项目实行分级、分类评估，从产业吻合度、科技创新度、投资主体领先度、综合贡献度、土地利用度、安全环保可控度六个维度进行评估打分，并设置环境保护、综合能耗等方面的“一票否决”，坚决拒绝未达到准入分数线的项目入区。

（二）加快绿色赋能，布局发展信息化、数字化、智慧化碳园区

一是建设绿色园区。园区高度重视园区绿色化建设，围绕“双碳”目标，推动绿色低碳发展，推进产业结构低碳化、生产过程清洁化、能源资源利用高效化，全面提升制造业竞争新优势。加快绿色制造体系建设，组织开展绿色工厂、绿色园区、绿色供应链企业示范创建工作，推动园区形成新的绿色发展动力源、新业态和增长极，构建高效、清洁、低碳、循环的绿色制造体系。2020年2月成立了绿色园区领导小组专门负责绿色园区创建工作，并不断提升绿色管理水平。同时，不断制定绿色园区规划和奖励政策，2021年6月编制了《关于邵阳经济开发区循环化改造实施方案》，进一步推动绿色园区创建，2023年园区已被纳入湖南省绿色制造体系创建计划，按照绿色制造体系创建工作方案积极推进绿色园区建设。

二是加快建设绿色工厂。以企业为建设主体，推进绿色制造、绿色建

造，以装备制造、智能家居家电、显示功能材料、循环经济等行业为重点领域，选择重点企业为清洁生产企业试点，按照厂房集约化、原料无害化、生产洁净化、废物资源化、能源低碳化原则，开展绿色工厂示范工作。推动企业应用绿色低碳标准建设改造厂房，集约利用厂区，采用先进适用的清洁生产工艺技术和高效末端治理装备，加快淘汰落后设备。支持工业企业采用先进节能低碳技术、工艺和装备，重点实施变压器、电机、水泵、风机、空压机等通用设备改造，及中低品位余热余压利用等节能技改。

三是大力开发绿色产品。开展绿色设计示范试点工作，推动企业将全生命周期绿色管理理念融入产品设计中。推动重点企业采用高性能、轻量化、绿色环保的新材料，开发具有无害化、节能、环保、高可靠性、长寿命和易回收等特性的绿色产品，着力提高产品可拆卸性、可回收性、可维护性、可重复利用性。积极引导企业实施和推行产品全生命周期绿色管理，开发绿色设计产品，发布绿色设计产品名录，引导社会绿色低碳消费。推广绿色制造工艺技术，减少制造过程中的能源消耗和污染物排放。

（三）统筹开源节流，构建低能耗、低排放、低污染生态圈

一是贯彻执行国家和地方绿色、循环和低碳相关法律法规、政策和标准。园区在质量提升、装备改善、“双创”示范、绿色转型升级、工业绿色制造试点示范、节能、清洁生产和资源综合利用等方面开展了大量工作，2020 年 5 月邵阳经济开发区发布了《邵阳经济开发区 2019～2020 年特护期蓝天保卫战工作方案》，制定了《邵阳经济开发区蓝天保卫战实施方案》。2022 年 7 月，印发《邵阳经济技术开发区关于加快推动电动专用汽车示范运营的试行方案》，2023 年邵阳经济开发区发布了《邵阳经济开发区污染防治攻坚战 2023 年工作方案暨“夏季攻势”任务清单》。在园区官网系统发布国家和地方绿色、循环和低碳相关法律法规、政策和标准，做好政策解读和宣传，推动园区绿色发展。

二是圆满完成国家或地方政府下达的节能减排指标，碳排放强度持续下降。近三年来，园区未发生重大污染事故或重大生态破坏事件，湖南省未给

邵阳经开区下达相关节能减排指标，园区按照国家和地方产业政策、能源双控和环境保护相关规划及要求，因地制宜地开展节能减排工作，持续推进两型园区建设。园区工业企业 2020~2023 年能源消耗种类为电、天然气、柴油和汽油，电包括部分工业企业屋顶光伏发电，天然气主要用于燃气炉窑，燃料油（柴油和汽油）主要用于部分叉车、装载车和汽车等，大部分工业企业使用电动叉车，柴油消耗量较小。“十四五”期间，园区主要通过大力推广太阳能光伏发电、积极开展区域节能、建立节能新制度、促进传统产业转型升级、实施节能重点工程、加强公共机构节能、强化节能技术支撑和服务体系建设等措施不断减少能源消耗，提高低碳清洁能源和可再生能源使用比例。

三是环境质量达到国家或地方规定的环境功能区环境质量标准。园区内企业污染物达标排放，各类重点污染物排放总量均不超过国家或地方的总量控制要求，园区环境空气基本符合《环境空气质量标准》。园区地表水综合水质基本达到《地表水环境质量标准》（GB3838-2002）Ⅱ类标准限值要求。园区所在区域日常环境噪声基本达到《声环境质量标准》（GB3096-2008）中 2 类标准要求。根据园区日常环保监管和自查，未发现企业超标排放情况，入园企业均严格执行环保“三同时”，开展了环境影响评价，项目投产后进行环保竣工验收。园区内所有涉污企业均依法取得排污许可，按环评允许的最高排放浓度核算的年最大排污量购买总量控制指标，园区内企业在单项指标排放满足排放要求的情况下不会出现总量超标情况。

四是鼓励园区建立并运行环境管理体系和能源管理体系，建立园区能源监测管理平台。2021 年，园区通过了环境管理体系认证，获得了湖南西南检验检测有限公司颁发的 GB/T 24001-2016/ISO 14001-2015 环境管理体系认证证书。为提高能源利用效率，降低能源消费，提高能源管理水平，依据《能源管理体系标准的理解实施与审核》（GB/T 23331-2012）建立经开区能源管理体系。遵循系统管理原理，通过实施一套完整的标准、规范，在组织内建立起一个完整有效的、形成文件的能源管理体系，注重建立和实施过程的控制，使组织的活动、过程及其要素不断优化，通过例行节能监测、能源审计、能效对标、内部审核、节能技改、节能考核等措施，不断提高能源管理体系持续改进的有效性，实现能源管理方针和承诺并达到预期的能源消耗或使用目标。

B.20

构建“三生”园区　加快绿色低碳转型*

——衡阳高新区建设绿色园区的实践探索

摘　要：　衡阳高新区以习近平生态文明思想为指引，践行绿色发展理念，通过污染防治、环境问题整改、构建“三生”园区、创建“五好”园区、工业结构低碳化、资源利用高效化及环境治理现代化等措施，取得显著成效。2023 年，园区被评为“国家级绿色工业园区”。未来，衡阳高新区将继续推进人与自然和谐共生的现代化，完善生态文明制度体系，加快绿色低碳转型。

关键词：　衡阳高新区　“三生”园区　低碳转型

衡阳高新区于 1992 年 6 月经湖南省人民政府批准成立，2012 年 8 月经国务院批准升级为国家级高新区，2022 年整合升格为副厅级单位，对衡阳高新区、衡阳综保区、衡山产业开发区（衡山科学城）、白沙洲工业园区实行统一管理。为湖南省委、省人民政府派出机构，委托衡阳市委、市人民政府管理。2024 年调区扩区后面积 2116.96 公顷，辖华兴、金龙坪、蒸水、高岭 4 个街道（办事处），常住人口约 22.3 万人。近年来，衡阳高新区坚持以习近平生态文明思想为指引，牢固树立和践行“绿水青山就是金山银山”理念，坚持提升绿色发展水平，实行党政主要负责人亲自抓、负总责，分管领导具体抓、抓落实的工作机制，加快发展“智能经济、绿色

---

* 案例资料收集和写作：陈漫涛，湖南省社会科学院区域经济与绿色发展研究所助理研究员，研究领域为区域经济学。

经济、健康经济”三大经济形态。以“创新发展、绿色发展、特色发展、开放发展”为四大抓手，带动区域实现质量、效率、动力变革，支撑国家“双碳”目标实现。

一　在生态文明建设方面取得的成效

近年来，园区坚定不移走以生态优先、绿色发展为导向的高质量发展新路子，生态文明建设与高质量发展工作取得明显成效。先后获得“国家双创示范基地”“国家大中小企业融通型创新创业特色载体”“国家级承接产业转移基地”“湖南省高质量发展园区”等众多国家、省级荣誉，2023 年，园区被工信部评为“国家级绿色工业园区”，“五好”园区创建工作、科技创新工作、“一件事一次办”改革等 3 项工作获得省政府真抓实干督查激励表彰。特别是衡州大道数字经济走廊建设已经上升为全市重大战略，经过 20 多年的建设和发展，衡阳高新区已经成为全市名副其实的政治中心、经济中心、科技中心、文化中心。

环境空气质量保持长期向好态势。2024 年 1～5 月，高新区环境空气质量综合指数排名全市园区第二，环境空气质量稳步向好。地表水水环境质量持续向好。辖区水质量考核断面蒸水入湘江口近年来年均水质均达到Ⅲ类，集中式饮用水源水质达标率 100%。土壤环境安全得到有效保障。农用地土壤环境状况整体稳定，污染地块安全利用率达到 100%，土壤环境风险得到有效管控，重点建设用地安全利用得到有效保障。环境信访总量持续下降。2023 年以来，衡阳高新区未发生突发环境事件和因环境污染引发的群体相关事件。环境信访总量继续维持下降趋势，高新区共受理各类信访 61 件，其中“12345” 58 件、“12369” 3 件。对所有信访件均按时进行了调处并及时回复，回复反馈率达 100%，信访人满意率达 98%以上。

二　主要做法和经验

（一）以污染防治攻坚战为抓手，夯实绿色发展根基

坚定不移走生态优先、绿色发展之路，坚决打赢蓝天、碧水、净土保卫战，深化精准治污、科学治污、依法治污，全力打好污染防治攻坚战，努力建设山清水秀、生态宜居美丽之地，为社会经济高质量发展夯实绿色发展根基。

一是坚决打赢蓝天保卫战。近年来，高新区高度重视大气污染防治工作，全面贯彻落实省、市大气污染防治会议精神，及时研究部署大气污染防治工作。实行生态环境部门牵头，社会事务、城管执法、住建等部门多方联动，积极推进餐饮油烟综合整治、环境空气质量“点位长”制、秸秆禁烧监管工作机制、涉气企业日常监管等工作措施。二是着力打好碧水保卫战。以辖区水环境质量改善为核心，推进水污染防治工作，严格按照“一园一档”要求加强水环境管理，持续推进园区配套管网建设、入河排污口排查整治、黑臭水体整治等工作。三是扎实推进净土保卫战。绘制受污染耕地分布一张图，全面完成受污染耕地安全利用和风险管控任务；积极抓好建设用地污染地块安全利用工作，持续开展清废专项行动，深入推动湘江沿岸固体废物大排查；2024 年 4 月份以来，配合城管行政综合执法大队和各街道（办事处），全面巡查摸排偷倒建筑垃圾的场点 20 余处，并整改到位。

（二）以突出环境问题整改为引领，构建绿色发展机制

通过中央、省生态环境保护督察，蓝天、碧水、净土三大保卫战及污染防治攻坚战“夏季攻势”和省防范化解重大生态环境风险隐患“利剑行动”等专项整治，解决了一批历史遗留突出生态环境问题。

一是认真整改中央及省生态环境保护督察交办问题。2017 年以来，高新区共收到中央和省环保督察信访交办件 223 件，已办结 223 件。2023 年，

市突出环境问题整改领导小组办公室组织对历年各级督察检查交办反馈及自查掌握的还未解决的问题进行了梳理交办，涉及衡阳高新区的问题共 31 个（共性问题 23 个，个性问题 8 个），目前已整改完成 26 个，整改完成率 83.9%，剩余 5 个（共性问题 3 个，个性问题 2 个）正在持续推进整改。二是圆满完成中央及省级生态环境保护督察整改任务。2023 年 9 月 6 日，省生态环境保护督察组正式进驻衡阳，开展为期 20 天的督察工作，衡阳高新区共涉及群众信访举报件 26 件，截至目前，已全部办结，办结率 100%。2024 年 5 月 9 日，中央生态环境保护督察组正式进驻湖南，开展为期 30 天的督察工作，衡阳高新区共涉及群众信访举报件 5 件，排名全市倒数第二，仅次于南岳区。截至目前，已办结 5 件，办结率 100%。在已经公布的典型案例中，没有通报衡阳高新区的问题，衡阳高新区的中央环保督察工作取得了阶段性的成效。三是全面完成生态环境风险隐患“利剑”行动任务。按照省、市有关开展环境隐患排查整治工作的要求，结合衡阳高新区实际，制定了《2023 年高新区防范化解重大生态环境风险隐患“利剑”行动方案》（衡高新生环委办〔2023〕3 号）。结合工作实际，衡阳高新区认真组织开展了环境隐患排查整治专项行动，目前出动执法人员 120 余人次，检查企业 200 余家次。对于重点企业、重点行业进行了现场督导检查，全面排查各类风险隐患，通过制定风险管控方案、整改方案，采取立行立改方式等，衡阳高新区已全面完成防范化解生态环境风险隐患“利剑”行动任务。四是扎实开展日常生态环境监管执法行动。一方面，扎实开展双随机检查工作。认真执行“双随机”制度，规范监管行为，提升环境执法效能，保障执法的有效性和公平性，做到有法可依、执法必严、违法必究，不断消除环境风险隐患。2023 年开展双随机执法，共计检查企业 61 家次，其中重点监管单位 8 家次、特殊监管单位 32 家次、一般监管单位 21 家次。另一方面，积极稳妥处理环境信访问题。保持信访投诉渠道畅通，及时受理信访投诉问题，确保第一时间受理、第一时间查处、第一时间回复信访人，做到投诉受理不空岗，环境信访调处不缺位。同时，不定期做好后督查工作，确保信访办理质量。

（三）以“三生”园区构建为重点，部署绿色发展架构

坚持生态、生活、生产的“三生”融合理念，通过严格环境管控、优化产业生态、提升监管能力等多维度举措，以高标准规划引领产业生态型经济发展，为实现可持续发展注入强劲动力。

一是坚持不懈推动绿色低碳发展。严格“三线一单”管控，从严把好环评审批关，严控“两高项目”盲目上马，全力构建生产发展、生活富裕、生态优美的“三生”园区，切实推进产业生态型经济发展模式，助推“五好园区”建设。高标准编制《绿色发展规划》，建立健全绿色低碳循环发展经济体系，推动园区发展从追求经济总量扩张向绿色化、低碳化、安全化、循环化转型，建设资源利用更优、产出效益更高的绿色低碳循环园区。二是持续推进生态环境网格管理。按照上级要求，衡阳高新区制定出台了《高新区生态环境网格化管理办法》（试行），并召开了推进会议，进一步形成了“定区域、定人员、定职责、定任务、定奖惩”覆盖全区的网格化环境监管格局，做到网格边界清晰、责任主体明确、目标任务具体，切实推动生态环境保护各项工作落实落细。三是深入开展生态文明创建。通过六·五世界环境日等主题宣传活动，结合衡阳市创建全国文明城市工作和生态环境保护日常工作，深入宣传贯彻习近平生态文明思想，持续推进新闻宣传，组织新闻采访活动，集中报道推进生态文明建设的典型经验模式，拓宽新闻媒体宣传渠道，创新宣传载体和内容，提升信息发布的传播度和影响力。四是不断提升综合监管能力。积极推进排污许可制度与环境影响评价制度有机衔接，强化绿色发展理念，创新推进“四严四基”，从严压实企业治污主体责任，根据分工负责、责任到人的原则，明确各相关职能部门的行业管理责任，各街道（办事处）的属地管理责任，生态环境部门的综合协调责任和统一监管责任，形成各负其责的网格化责任体系，将环保监管责任落实到部门、街道（办事处）、社区等基层。对生态环境违法行为，坚决做到发现一起、查处一起、打击一个、震慑一片。

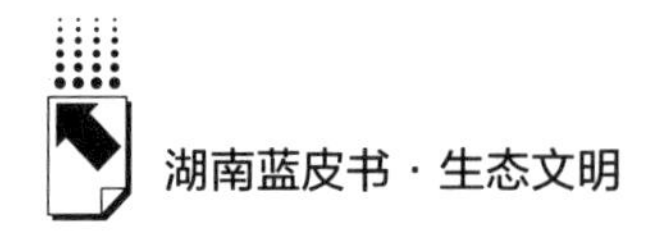

（四）以“五好”园区创建为目标，打造绿色发展园区

主动对标“规划定位好、创新平台好、产业项目好、体制机制好、发展形象好”的“五好”园区和绿色园区创建要求，启动规划与治理提升，在园区定位、规划、管理、提质等方面下真功夫、下实功夫、下苦功夫，绘出园区“新图景”。

一是齐抓共管，形成生态环境保护工作合力。严格落实生态环境保护“党政同责、一岗双责”要求，按照生态环境保护责任清单规定，切实抓好生态环境保护工作。各级各部门要认真履职尽责、加强协作配合，健全工作机制，进一步形成齐抓共管的大环保格局，实现环境保护由“一肩挑”到“一盘棋”的转变。二是联系群众，深入开展基层生态环保调研。针对生态环境保护领域突出问题、难点痛点，持续深入基层一线，广泛听取各方面意见，进一步深化“我为群众办实事”的工作思想，以人民群众诉求为出发点，极力解决人民群众急难愁盼的问题，奋力实现百姓富与生态美两者的有机统一。三是优化创新，建设生态环境保护监管平台。根据《湖南省生态环境厅办公室关于开展园区生态环境监管平台建设对接工作考核的通知》的要求：“纳入2021年度考核的93家工业园区应全面建成园区环境监管信息平台，与省园区环境管理信息平台实现联网并上传数据。”为推进高新区环境污染第三方治理工作深入开展，落实省生态环境厅监管平台建设对接工作要求，衡阳高新区于2022年12月完成生态环境监管平台建设。目前，衡阳高新区生态环境监管平台正在有序运行中，平台具备“企业管理模块”“自行监测模块”“排污许可模块”“监测点位模块”等四大板块，通过生态环境监测网络将各污染源、排污点的实时在线监测数据集成进入平台，通过短信平台自动向企业相关负责人、高新区环保负责人发送生态环境预警信息，有力地实现生态环境保护日常监管功能。四是凝心聚力，全力助推高新“五好”园区创建。不断加强业务学习，提高工作执行力，认真落实各项目标任务，全力抓好大气、水、土壤污染防治各项工作，扎实推进三大污染防治攻坚战，在做好日常工作的同时，推进高新区生态环境质量持续改善，加强与省市工作的衔接，为“五好”园区建设提供坚实生态环境保障。

（五）以资源利用高效化为手段，腾出绿色容量空间

坚持向存量要效益、向立体要空间，着力破解园区资源环境制约，加快推进园区“减量化、再利用、资源化”循环改造，不断提高资源能源利用效率和产出效益。

一是实行“差异化”政策措施。对园区内规上工业企业和用地 5 亩以上工业企业建立“一企一单”综合评价体系，设立“亩均效益”大数据库，评出 A、B、C、D 四类企业。为切实提高工业用地利用效率，园区制定《工业企业高质量发展评价实施办法》。优先保障 A 类企业用地指标；对 B 类企业给予适当用地支持，鼓励企业进行土地“二次开发”，充分利用现有土地、厂房、设备资源实施“零增地”技改；对 C 类企业，除转型升级项目外，原则上不再提供新增用地；对 D 类企业，除新上属于国家《产业结构调整目录》鼓励类项目外，不再新增用地，将其用地作为重点低效改造对象严格监管。二是实行“个性化”盘活计划。对于低效企业提出盘活举措，对于拟自主转型升级的企业进行提升改造，对于拟进入小微园区的企业统一规划建设，对于拟合作转型升级的企业进行兼并重组。对低效用地企业提出了亩均效益提升计划，涉及用地 835 亩，盘活标准厂房 6.25 万平方米。三是实施“多元化”能源供应。为加快构建多元化的清洁能源供应网络，努力提高可再生能源在园区用能结构中的比例，衡阳高新区大力推进园区屋顶光伏发电项目建设，重点挖掘碳中和前沿技术应用场景，推进“光伏+储能”等试点示范，支持鼓励园区企事业单位建立屋顶/车棚等光伏电站。目前，已投产和在建屋顶光伏发电项目 17 个，合计屋顶面积达 100 公顷，预计每年可为园区企业供电 2700 万千瓦时。

（六）以环境治理现代化为导向，筑牢绿色生态屏障

突出践行“绿水青山就是金山银山”理论，把生态优先、绿色发展作

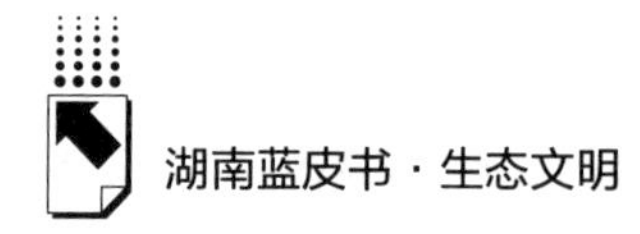

为厚植发展优势的关键，加快建设现代环境治理体系，取得积极进展。

一是强化组织领导。成立了绿色发展工作领导小组，领导小组下设办公室，统筹推动园区绿色发展建设与管理工作，形成了自上而下的绿色发展工作组织领导体系和目标评价考核体系。建立日常工作协调制度，形成定期会商、现场推进、年度考核等工作机制，确保绿色园区工作不断取得实质性进展。坚持规划引领，编制了《园区控制性详细规划》《衡阳高新技术产业开发区绿色高质量发展规划》，按照规划中提出的重要任务、重点工程、保障措施等内容开展工作。二是突出循环利用。大力推进企业节能减排，全面构建资源循环利用、能源梯级转换、产业持续发展、环境充分保护的发展格局。目前，园区工业固废综合利用率达到97%以上，主要再生资源回收利用率达到100%，中水回用率达到28%以上，工业用水重复利用率达到96%以上。三是优化源头防控。严把环境准入关，采取项目引进联合会审前置的方式，推动绿色招商和产业生态化发展，从源头遏制“高污染、高耗能”项目。建立危险废物转移联单和危险化学品登记制度，严控危废转移程序，实现抓住源头、管住贮存与流动、确保无害化最终处置的全过程管控。开展环境托管服务试点，聘请第三方专业环境服务公司，为园区提供环境监测、环保设施建设运营、环境污染治理等一体化服务和解决方案，“一企一策”化解环境风险。

附录一
中共中央　国务院关于全面推进美丽中国建设的意见

（2023年12月27日）

建设美丽中国是全面建设社会主义现代化国家的重要目标，是实现中华民族伟大复兴中国梦的重要内容。为全面推进美丽中国建设，加快推进人与自然和谐共生的现代化，现提出如下意见。

一　新时代新征程开启全面推进美丽中国建设新篇章

党的十八大以来，以习近平同志为核心的党中央把生态文明建设摆在全局工作的突出位置，全方位、全地域、全过程加强生态环境保护，实现了由重点整治到系统治理、由被动应对到主动作为、由全球环境治理参与者到引领者、由实践探索到科学理论指导的重大转变，美丽中国建设迈出重大步伐。

当前，我国经济社会发展已进入加快绿色化、低碳化的高质量发展阶段，生态文明建设仍处于压力叠加、负重前行的关键期，生态环境保护结构性、根源性、趋势性压力尚未根本缓解，经济社会发展绿色转型内生动力不足，生态环境质量稳中向好的基础还不牢固，部分区域生态系统退化趋势尚未根本扭转，美丽中国建设任务依然艰巨。新征程上，必须把美丽中国建设摆在强国建设、民族复兴的突出位置，保持加强生态文明建设的战略定力，坚定不移走生产发展、生活富裕、生态良好的文明发展道路，建设天蓝、地绿、水清的美好家园。

二 总体要求

全面推进美丽中国建设，要坚持以习近平新时代中国特色社会主义思想特别是习近平生态文明思想为指导，深入贯彻党的二十大精神，落实全国生态环境保护大会部署，牢固树立和践行绿水青山就是金山银山的理念，处理好高质量发展和高水平保护、重点攻坚和协同治理、自然恢复和人工修复、外部约束和内生动力、“双碳”承诺和自主行动的关系，统筹产业结构调整、污染治理、生态保护、应对气候变化，协同推进降碳、减污、扩绿、增长，维护国家生态安全，抓好生态文明制度建设，以高品质生态环境支撑高质量发展，加快形成以实现人与自然和谐共生现代化为导向的美丽中国建设新格局，筑牢中华民族伟大复兴的生态根基。

主要目标是：到 2027 年，绿色低碳发展深入推进，主要污染物排放总量持续减少，生态环境质量持续提升，国土空间开发保护格局得到优化，生态系统服务功能不断增强，城乡人居环境明显改善，国家生态安全有效保障，生态环境治理体系更加健全，形成一批实践样板，美丽中国建设成效显著。到 2035 年，广泛形成绿色生产生活方式，碳排放达峰后稳中有降，生态环境根本好转，国土空间开发保护新格局全面形成，生态系统多样性稳定性持续性显著提升，国家生态安全更加稳固，生态环境治理体系和治理能力现代化基本实现，美丽中国目标基本实现。展望本世纪中叶，生态文明全面提升，绿色发展方式和生活方式全面形成，重点领域实现深度脱碳，生态环境健康优美，生态环境治理体系和治理能力现代化全面实现，美丽中国全面建成。

锚定美丽中国建设目标，坚持精准治污、科学治污、依法治污，根据经济社会高质量发展的新需求、人民群众对生态环境改善的新期待，加大对突出生态环境问题集中解决力度，加快推动生态环境质量改善从量变到质变。

“十四五”深入攻坚，实现生态环境持续改善；“十五五”巩固拓展，实现生态环境全面改善；“十六五”整体提升，实现生态环境根本好转。要坚持做到：

——全领域转型。大力推动经济社会发展绿色化、低碳化，加快能源、工业、交通运输、城乡建设、农业等领域绿色低碳转型，加强绿色科技创新，增强美丽中国建设的内生动力、创新活力。

——全方位提升。坚持要素统筹和城乡融合，一体开展“美丽系列”建设工作，重点推进美丽蓝天、美丽河湖、美丽海湾、美丽山川建设，打造美丽中国先行区、美丽城市、美丽乡村，绘就各美其美、美美与共的美丽中国新画卷。

——全地域建设。因地制宜、梯次推进美丽中国建设全域覆盖，展现大美西部壮美风貌、亮丽东北辽阔风光、美丽中部锦绣山河、和谐东部秀美风韵，塑造各具特色、多姿多彩的美丽中国建设板块。

——全社会行动。把建设美丽中国转化为全体人民行为自觉，鼓励园区、企业、社区、学校等基层单位开展绿色、清洁、零碳引领行动，形成人人参与、人人共享的良好社会氛围。

三　加快发展方式绿色转型

（一）优化国土空间开发保护格局。健全主体功能区制度，完善国土空间规划体系，统筹优化农业、生态、城镇等各类空间布局。坚守生态保护红线，强化执法监管和保护修复，使全国生态保护红线面积保持在315万平方公里以上。坚决守住18亿亩耕地红线，确保可以长期稳定利用的耕地不再减少。严格管控城镇开发边界，推动城镇空间内涵式集约化绿色发展。严格河湖水域岸线空间管控。加强海洋和海岸带国土空间管控，建立低效用海退出机制，除国家重大项目外，不再新增围填海。完善全域覆盖的生态环境分区管控体系，为发展“明底线”、“划边框”。到2035年，大陆自然岸线保有率不低于35%，生态保护红线生态功能不降低、性质不改变。

（二）积极稳妥推进碳达峰碳中和。有计划分步骤实施碳达峰行动，力争 2030 年前实现碳达峰，为努力争取 2060 年前实现碳中和奠定基础。坚持先立后破，加快规划建设新型能源体系，确保能源安全。重点控制煤炭等化石能源消费，加强煤炭清洁高效利用，大力发展非化石能源，加快构建新型电力系统。开展多领域多层次减污降碳协同创新试点。推动能耗双控逐步转向碳排放总量和强度双控，加强碳排放双控基础能力和制度建设。逐年编制国家温室气体清单。实施甲烷排放控制行动方案，研究制定其他非二氧化碳温室气体排放控制行动方案。进一步发展全国碳市场，稳步扩大行业覆盖范围，丰富交易品种和方式，建设完善全国温室气体自愿减排交易市场。到 2035 年，非化石能源占能源消费总量比重进一步提高，建成更加有效、更有活力、更具国际影响力的碳市场。

（三）统筹推进重点领域绿色低碳发展。推进产业数字化、智能化同绿色化深度融合，加快建设以实体经济为支撑的现代化产业体系，大力发展战略性新兴产业、高技术产业、绿色环保产业、现代服务业。严把准入关口，坚决遏制高耗能、高排放、低水平项目盲目上马。大力推进传统产业工艺、技术、装备升级，实现绿色低碳转型，实施清洁生产水平提升工程。加快既有建筑和市政基础设施节能降碳改造，推动超低能耗、低碳建筑规模化发展。大力推进“公转铁”、“公转水”，加快铁路专用线建设，提升大宗货物清洁化运输水平。推进铁路场站、民用机场、港口码头、物流园区等绿色化改造和铁路电气化改造，推动超低和近零排放车辆规模化应用、非道路移动机械清洁低碳应用。到 2027 年，新增汽车中新能源汽车占比力争达到 45%，老旧内燃机车基本淘汰，港口集装箱铁水联运量保持较快增长；到 2035 年，铁路货运周转量占总周转量比例达到 25%左右。

（四）推动各类资源节约集约利用。实施全面节约战略，推进节能、节水、节地、节材、节矿。持续深化重点领域节能，加强新型基础设施用能管理。深入实施国家节水行动，强化用水总量和强度双控，提升重点用水行业、产品用水效率，积极推动污水资源化利用，加强非常规水源配置利用。

健全节约集约利用土地制度，推广节地技术和模式。建立绿色制造体系和服务体系。开展资源综合利用提质增效行动。加快构建废弃物循环利用体系，促进废旧风机叶片、光伏组件、动力电池、快递包装等废弃物循环利用。推进原材料节约和资源循环利用，大力发展再制造产业。全面推进绿色矿山建设。到 2035 年，能源和水资源利用效率达到国际先进水平。

四 持续深入推进污染防治攻坚

（五）持续深入打好蓝天保卫战。以京津冀及周边、长三角、汾渭平原等重点区域为主战场，以细颗粒物控制为主线，大力推进多污染物协同减排。强化挥发性有机物综合治理，实施源头替代工程。高质量推进钢铁、水泥、焦化等重点行业及燃煤锅炉超低排放改造。因地制宜采取清洁能源、集中供热替代等措施，继续推进散煤、燃煤锅炉、工业炉窑污染治理。重点区域持续实施煤炭消费总量控制。研究制定下一阶段机动车排放标准，开展新阶段油品质量标准研究，强化部门联合监管执法。加强区域联防联控，深化重污染天气重点行业绩效分级。持续实施噪声污染防治行动。着力解决恶臭、餐饮油烟等污染问题。加强消耗臭氧层物质和氢氟碳化物环境管理。到 2027 年，全国细颗粒物平均浓度下降到 28 微克/立方米以下，各地级及以上城市力争达标；到 2035 年，全国细颗粒物浓度下降到 25 微克/立方米以下，实现空气常新、蓝天常在。

（六）持续深入打好碧水保卫战。统筹水资源、水环境、水生态治理，深入推进长江、黄河等大江大河和重要湖泊保护治理，优化调整水功能区划及管理制度。扎实推进水源地规范化建设和备用水源地建设。基本完成入河入海排污口排查整治，全面建成排污口监测监管体系。推行重点行业企业污水治理与排放水平绩效分级。加快补齐城镇污水收集和处理设施短板，建设城市污水管网全覆盖样板区，加强污泥无害化处理和资源化利用，建设污水处理绿色低碳标杆厂。因地制宜开展内源污染治理和生态修复，基本消除城乡黑臭水体并形成长效机制。建立水生态考核机制，加强水源涵养区和生态缓冲带保护修复，强化水资源统一调度，保障河湖生态流量。坚持陆海统筹、河海联动，持续推进重点海域综合治理。以海湾为基本单元，“一湾一策”协同推进近岸海域污染防治、生态保护修复和岸滩环境整治，不断提升红树林等重要海洋生态系统质量和稳定性。加强海水养殖环境整治。积极应对蓝藻水华、赤潮绿潮等生态灾害。推进江河湖库清漂和海洋垃圾治理。到2027年，全国地表水水质、近岸海域水质优良比例分别达到90%、83%左右，美丽河湖、美丽海湾建成率达到40%左右；到2035年，“人水和谐”美丽河湖、美丽海湾基本建成。

（七）持续深入打好净土保卫战。开展土壤污染源头防控行动，严防新增污染，逐步解决长期积累的土壤和地下水严重污染问题。强化优先保护类耕地保护，扎实推进受污染耕地安全利用和风险管控，分阶段推进农用地土壤重金属污染溯源和整治全覆盖。依法加强建设用地用途变更和污染地块风险管控的联动监管，推动大型污染场地风险管控和修复。全面开展土壤污染重点监管单位周边土壤和地下水环境监测，适时开展第二次全国土壤污染状况普查。开展全国地下水污染调查评价，强化地下水型饮用水水源地环境保护，严控地下水污染防治重点区环境风险。深入打好农业农村污染治理攻坚战。到2027年，受污染耕地安全利用率达到94%以上，建设用地安全利用得到有效保障；到2035年，地下水国控点位Ⅰ—Ⅳ类水比例达到80%以上，土壤环境风险得到全面管控。

（八）强化固体废物和新污染物治理。加快“无废城市”建设，持续推进新污染物治理行动，推动实现城乡“无废”、环境健康。加强固体废物综合治理，限制商品过度包装，全链条治理塑料污染。深化全面禁止“洋垃圾”入境工作，严防各种形式固体废物走私和变相进口。强化危险废物监管和利用处置能力，以长江经济带、黄河流域等为重点加强尾矿库污染治理。制定有毒有害化学物质环境风险管理法规。到2027年，“无废城市”建设比例达到60%，固体废物产生强度明显下降；到2035年，“无废城市”建设实现全覆盖，东部省份率先全域建成“无废城市”，新污染物环境风险得到有效管控。

五　提升生态系统多样性稳定性持续性

（九）筑牢自然生态屏障。稳固国家生态安全屏障，推进国家重点生态功能区、重要生态廊道保护建设。全面推进以国家公园为主体的自然保护地体系建设，完成全国自然保护地整合优化。实施全国自然生态资源监测评价预警工程。加强生态保护修复监管制度建设，强化统一监管。严格对所有者、开发者乃至监管者的监管，及时发现和查处各类生态破坏事件，坚决杜绝生态修复中的形式主义。加强生态状况监测评估，开展生态保护修复成效评估。持续推进“绿盾”自然保护地强化监督，建立生态保护红线生态破坏问题监督机制。到2035年，国家公园体系基本建成，生态系统格局更加稳定，展现美丽山川勃勃生机。

（十）实施山水林田湖草沙一体化保护和系统治理。加快实施重要生态系统保护和修复重大工程，推行草原森林河流湖泊湿地休养生息。继续实施山水林田湖草沙一体化保护和修复工程。科学开展大规模国土绿化行动，加大草原和湿地保护修复力度，加强荒漠化、石漠化和水土流失综合治理，全面实施森林可持续经营，加强森林草原防灭火。聚焦影响北京等重点地区的沙源地及传输路径，持续推进“三北”工程建设和京津风沙源治理，全力打好三大标志性战役。推进生态系统碳汇能力巩固提升行动。到2035年，全国森林覆盖率提高至26%，水土保持率提高至75%，生态系统基本实现良性循环。

（十一）加强生物多样性保护。强化生物多样性保护工作协调机制的统筹协调作用，落实“昆明—蒙特利尔全球生物多样性框架”，更新中国生物多样性保护战略与行动计划，实施生物多样性保护重大工程。健全全国生物多样性保护网络，全面保护野生动植物，逐步建立国家植物园体系。深入推进长江珍稀濒危物种拯救行动，继续抓好长江十年禁渔措施落实。全面实施海洋伏季休渔制度，建设现代海洋牧场。到2035年，全国自然保护地陆域面积占陆域国土面积比例不低于18%，典型生态系统、国家重点保护野生动植物及其栖息地得到全面保护。

六　守牢美丽中国建设安全底线

（十二）健全国家生态安全体系。贯彻总体国家安全观，完善国家生态安全工作协调机制，加强与经济安全、资源安全等领域协作，健全国家生态安全法治体系、战略体系、政策体系、应对管理体系，提升国家生态安全风险研判评估、监测预警、应急应对和处置能力，形成全域联动、立体高效的国家生态安全防护体系。

（十三）确保核与辐射安全。强化国家核安全工作协调机制统筹作用，构建严密的核安全责任体系，全面提高核安全监管能力，建设与我国核事业发展相适应的现代化核安全监管体系，推动核安全高质量发展。强化首堆新堆安全管理，定期开展运行设施安全评价并持续实施改进，加快老旧设施退役治理和历史遗留放射性废物处理处置，加强核技术利用安全管理和电磁辐射环境管理。加强我国管辖海域海洋辐射环境监测和研究，提升风险预警监测和应急响应能力。坚持自主创新安全发展，加强核安全领域关键性、基础性科技研发和智能化安全管理。

（十四）加强生物安全管理。加强生物技术及其产品的环境风险检测、识别、评价和监测。强化全链条防控和系统治理，健全生物安全监管预警防控体系。加强有害生物防治。开展外来入侵物种普查、监测预警、影响评估，加强进境动植物检疫和外来入侵物种防控。健全种质资源保护与利用体系，加强生物遗传资源保护和管理。

（十五）有效应对气候变化不利影响和风险。坚持减缓和适应并重，大力提升适应气候变化能力。加强气候变化观测网络建设，强化监测预测预警和影响风险评估。持续提升农业、健康和公共卫生等领域的气候韧性，加强基础设施与重大工程气候风险管理。深化气候适应型城市建设，推进海绵城市建设，强化区域适应气候变化行动。到 2035 年，气候适应型社会基本建成。

（十六）严密防控环境风险。坚持预防为主，加强环境风险常态化管理。完善国家环境应急体制机制，健全分级负责、属地为主、部门协同的环境应急责任体系，完善上下游、跨区域的应急联动机制。强化危险废物、尾矿库、重金属等重点领域以及管辖海域、边境地区等环境隐患排查和风险防控。实施一批环境应急基础能力建设工程，建立健全应急响应体系和应急物资储备体系，提升环境应急指挥信息化水平，及时妥善科学处置各类突发环境事件。健全环境健康监测、调查和风险评估制度。

七　打造美丽中国建设示范样板

（十七）建设美丽中国先行区。聚焦区域协调发展战略和区域重大战略，加强绿色发展协作，打造绿色发展高地。完善京津冀地区生态环境协同保护机制，加快建设生态环境修复改善示范区，推动雄安新区建设绿色发展城市典范。在深入实施长江经济带发展战略中坚持共抓大保护，建设人与自然和谐共生的绿色发展示范带。深化粤港澳大湾区生态环境领域规则衔接、机制对接，共建国际一流美丽湾区。深化长三角地区共保联治和一体化制度创新，高水平建设美丽长三角。坚持以水定城、以水定地、以水定人、以水定产，建设黄河流域生态保护和高质量发展先行区。深化国家生态文明试验区建设。各地区立足区域功能定位，发挥自身特色，谱写美丽中国建设省域篇章。

（十八）建设美丽城市。坚持人民城市人民建、人民城市为人民，推进以绿色低碳、环境优美、生态宜居、安全健康、智慧高效为导向的美丽城市建设。提升城市规划、建设、治理水平，实施城市更新行动，强化城际、城乡生态共保环境共治。加快转变超大特大城市发展方式，提高大中城市生态环境治理效能，推动中小城市和县城环境基础设施提级扩能，促进环境公共服务能力与人口、经济规模相适应。开展城市生态环境治理评估。

（十九）建设美丽乡村。因地制宜推广浙江“千万工程”经验，统筹推动乡村生态振兴和农村人居环境整治。加快农业投入品减量增效技术集成创新和推广应用，加强农业废弃物资源化利用和废旧农膜分类处置，聚焦农业面源污染突出区域强化系统治理。扎实推进农村厕所革命，有效治理农村生活污水、垃圾和黑臭水体。建立农村生态环境监测评价制度。科学推进乡村绿化美化，加强传统村落保护利用和乡村风貌引导。到2027年，美丽乡村整县建成比例达到40%；到2035年，美丽乡村基本建成。

（二十）开展创新示范。分类施策推进美丽城市建设，实施美丽乡村示范县建设行动，持续推广美丽河湖、美丽海湾优秀案例。推动将美丽中国建设融入基层治理创新。深入推进生态文明示范建设，推动“绿水青山就是金山银山”实践创新基地建设。鼓励自由贸易试验区绿色创新。支持美丽中国建设规划政策等实践创新。

八　开展美丽中国建设全民行动

（二十一）培育弘扬生态文化。健全以生态价值观念为准则的生态文化体系，培育生态文明主流价值观，加快形成全民生态自觉。挖掘中华优秀传统生态文化思想和资源，推出一批生态文学精品力作，促进生态文化繁荣发展。充分利用博物馆、展览馆、科教馆等，宣传美丽中国建设生动实践。

（二十二）践行绿色低碳生活方式。倡导简约适度、绿色低碳、文明健康的生活方式和消费模式。发展绿色旅游。持续推进“光盘行动”，坚决制止餐饮浪费。鼓励绿色出行，推进城市绿道网络建设，深入实施城市公共交通优先发展战略。深入开展爱国卫生运动。提升垃圾分类管理水平，推进地级及以上城市居民小区垃圾分类全覆盖。构建绿色低碳产品标准、认证、标识体系，探索建立“碳普惠”等公众参与机制。

（二十三）建立多元参与行动体系。持续开展“美丽中国，我是行动者”系列活动。充分发挥行业协会商会桥梁纽带作用和群团组织广泛动员作用，完善公众生态环境监督和举报反馈机制，推进生态环境志愿服务体系建设。深化环保设施开放，向公众提供生态文明宣传教育服务。

九　健全美丽中国建设保障体系

（二十四）改革完善体制机制。深化生态文明体制改革，一体推进制度集成、机制创新。强化美丽中国建设法治保障，推动生态环境、资源能源等领域相关法律制定修订，推进生态环境法典编纂，完善公益诉讼，加强生态环境领域司法保护，统筹推进生态环境损害赔偿。加强行政执法与司法协同合作，强化在信息通报、形势会商、证据调取、纠纷化解、生态修复等方面衔接配合。构建从山顶到海洋的保护治理大格局，实施最严格的生态环境治理制度。完善环评源头预防管理体系，全面实行排污许可制，加快构建环保信用监管体系。深化环境信息依法披露制度改革，探索开展环境、社会和公司治理评价。完善自然资源资产管理制度体系，健全国土空间用途管制制度。强化河湖长制、林长制。深入推进领导干部自然资源资产离任审计，对不顾生态环境盲目决策、造成严重后果的，依规依纪依法严格问责、终身追责。强化国家自然资源督察。充分发挥生态环境部门职能作用，强化对生态和环境的统筹协调和监督管理。深化省以下生态环境机构监测监察执法垂直管理制度改革。实施市县生态环境队伍专业培训工程。加快推进美丽中国建设重点领域标准规范制定修订，开展环境基准研究，适时修订环境空气质量等标准，鼓励出台地方性法规标准。

（二十五）强化激励政策。健全资源环境要素市场化配置体系，把碳排放权、用能权、用水权、排污权等纳入要素市场化配置改革总盘子。强化税收政策支持，严格执行环境保护税法，完善征收体系，加快把挥发性有机物纳入征收范围。加强清洁生产审核和评价认证结果应用。综合考虑企业能耗、环保绩效水平，完善高耗能行业阶梯电价制度。落实污水处理收费政策，构建覆盖污水处理和污泥处置成本并合理盈利的收费机制。完善以农业绿色发展为导向的经济激励政策，支持化肥农药减量增效和整县推进畜禽粪污收集处理利用。建立企业生态环保费用提取使用制度。健全生态产品价值实现机制，推进生态环境导向的开发模式和投融资模式创新。推进生态综合补偿，深化横向生态保护补偿机制建设。强化财政对美丽中国建设支持力度，优化生态文明建设领域财政资源配置，确保投入规模同建设任务相匹配。大力发展绿色金融，支持符合条件的企业发行绿色债券，引导各类金融机构和社会资本加大投入，探索区域性环保建设项目金融支持模式，稳步推进气候投融资创新，为美丽中国建设提供融资支持。

（二十六）加强科技支撑。推进绿色低碳科技自立自强，创新生态环境科技体制机制，构建市场导向的绿色技术创新体系。把减污降碳、多污染物协同减排、应对气候变化、生物多样性保护、新污染物治理、核安全等作为国家基础研究和科技创新的重点领域，加强关键核心技术攻关。加强企业主导的产学研深度融合，引导企业、高校、科研单位共建一批绿色低碳产业创新中心，加大高效绿色环保技术装备产品供给。实施生态环境科技创新重大行动，推进“科技创新2030—京津冀环境综合治理”重大项目，建设生态环境领域大科学装置和重点实验室、工程技术中心、科学观测研究站等创新平台。加强生态文明领域智库建设。支持高校和科研单位加强环境学科建设。实施高层次生态环境科技人才工程，培养造就一支高水平生态环境人才队伍。

（二十七）加快数字赋能。深化人工智能等数字技术应用，构建美丽中国数字化治理体系，建设绿色智慧的数字生态文明。实施生态环境信息化工程，加强数据资源集成共享和综合开发利用。加快建立现代化生态环境监测体系，健全天空地海一体化监测网络，加强生态质量监督监测，推进生态环境卫星载荷研发。加强温室气体、地下水、新污染物、噪声、海洋、辐射、农村环境等监测能力建设，实现降碳、减污、扩绿协同监测全覆盖。提升生态环境质量预测预报水平。实施国家环境守法行动，实行排污单位分类执法监管，大力推行非现场执法，加快形成智慧执法体系。

（二十八）实施重大工程。加快实施减污降碳协同工程，支持能源结构低碳化、移动源清洁化、重点行业绿色化、工业园区循环化转型等。加快实施环境品质提升工程，支持重点领域污染减排、重要河湖海湾综合治理、土壤污染源头防控、危险废物环境风险防控、新污染物治理等。加快实施生态保护修复工程，支持生物多样性保护、重点地区防沙治沙、水土流失综合防治等。加快实施现代化生态环境基础设施建设工程，支持城乡和园区环境设施、生态环境智慧感知和监测执法应急、核与辐射安全监管等。

（二十九）共谋全球生态文明建设。坚持人类命运共同体理念，共建清洁美丽世界。坚持共同但有区别的责任原则，推动构建公平合理、合作共赢的全球环境气候治理体系。深化应对气候变化、生物多样性保护、海洋污染治理、核安全等领域国际合作。持续推动共建“一带一路”绿色发展。

十　加强党的全面领导

（三十）加强组织领导。坚持和加强党对美丽中国建设的全面领导，完善中央统筹、省负总责、市县抓落实的工作机制。充分发挥中央生态环境保护督察工作领导小组统筹协调和指导督促作用，健全工作机制，加强组织实施。研究制定生态环境保护督察工作条例。深入推进中央生态环境保护督察，将美丽中国建设情况作为督察重点。持续拍摄制作生态环境警示片。制定地方党政领导干部生态环境保护责任制规定，建立覆盖全面、权责一致、奖惩分明、环环相扣的责任体系。各地区各部门要把美丽中国建设作为事关全局的重大任务来抓，落实“党政同责、一岗双责”，及时研究解决重大问题。各级人大及其常委会加强生态文明建设立法工作和法律实施监督。各级政协加大生态文明建设专题协商和民主监督力度。各地区各有关部门推进美丽中国建设年度工作情况，书面送生态环境部，由其汇总后向党中央、国务院报告。

（三十一）压实工作责任。生态环境部会同国家发展改革委等有关部门制定分领域行动方案，建立工作协调机制，加快形成美丽中国建设实施体系和推进落实机制，推动任务项目化、清单化、责任化，加强统筹协调、调度评估和监督管理。各级党委和政府要强化生态环境保护政治责任，分类施策、分区治理，精细化建设。省（自治区、直辖市）党委和政府应当结合地方实际及时制定配套文件。各有关部门要加强工作衔接，把握好节奏和力度，协调推进、相互带动，强化对美丽中国建设重大工程的财税、金融、价格等政策支持。

（三十二）强化宣传推广。持续深化习近平生态文明思想理论研究、学习宣传、制度创新、实践推广和国际传播，推进生态文明教育纳入干部教育、党员教育、国民教育体系。通过全国生态日、环境日等多种形式加强生态文明宣传。发布美丽中国建设白皮书。按照有关规定表彰在美丽中国建设中成绩显著、贡献突出的先进单位和个人。

（三十三）开展成效考核。开展美丽中国监测评价，实施美丽中国建设进程评估。研究建立美丽中国建设成效考核指标体系，制定美丽中国建设成效考核办法，适时将污染防治攻坚战成效考核过渡到美丽中国建设成效考核，考核工作由中央生态环境保护督察工作领导小组牵头组织，考核结果作为各级领导班子和有关领导干部综合考核评价、奖惩任免的重要参考。

（新华社北京 2024 年 1 月 11 日电）

附录二

中共湖南省委　湖南省人民政府关于全面推进美丽湖南建设的实施意见

（2024 年 5 月 30 日）

为全面推进美丽湖南建设，奋力谱写中国式现代化湖南篇章，根据党中央、国务院印发的《关于全面推进美丽中国建设的意见》精神，结合我省实际，现提出如下实施意见。

一　总体要求

坚持以习近平新时代中国特色社会主义思想特别是习近平生态文明思想为指导，深入贯彻党的二十大精神，认真落实习近平总书记考察湖南重要讲话和指示精神，扛牢“守护好一江碧水”“守护好三湘大地的青山绿水、蓝天净土”的政治责任，坚持全领域转型、全方位提升、全地域建设、全社会行动，全面推进美丽湖南建设。到 2027 年，绿色低碳发展深入推进，主要污染物排放总量持续减少，生态环境质量持续提升，国土空间开发保护格局得到优化，生态系统服务功能不断增强，城乡人居环境明显改善，生态安全有效保障，生态环境治理体系更加健全，形成一批实践样板，美丽湖南建设成效明显。到 2035 年，绿色生产生活方式广泛形成，碳排放达峰后稳中有降，生态环境根本好转，国土空间开发保护新格局全面形成，生态系统多样性稳定性持续性显著提升，生态安全更加稳固，生态环境治理体系和治理

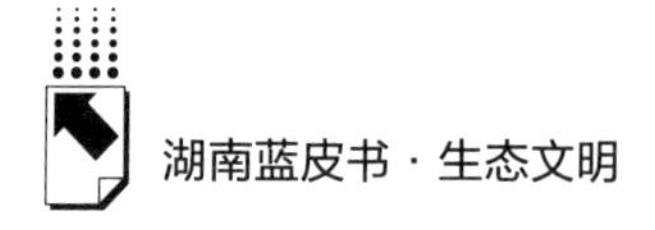

能力现代化基本实现，美丽湖南基本建成。到本世纪中叶，生态文明全面提升，绿色发展方式和生活方式全面形成，重点领域实现深度脱碳，生态环境健康优美，生态环境治理体系和治理能力现代化全面实现，人与自然和谐共生的美丽湖南全面建成。

二 主要任务

（一）加快发展方式绿色转型

1. 优化国土空间开发保护格局。落实主体功能区制度，完善国土空间规划体系，全面推进生态环境分区管控。坚守生态保护红线，确保生态保护红线面积不低于4.18万平方公里，生态功能不降低、性质不改变。守牢耕地保护红线，到2035年，确保耕地保有量不低于5372.66万亩。严格管控城镇开发边界，加快构建“一圈两副三带多点”城镇空间格局。

2. 积极稳妥推进碳达峰碳中和。实施碳达峰十大行动，推进碳达峰试点城市建设。加快构建以电力为基础的新型能源体系，科学合理控制煤炭消费总量，推进“气化湖南”等工程，因地制宜积极发展非化石能源。推动能耗双控逐步转向碳排放总量和强度双控。推动工业、交通运输、城乡建设、农业、生态建设等领域减污降碳协同增效。积极参与全国碳市场建设。到2035年，全省非化石能源占能源消费总量比重不低于30%。

3. 统筹推进重点领域绿色低碳发展。积极培育和发展新质生产力，加快构建“4×4”现代化产业体系，推进产业数字化、智能化同绿色化深度融合。严格准入管理，坚决遏制高耗能、高排放、低水平项目盲目上马。开展既有建筑和市政基础设施节能降碳改造。大力推进“公转铁”“公转水”，统筹推进铁路物流园及专用线建设，推进公共交通场所绿色化改造。到2027年，新增汽车中新能源汽车占比力争达到45%，港口集装箱铁水联运量保持较快增长；到2035年，铁路货运周转量占总周转量比例达到国家要求。

4. 推动各类资源节约集约利用。实施全面节约战略，强化节能、节水、节地、节材、节矿。强化重点领域节能，落实国家节水行动要求，加强节约集约用地。建立绿色制造体系和服务体系。加快构建废弃物循环利用体系，促进废旧有色金属、风电和光伏设备、动力电池等循环利用。推进原料节约和资源循环利用，发展再制造产业。全面推进绿色矿山建设。到 2035 年，能源和水资源利用效率达到国际先进水平。

（二）持续深入推进污染防治攻坚

5. 建设美丽蓝天。持续深入打好蓝天保卫战，以“守护蓝天”攻坚行动为抓手，突出十大重点领域，抓好八大攻坚工程。完善区域大气污染联防联控机制，加强重点城市联防联控，深化应急减排措施清单化管理和绩效分级差异化管控，开展“创 A 行动”。以细颗粒物控制为主线，大力推进氮氧化物和挥发性有机物减排。加强源头防控，全面推进钢铁、水泥等行业及燃煤锅炉超低排放改造，加快推进工业炉窑清洁能源替代。强化机动车排放达标监管，推动高排放柴油货车和非道路移动机械淘汰更新。强化秸秆综合利用。科学防治烟花爆竹等污染。推进噪声污染防治行动。强化恶臭、餐饮油烟等污染治理。到 2027 年，全省细颗粒物平均浓度完成国家下达任务，各地级城市力争达标；到 2035 年，全省细颗粒物平均浓度进一步下降。

6. 建设美丽河湖。持续深入打好碧水保卫战，统筹水资源、水环境、水生态治理，开展长江保护修复、洞庭湖总磷污染控制与削减、黑臭水体治理等攻坚行动，开展水质超标或不稳定水体治理。推进市、县、乡级水源地规范化建设和备用水源地建设。全面建成入河排污口监测监管体系。推行重点行业企业污水治理与排放水平绩效分级，推进产业园区水污染治理。推进雨污分流，提升城市生活污水集中收集率。基本消除城乡黑臭水体并形成长效机制。强化枯水期、汛期和高温期水生态环境管理，防控蓝藻水华。推进江河湖库清漂。开展水生态监测评估，加强生态流量管控。到 2027 年，全省地表水水质优良比例不低于 97.3%，美丽河湖建成率达到 40%左右；到 2035 年，美丽河湖基本建成。

7. 持续深入打好净土保卫战。开展土壤污染源头防控行动，强化优先保护类耕地保护，推进受污染耕地安全利用和风险管控，加强农用地土壤重金属污染溯源和整治。依法加强重点建设用地生态环境监管。严格地下水污染风险管控，开展地下水污染调查评价。深化土壤污染防治先行区、地下水污染防治试验区建设，推进在产企业和化工园区土壤及地下水污染管控修复试点。到2027年，受污染耕地安全利用率达到94%以上，建设用地安全利用得到有效保障；到2035年，地下水国控点位Ⅰ—Ⅳ类水比例达到90.3%以上。

8. 强化固体废物和新污染物治理。全域开展“无废城市”建设，推进长沙、张家界等城市试点。推进固体废物减量化、资源化和无害化处理，强化塑料污染全链条治理。推动新污染物治理、大规模设备更新和消费品以旧换新行动。强化危险废物监管和利用处置。到2027年，“无废城市”建设比例达到60%，固体废物产生强度明显下降；到2035年，“无废城市”建设实现全覆盖，新污染物环境风险得到有效管控。

（三）提升生态系统多样性稳定性持续性

9. 建设美丽山川。筑牢自然生态屏障，推进武陵—雪峰山脉、南岭山脉、罗霄—幕阜山脉等重要生态廊道和国家重点生态功能区保护建设。推进以国家公园为主体的自然保护地体系建设，全面完成自然保护地整合优化和勘界立标。强化生态保护修复监管制度建设和统一监管。加强生态状况监测评估和生态保护修复成效评估，持续推进“绿盾”自然保护地强化监督。到2035年，全省生态系统格局更加稳定。

10. 实施“一江一湖四水”生态修复。推进长江岸线湖南段共保联治，加大湿地保护修复力度，实施洞庭湖区域山水林田湖草沙一体化保护和修复工程，巩固清理整治非法矮围、非法采砂等成果。强化“四水”小流域生态修复与建设。科学开展国土绿化行动，加强石漠化和水土流失综合治理，加强砂石土矿监管，加强矿山生态修复。巩固提升生态系统碳汇能力。到2035年，全省森林覆盖率稳定在53.15%以上，水土保持率力争达到88%，生态系统基本实现良性循环。

11. 加强生物多样性保护。聚焦武陵山、南岭、洞庭湖等生物多样性保护优先区域，强化保护和管控。实施生物多样性保护重大工程。推进长江珍稀濒危物种拯救行动，落实长江十年禁渔措施。加强“千年鸟道”保护，强化风力发电等项目选址论证，坚决打击非法猎捕候鸟等违法犯罪行为。到2035年，全省自然保护地陆域面积占全省陆域国土面积比例达到12%左右，典型生态系统、国家重点保护野生动植物及其栖息地得到全面保护。

（四）守牢美丽湖南建设安全底线

12. 健全生态安全体系。贯彻总体国家安全观，完善省级生态安全工作协调机制。全面提高核与辐射安全监管能力，加强伴生放射性矿及历史遗留放射性废渣辐射环境安全监管，加强核技术利用安全管理和电磁辐射环境管理。健全生物安全监管预警防控体系，加强生物技术及其产品的环境风险管控，加强有害生物防治和外来入侵物种防控。有效应对气候变化不利影响和风险，到2035年，气候适应型社会基本建成。

13. 严密防控环境风险。持续加强重金属污染防控，抓好花垣县“锰三角”、娄底锡矿山、郴州三十六湾等重点区域，湘江、资江等重点流域，重有色金属矿采选、重有色金属冶炼、电镀等重点行业，危险废物、矿涌水、尾矿库等重点领域污染治理和风险管控。建立健全突发环境事件责任体系和应急联动机制，加强环境应急基础能力建设，落实环境健康监测、调查和风险评估制度。

（五）打造美丽中国建设湖南样板

14. 建设美丽城市。以绿色低碳、环境优美、生态宜居、安全健康、智慧高效为导向，开展美丽城市建设。实施城市更新行动，提高大中城市生态环境治理效能，推动中小城市和县城环境基础设施提级扩能。强化生态共保环境共治，加快推进长株潭绿心中央公园建设，打造长株潭美丽都市圈。鼓励中国（湖南）自由贸易试验区创新绿色发展方式。积极培育美丽园区、美丽社区、美丽校园、美丽屋场等美丽单元。

15. 建设美丽乡村。实施“五千工程”，统筹推动乡村生态振兴和农村人居环境整治，建设生态宜居“和美湘村”。强化农业面源污染防治，加强畜禽养殖污染防治和水产养殖尾水治理。深入推进农村厕所革命，加强生活污水、生活垃圾和黑臭水体治理。实施乡村绿化美化行动，保护传统村落和乡村风貌。到2027年，美丽乡村整县建成比例达到40%；到2035年，美丽乡村基本建成。

（六）开展美丽湖南建设全民行动

16. 践行绿色低碳生活方式。健全以生态价值观念为准则的生态文化体系，倡导简约适度、绿色低碳、文明健康的生活方式和消费模式。健全绿色消费长效机制，推广绿色产品，开展“光盘行动”，发展生态旅游，倡导绿色出行。推进地级城市居民小区垃圾分类全覆盖。探索建立“碳普惠”等公众参与机制。

17. 建立多元参与行动体系。推进生态文明教育纳入干部教育、党员教育、国民教育体系，推进环保设施开放，强化生态文明宣传教育服务。推进生态环境志愿服务体系建设，持续开展“绿色卫士下三湘”系列活动。弘扬湖湘文化，增强全民生态环境保护的思想自觉和行动自觉。推进生态文学创作，讲好“美丽湖南”故事。

（七）健全美丽湖南建设保障体系

18. 改革完善体制机制。强化美丽湖南建设法治保障，推动生态环境保护地方性法规标准体系建设。提升环评源头预防效能，全面实行排污许可制，加快构建环保信用监管体系。深化环境信息依法披露制度改革，推进生态环境损害赔偿制度改革，推行环境污染强制责任保险制度。从严从实推进中央生态环境保护督察反馈问题整改，组织开展省级生态环境保护督察。深入推进领导干部自然资源资产离任审计。深化省以下生态环境机构监测监察执法垂直管理制度改革，打通生态环境监管执法“最后一公里”。健全河湖长制、林长制、田长制联动机制。

19. 强化激励政策。落实国家关于碳排放权、用能权、用水权、排污权等改革要求。强化税收政策支持，落实环境保护有关税收优惠政策。完善污水、垃圾处理收费和差别化电价政策。支持化肥农药减量增效和整县推进畜禽粪污收集处理利用。推进生态产品价值实现机制试点工作，健全生态产品价值实现机制，推进生态环境导向的开发模式和投融资模式创新。与相邻省份开展跨省流域生态保护补偿。强化财政支持，确保投入规模与建设任务相匹配。发展绿色金融，引导各类金融机构和社会资本加大对美丽湖南建设的支持力度。

20. 加强科技支撑。高标准推进“4+4 科创工程”，加强细颗粒物与臭氧协同控制、洞庭湖总磷污染控制、重金属污染治理、矿涌水治理、新污染物治理等领域核心技术攻关。加强生态环境领域科技创新平台建设、科技成果转化和产业化推广。加强高层次生态环境科技人才队伍建设。

21. 加快数字赋能。大力推进生态环境保护信息化建设，充分应用数字技术推动美丽湖南数字化治理体系构建。加快建立现代化生态环境监测体系，建设天空地一体的生态环境监测网络，强化农村环境、地下水、新污染物、噪声、温室气体、辐射等监测能力建设。加快智慧执法体系建设。

22. 实施重大工程。围绕国家重点支持的减污降碳协同工程、环境品质提升工程、生态保护修复工程、现代化生态环境基础设施建设工程等，组织实施一批重大工程。

三　组织保障

（一）加强组织领导。坚持正确政治方向，把党的领导贯彻到美丽湖南建设全过程各方面。各地各部门要把美丽湖南建设作为重大任务来抓，落实“党政同责、一岗双责”，及时研究解决重大问题。省生态环境保护委员会要加强统筹协调、指导督促。

（二）完善推进机制。省生态环境厅会同省发展改革委等有关部门制定分领域行动方案，加快形成美丽湖南建设实施体系和推进落实机制。各有关部门要积极发挥职能作用，强化协作配合，加强对美丽湖南建设重大工程的财政、金融、价格等政策支持。各市州各有关部门推进美丽湖南建设年度工作情况，书面送省生态环境厅，由省生态环境厅汇总后向省委、省政府报告。

（三）开展成效考核。开展美丽湖南监测评价，实施美丽湖南建设进程评估。按规定将污染防治攻坚战成效考核过渡到美丽湖南建设成效考核，考核结果作为各级领导班子和有关领导干部综合考核评价、奖惩任免的重要参考。

参考文献

习近平：《以美丽中国建设全面推进人与自然和谐共生的现代化》，《求是》2024 年第 1 期。

习近平：《正确认识和把握我国发展重大理论和实践问题》，《求是》2022 年第 10 期。

习近平：《推进生态文明建设需要处理好几个重大关系》，《求是》2023 年第 22 期。

习近平：《坚持把解决好“三农”问题作为全党工作重中之重　举全党全社会之力推动乡村振兴》，《求是》2022 年第 7 期。

习近平：《推动我国生态文明建设迈上新台阶》，《求是》2019 年第 3 期。

习近平：《在党的二十届三中全会第二次全体会议上的讲话》，《求是》2024 年第 18 期。

习近平：《习近平对旅游工作作出重要指示：着力完善现代旅游业体系加快建设旅游强国　推动旅游业高质量发展行稳致远》，《人民日报》2024 年 5 月 18 日。

习近平：《加强文化遗产保护传承　弘扬中华优秀传统文化》，《求是》2024 年第 8 期。

章建华：《以高质量新能源发展有力保障高水平能源安全》，《学习时报》2024 年 8 月 14 日。

李迅、白洋、曹双全：《“双碳”目标下的城市更新行动探索》，《城市发展研究》2023 年第 8 期。

李岚春、陈伟、岳芳等：《英国碳中和战略政策体系研究与启示》，《中国科学院院刊》2023年第3期。

杨静、刘会娟、吉庆华等：《降碳减污多维协同的基础科学问题》，《中国科学基金》2023年第6期。

王兰梅、张晏：《流域横向生态补偿的“新安江模式”：经验、问题与优化》，《环境保护》2022年第8期。

姜晓亭：《生态价值的实现和转化有路可循》，《中国环境报》2020年6月12日。

孙永康等：《森林生态产品价值核算指标体系构建研究》，《林业与生态科学》2023年第3期。

冯聪聪：《国家发展改革委：分步骤推动能耗双控转向碳排放双控》，《中国电力报》2023年7月20日。

孙若风：《深入推进文旅产业发展，赋能中国式现代化建设》，《光明日报》2024年6月19日。

傅晓华、傅泽鼎：《流域水资源行政交接治理机制及实践——兼论流域环境治理与生态补偿》，湖南科学技术出版社，2021。

《习近平著作选读》（第一卷）、（第二卷），人民出版社，2023。

习近平：《论“三农”工作》，中央文献出版社，2022。

习近平：《论坚持人与自然和谐共生》，中央文献出版社，2022。

中共中央文献研究室编《习近平关于社会主义生态文明建设论述摘编》，中共中央文献出版社，2017。

《中国共产党第二十届中央委员会第三次全体会议文件汇编》，人民出版社，2024。

〔美〕埃班·古德斯坦、〔美〕斯蒂芬·波拉斯基：《环境经济学（第七版）》，中国人民大学出版社，2019。

陈红敏、李琴、包存宽：《新时代中国生态文明建设：思想、制度与实践》，上海人民出版社，2023。

蒋建清、缪子梅主编《中国特色生态文明建设报告（2022）》，社会科学文献出版社，2022。

马建堂主编《中国生态文明建设：伟大思想指引伟大实践》，中国发展出版社，2022。

曾贤刚：《中国特色社会主义生态经济体系研究》，中国环境出版集团，2019。

周冯琦、程进等：《中国特色生态经济学研究》，格致出版社、上海人民出版社，2023。

张惠远、张强、郝海广、舒昶等编著《生态产品及其价值实现》，中国环境出版集团，2019。

马建堂主编《生态产品价值实现：路径、机制与模式》，中国发展出版社，2022。

张文明：《生态资源资本化研究》，人民日报出版社，2020。

皮 书

智库成果出版与传播平台

皮书定义

皮书是对中国与世界发展状况和热点问题进行年度监测，以专业的角度、专家的视野和实证研究方法，针对某一领域或区域现状与发展态势展开分析和预测，具备前沿性、原创性、实证性、连续性、时效性等特点的公开出版物，由一系列权威研究报告组成。

皮书作者

皮书系列报告作者以国内外一流研究机构、知名高校等重点智库的研究人员为主，多为相关领域一流专家学者，他们的观点代表了当下学界对中国与世界的现实和未来最高水平的解读与分析。

皮书荣誉

皮书作为中国社会科学院基础理论研究与应用对策研究融合发展的代表性成果，不仅是哲学社会科学工作者服务中国特色社会主义现代化建设的重要成果，更是助力中国特色新型智库建设、构建中国特色哲学社会科学“三大体系”的重要平台。皮书系列先后被列入“十二五”“十三五”“十四五”时期国家重点出版物出版专项规划项目；自2013年起，重点皮书被列入中国社会科学院国家哲学社会科学创新工程项目。

中国社会发展数据库（下设 12 个专题子库）

紧扣人口、政治、外交、法律、教育、医疗卫生、资源环境等 12 个社会发展领域的前沿和热点，全面整合专业著作、智库报告、学术资讯、调研数据等类型资源，帮助用户追踪中国社会发展动态、研究社会发展战略与政策、了解社会热点问题、分析社会发展趋势。

中国经济发展数据库（下设 12 专题子库）

内容涵盖宏观经济、产业经济、工业经济、农业经济、财政金融、房地产经济、城市经济、商业贸易等12个重点经济领域，为把握经济运行态势、洞察经济发展规律、研判经济发展趋势、进行经济调控决策提供参考和依据。

中国行业发展数据库（下设 17 个专题子库）

以中国国民经济行业分类为依据，覆盖金融业、旅游业、交通运输业、能源矿产业、制造业等 100 多个行业，跟踪分析国民经济相关行业市场运行状况和政策导向，汇集行业发展前沿资讯，为投资、从业及各种经济决策提供理论支撑和实践指导。

中国区域发展数据库（下设 4 个专题子库）

对中国特定区域内的经济、社会、文化等领域现状与发展情况进行深度分析和预测，涉及省级行政区、城市群、城市、农村等不同维度，研究层级至县及县以下行政区，为学者研究地方经济社会宏观态势、经验模式、发展案例提供支撑，为地方政府决策提供参考。

中国文化传媒数据库（下设 18 个专题子库）

内容覆盖文化产业、新闻传播、电影娱乐、文学艺术、群众文化、图书情报等 18 个重点研究领域，聚焦文化传媒领域发展前沿、热点话题、行业实践，服务用户的教学科研、文化投资、企业规划等需要。

世界经济与国际关系数据库（下设 6 个专题子库）

整合世界经济、国际政治、世界文化与科技、全球性问题、国际组织与国际法、区域研究 6 大领域研究成果，对世界经济形势、国际形势进行连续性深度分析，对年度热点问题进行专题解读，为研判全球发展趋势提供事实和数据支持。

法律声明